AF259810

I

ÉTUDE

PALÉONTOLOGIQUE ET STRATIGRAPHIQUE

SUR LE

TERRAIN OLIGOCÈNE MARIN

AUX ENVIRONS D'ÉTAMPES

F. AUREAU. — IMPRIMERIE DE LAGNY.

MÉMOIRES

DE LA

SOCIÉTÉ GÉOLOGIQUE

DE FRANCE

TROISIÈME SÉRIE. — TOME TROISIÈME

I

ÉTUDE

PALÉONTOLOGIQUE ET STRATIGRAPHIQUE

SUR LE

TERRAIN OLIGOCÈNE MARIN

AUX ENVIRONS D'ÉTAMPES

PAR

MM. COSSMANN et J. LAMBERT

PARIS

AU LOCAL DE LA SOCIÉTÉ, RUE DES GRANDS-AUGUSTINS, 7

1884

ÉTUDE

PALÉONTOLOGIQUE ET STRATIGRAPHIQUE

SUR LE

TERRAIN OLIGOCÈNE MARIN

AUX ENVIRONS D'ÉTAMPES

PAR

MM. COSSMANN et J. LAMBERT

INTRODUCTION

Depuis plusieurs années, nous avons étudié les assises diverses qui composent le terrain oligocène aux environs d'Étampes, et nous avons recueilli, dans ces assises, un certain nombre de fossiles dont beaucoup appartiennent à des espèces encore inédites ou non signalées dans les couches tertiaires du bassin de Paris.

Nous avons pensé qu'il pourrait être d'un certain intérêt pour les géologues de connaître le résultat de recherches plus suivies que celles faites par nos devanciers et nous présentons, aujourd'hui, à la *Société géologique de France* un travail qui est comme le résumé de toutes nos études sur le terrain oligocène d'Étampes et que nous avons cherché à rendre moins imparfait en réunissant nos communs efforts.

Notre étude se divise en deux parties, dont la principale, la seconde, consacrée à la paléontologie, a pour objet de présenter un tableau général de tous les fossiles jusqu'ici recueillis dans nos dépôts oligocènes marins; elle contient la description de soixante et onze espèces nouvelles et l'examen critique d'un bon nombre d'autres déjà connues (180), parmi lesquelles 16 sont nouvelles pour le bassin de Paris. Dans une première partie, nous établissons, par diverses observations stratigraphiques, quelle est la composition exacte des assises variées dont la réunion constitue le terrain oligocène d'Étampes.

Qu'il nous soit permis, ici, d'adresser nos plus sincères remerciements à toutes les personnes qui ont bien voulu faciliter notre tâche, nous aider de leurs conseils et nous fournir les moyens de compléter notre travail, particulièrement à M. le docteur Bezançon, pour l'obligeance avec laquelle il a mis à notre disposition sa splendide collection; à M. de Boury, qui nous a confié plusieurs échantillons et la description d'un Scalaire destiné à être publié dans sa monographie; à MM. Bayle et Douvillé, dont le gracieux concours nous a été singulièrement précieux; à M. le docteur von Klipstein, qui nous a envoyé une série de fossiles du bassin de Mayence; à MM. Vincent de Bruxelles, von Kœnen de Gœttingen, Bourdot de Paris et Amouy d'Étampes.

I. — STRATIGRAPHIE DU TERRAIN OLIGOCÈNE

AUX ENVIRONS D'ÉTAMPES

Notre intention n'est pas de revenir ici sur des faits connus, ni de reproduire des détails déjà plusieurs fois consignés par l'un de nous, notamment dans ses recherches stratigraphiques sur les sables marins de Pierrefitte (1).

Nous voulons simplement rappeler brièvement et d'une façon générale, quelle est, dans le bassin de Paris et surtout aux environs d'Étampes, la composition du terrain oligocène, rechercher quelles sont les limites et les subdivisions naturelles de ce terrain, examiner enfin la valeur des principaux synchronismes des assises du bassin parisien avec celles d'autres régions.

COMPOSITION DU TERRAIN OLIGOCÈNE

A. — Gypse.

On sait que, dans le bassin de Paris, les couches marines éocènes, connues sous le noms de Sables moyens ou de Beauchamp, sont, avec ou sans intercalation du Travertin de Saint-Ouen et des sables de Montcenis, recouvertes par le Gypse.

Le Gypse se partage naturellement en deux assises, l'une inférieure marine, l'autre supérieure palustre. Le Gypse marin comprend des couches diverses réunies en sous-assises plus connues sous le nom de *masses*. La plus ancienne de ces masses, la quatrième, renferme des marnes dites infra-gypseuses à *Pholadomya Ludensis*. Les fossiles rencontrés à ce niveau : *Macropneustes Prevosti*,

(1) Lambert : *Nouv. Arch. du Muséum*, 1880, 2ᵉ sér., t. III, p. 257.

Corbula pixidicula, Cardium granulosum, Cardita divergens, Turritella imbricataria, Cerithium tricarinatum, etc., indiquent des rapports étroits avec la faune des sables moyens.

La troisième masse gypseuse qui vient au-dessus se termine par un lit marneux à Lucines dans lequel, entre autres fossiles, on a cité : *Lucina Heberti, Corbula subpisum, Corbulomya Nysti* et *Nucula Lyelliana.* Toutefois les paléontologistes ne sont pas d'accord sur ces déterminations, et la faune des marnes à Lucines comprendrait en réalité : *Corbula subpisum* (d'Étampes), *Corbulomya Nysti* (d'Étampes), *Lucina inornata* (de Beauchamp), *Nucula capillacea* (du Calcaire grossier), *Bithynia pygmea* (des meulières), *Planorbis spiruloïdes* (de Ducy) et *Cerithium Roissyi* (des sables moyens). Il y aurait là une faune mixte renfermant une majorité d'espèces éocènes avec apparition de quelques types nouveaux oligocènes (1).

La deuxième masse gypseuse termine l'assise du Gypse marin et paraît dépourvue de fossiles ; on y a cependant autrefois cité : *Cerithium tricarinatum, C. pleurotomoïdes* et *Turritella incerta,* c'est-à-dire trois espèces éocènes.

Le Gypse palustre (haute ou première masse) contient une faune spéciale et bien connue de grands vertébrés, parmi lesquels domine le genre *Palæotherium.*

Les géologues paraissent aujourd'hui d'accord pour synchroniser, avec le dépôt du Gypse, celui des calcaires lacustres dits Travertins de Champigny qui, dans la vallée de la Seine, semblent se lier à la base avec les Travertins à *Cyclostoma mumia* de Saint-Ouen (2).

Le Gypse est recouvert, aux environs de Paris, par des marnes connues sous le nom de Marnes supra-gypseuses, dans lesquelles on a distingué deux niveaux : celui des marnes bleues inférieures paraissant dépourvues de fossiles (*Planorbis planulatus, Bithynia Duchasteli*), qui manquent sur certains points ou passent latéralement au Gypse. Au-dessus, viennent les marnes blanches à *Limnæa strigosa* de Romainville, Villeparisis, etc. On a cité entre autres fossiles : *Melanopsis Mansiana, Bithynia Duchasteli, Planorbis planulatus, Limnæa strigosa, Chara Tournoueri* et des Cypris, *C. amygdala, C. nuda, C. tenuistriata.* C'est dans cette couche que MM. Vasseur et Carez ont signalé aussi les *Bithynia pygmea* et *B. Sandbergeri* à Essonnes (3). Les marnes blanches à *L. strigosa* offrent souvent à leur base des couches de marnes verdâtres, qu'il importe de ne pas confondre avec les véritables Marnes vertes à *Cyrena convexa.*

Les assises que nous venons d'énumérer, développées au centre du bassin, n'atteignent pas les environs d'Étampes ou y sont recouvertes par des dépôts

---

(1) Voir : Carez, Marnes marines du Gypse. *Bull. Soc. Géol. Fr.*, 3ᵉ sér., t. VI, p. 187.
(2) Tournouër. *Bull. Soc. Géol. Fr.*, 3ᵉ sér., t. V., p. 648.
(3) *Bull. Soc. Géol. Fr.*, 3ᵉ sér., t. V. p. 277.

postérieurs. Toutefois, le Travertin de Champigny apparaît dans les vallées de l'Essonne et de la basse Juine, ainsi que dans celle de l'Orge, vers Breuillet, à une faible distance de la région qui fait l'objet principal de notre étude.

Dans la vallée de l'Essonne, MM. Vasseur et Carez ont même signalé au-dessus du Travertin de Champigny, la présence de couches équivalentes aux marnes supra-gypseuses à *L. strigosa ;* mais là, cette assise (n°⁵ 11 à 15 inclusivement de leur coupe) consisterait seulement en une couche de moins de 40 cent. d'épaisseur de marnes brunes, avec lits de calcaires siliceux à Limnées et à Planorbes, qui se lie très étroitement à la formation sous-jacente.

B. — Marnes vertes.

Les Marnes vertes constituent, au-dessus des couches précédentes, un horizon bien connu, et les caractères uniformes de ce dépôt nous dispensent d'entrer à son sujet dans de longs développements. Ces marnes ont été signalées dans diverses localités des environs de Paris ; elles existent dans la plus grande partie des vallons de la Brie et s'étendent jusqu'aux environs d'Étampes, à La Ferté-Alais, Bourray, Chamarande et Étrechy.

Les couches de la base qui renferment dans les localités classiques une faunule fluvio-marine très caractéristique, perdent leurs fossiles en atteignant la région qui fait plus spécialement l'objet de notre étude.

Cependant, à Essonnes, les couches inférieures offrent encore un beau développement, et MM. Vasseur et Carez ont donné de cette localité une coupe, dont voici le résumé (1) :

Marnes argilo-sableuses blanches	1ᵐ »
Marnes argileuses vertes	1ᵐ06
Marnes blanchâtres	0ᵐ07
Marnes argileuses vertes	0ᵐ75
Calcaire blanchâtre	0ᵐ07
Marnes argileuses vertes	1ᵐ20
Calcaire blanchâtre	0ᵐ15
Marnes feuilletées verdâtres à *C. convexa*	0ᵐ70
	6ᵐ »

A Chamarande, les Marnes vertes sont exploitées pour les tuileries dans des fosses de plusieurs mètres de profondeur. Ce sont des glaises argileuses ver-

____

(1) Pour la coupe détaillée, voir Vasseur et Carez, *loc. cit.*

dâtres dans lesquelles nous n'avons recueilli aucun fossile ; ces glaises sont couronnées par des marnes très argileuses blanchâtres qui paraissent supporter directement les Meulières de Brie, sans que nous ayons pu jusqu'ici reconnaître le contact immédiat des deux assises.

Du reste, la composition des Marnes vertes, aux environs d'Étampes, paraît être la même qu'à Corbeil. Il est à regretter que la faune de cette assise soit aussi peu étudiée. Nous ne connaissons, en effet, que neuf espèces de Mollusques trouvées dans le bassin de Paris à ce niveau. Ces quelques espèces, tout en rattachant étroitement sa faune à celle de l'Oligocène, lui donnent cependant un caractère spécial nettement tranché et indiquent, pour le dépôt qui nous occupe, une origine fluvio-marine que révèle la présence simultanée des genres Bithinie, Potamide, Planorbe, Cérithe, Cythérée et Cyrène, combinée avec l'absence de fossiles franchement marins.

C. — Meulières de Brie.

Nous occupant spécialement, dans ce mémoire, des couches marines du terrain oligocène parisien, nous avons dit peu de chose du Gypse palustre et des Marnes à Limnées qui le recouvrent ; nous n'aurions pas à nous étendre davantage sur les Meulières de Brie, si cette assise, intercalée entre la formation fluvio-marine de la base et les couches plus franchement marines des Marnes à Huîtres, n'avait des rapports étroits avec l'un et l'autre de ces horizons.

Ces Meulières, comme leur nom l'indique, sont très développées sur toute la surface de la Brie, dont elles constituent essentiellement le sous-sol. Elles s'étendent beaucoup vers le sud, où elles sont le plus souvent masquées par les sables d'Étampes, mais on les retrouve dans les principales vallées du Loing, de l'Essonne, de la Juine et même de l'Orge.

L'assise est composée de calcaires siliceux caverneux (Meulières), ou compacts, en couches irrégulières, alternant avec des marnes. Nous donnons plus loin une coupe qui indique sa composition détaillée dans les environs d'Étampes, où un affleurement des Meulières de Brie se voit près d'Étréchy, un peu au nord de la ferme de Vintué.

Ces Meulières paraissent reposer sur des Marnes blanches identiques à celles qui couronnent les Marnes vertes exploitées à moins de un kilomètre en aval. Elles forment, à la base des fouilles de Vintué, deux bancs irréguliers de calcaire siliceux caverneux, épais chacun d'environ un demi-mètre, susceptibles de donner des blocs assez considérables, mais depuis longtemps inexploités.

La Meulière est ici recouverte par des Marnes blanches renfermant plusieurs

petits bancs de calcaire siliceux compact, assez fossilifère. M. Tournouer y a
signalé entre autres une grande Limnée du type de la *L. pyramidalis*, espèce
encore innommée, dont nous avons recueilli plusieurs échantillons (1). Les
Marnes à Limnées sont recouvertes par d'autres marnes blanches empâtant un
grand nombre de petits fragments de calcaire siliceux, meulières minuscules
qui donnent à la roche l'aspect d'une sorte de conglomérat. Ces Marnes avec
silex, dont l'épaisseur dépasse deux mètres, supportent d'autres marnes blanches, plus argileuses, qui se relient minéralogiquement avec les couches sous-
jacentes et se terminent par un petit banc irrégulier de calcaire siliceux et
25 centimètres d'argiles blanches, pures, avec veinules violacées.

Un dernier affleurement des Meulières de Brie se voit plus près de la ville
d'Étampes, en face du château de Brunehaut. La roche n'est plus exploitée aujourd'hui, et il est difficile de se rendre actuellement un compte exact de la
composition et de la disposition de l'assise sur ce point.

Si les Meulières de Brie se relient stratigraphiquement avec les couches en
contact, elles s'en séparent, au contraire, très nettement par leur faune exclusivement lacustre, qui annonce un changement profond dans les dispositions des
mers de cette époque. Les lagunes où se déposaient les Marnes vertes ont alors
perdu leur libre communication avec l'Océan, et se transforment en un lac peu
profond à faune palustre avec Limnées, Planorbes et Bithinies.

Les circonscriptions continentales se sont modifiées, mais l'état des eaux est
redevenu le même qu'au début de la période, seulement la nature des dépôts,
toujours fortement minéralisés, a changé : la Meulière a succèdé au Gypse.

I. — Marne à Huîtres.

Au-dessus du système argilo-marneux précédent, viennent des grès calcari-
fères tendres avec marnes, auxquels l'un de nous a donné le nom de Molasse
d'Étréchy (2), mais qui sont plus anciennement connus sous celui de Marnes à
Huîtres. La Molasse d'Étréchy n'est, en effet, qu'un faciès plus méridional des
Marnes à Huîtres.

Ce niveau marin est extrêmement fossilifère, mais la plupart des espèces ne
sont conservées qu'à l'état de moules et d'empreintes. Exceptionnellement, certains bancs pénétrés par des émissions siliceuses contiennent des fossiles transformés en silice.

Tandis que la partie supérieure des Marnes blanches sous-jacentes ne nous

(1) Tournouer. *Bull. Soc. Géol. de Fr.*, 3ᵉ sér., t. VI, p. 673.
(2) Lambert. *Bull. Soc. Géol. de Fr.*, 3ᵉ sér., t. IV, p. 501.

a offert aucun fossile, le premier banc de molasse qui les recouvre en présente un grand nombre entre autres : *Melania semidecussata, Cerithium plicatum, C. Boblayi, C. limula, Potamides conjunctus, Trochus subincrassatus, Neritina Duchasteli, Cytherea incrassata, Corbulomya triangula, Perna Heberti*, etc. Cet ensemble indique déjà un dépôt franchement marin, succédant brusquement ici à des marnes d'origine palustre.

A Vintué, la Molasse est disposées en plusieurs bancs plus ou moins durs ; les plus résistants sont seuls exploités pour moellons; les plus élevés passent à une marne sablonneuse grise, renfermant les mêmes espèces que les couches inférieures. Les fossiles les plus abondants sont : *Ostrea cyathula, Cytherea incrassata, Potamides conjunctus, Natica crassatina* et *Cerithium plicatum*. On rencontre plus rarement : *Panopea Heberti, Lucina undulata, Perna Heberti*, etc. Près de la base, une couche de sables marneux blancs et fins s'intercale au milieu de la Molasse, tandis qu'au sommet on voit sur certains points de petits lits irréguliers, subordonnés, de sable marneux, avec quelques fossiles ayant conservé leur test et parmi eux le vériable type du *Pectunculus angusticostatus*.

La Molasse d'Étréchy constitue un dépôt puissant de plus de deux mètres et qui forme dans toute la région d'Étampes le substratum des Sables oligocènes. On retrouve cette Molasse à Gillevoisin près de Chamarande, à la base du Falun à *Natica crassatina* de Jeures et surtout dans les fossés qui bordent la voie du chemin de fer d'Orléans, vers Brunehaut. Ce dépôt conserve partout les mêmes caractères et renferme les mêmes fossiles. Malgré son importance, il a jusqu'ici, dans la région d'Étampes, échappé aux recherches de la plupart des géologues, ou a été complètement méconnu par les autres. L'un de nous est le premier qui l'ait mentionné dans une courte note présentée à la Société Géologique de France sur les Sables oligocènes d'Étampes (1). M. Tournouer, en rédigeant son compte rendu, d'ailleurs si exact, de 1878 (2), n'a même pas signalé les couches qui nous occupent ; il avait cru que le Falun à *Natica crassatina* reposait directement sur les marnes et le calcaire de Brie. Les auteurs de la Carte géologique détaillée sont tombés dans la même erreur ; il n'ont pas su reconnaître la Molasse d'Étréchy, et dans la légende de la feuille 65, ils indiquent les Meulières de Brie comme supportant directement, dans la région d'Étampes, le falun de Jeures. Cependant les études sur le terrain devaient révéler l'existence des Marnes à Huîtres, alors surtout qu'elles occupent une surface assez considérable, comme à Brunehaut. Dans ce cas, les véritables caractères de la Molasse ont été complètement méconnus, en dépit de ses fossiles si caractéristiques et de la nature si différente de la roche, cette couche a été, sur la carte, rapportée, soit aux sables

---

(1) Lambert. *Bull.*, 3e sér., t. IX, p. 501, — Voir aussi *Nouv. Arch. du Muséum*, 1880, p. 265.
(2) Tournouer. *Bull.* 3e sér., t. VI, p. 673.

de Fontainebleau, soit à l'Éocène E², et alors amalgamée avec les travertins de Brie qui ont ainsi reçu une extension beaucoup trop considérable. Puisque notre étude nous a amené à formuler cette critique contre la carte géologique détaillée, nous lui en adresserons une seconde, dont les auteurs, nous l'espérons, ne nous sauront pas mauvais gré. La carte a beaucoup trop étendu vers le sud la formation des travertins de Brie dans la vallée de la Juine. Le village de Morigny, la ville même d'Étampes seraient assis sur cette formation. Or, il n'en est rien, et, dans la partie basse de la ville d'Étampes, les puits atteignent l'eau dans des couches supérieures, non seulement au Calcaire de Brie et à la Molasse d'Étréchy, mais encore aux faluns et aux sables de Jeures et de Morigny (1).

La coupe suivante (fig. 1) indique la composition de la Molasse d'Étréchy et ses relation avec les marnes de Brie et avec le Falun à *Natica crassatina*.

(1) En ce qui concerne les environs immédiats d'Étampes, les limites du calcaire de Brie ont été très exactement rectifiées dans la petite carte qui accompagne la Note de M. Tournouer. *Bull. Soc. Géol. de Fr.*, 3ᵉ sér., t. VI, p. 665.

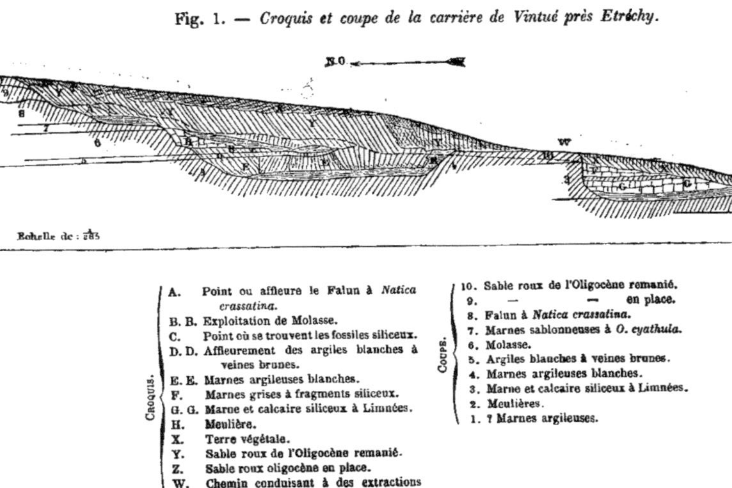

Fig. 1. — *Croquis et coupe de la carrière de Vintué près Etréchy.*

	Croquis.		Coupe.
A.	Point où affleure le Falun à *Natica crassatina*.	10.	Sable roux de l'Oligocène remanié.
B. B.	Exploitation de Molasse.	9.	— — en place.
C.	Point où se trouvent les fossiles siliceux.	8.	Falun à *Natica crassatina*.
D. D.	Affleurement des argiles blanches à veines brunes.	7.	Marnes sablonneuses à *O. cyathula*.
E. E.	Marnes argileuses blanches.	6.	Molasse.
F.	Marnes grises à fragments siliceux.	5.	Argiles blanches à veines brunes.
G. G.	Marne et calcaire siliceux à Limnées.	4.	Marnes argileuses blanches.
H.	Meulière.	3.	Marne et calcaire siliceux à Limnées.
X.	Terre végétale.	2.	Meulières.
Y.	Sable roux de l'Oligocène remanié.	1.	? Marnes argileuses.
Z.	Sable roux oligocène en place.		
W.	Chemin conduisant à des extractions de marnes vertes.		

Coupe géologique de la carrière de Vintué, près Étréchy.

10.	Sables roux oligocènes avec galets siliceux, remaniés.	3ᵐ »
9.	Sables roux oligocènes, en place, recouvrant irrégulièrement les couches sous-jacentes.	1ᵐ »
8.	Falun marno-sablonneux, jaunâtre, à *Natica crassatina*.	1ᵐ50
7.	Marnes sablonneuses grises à *O. cyathula*	» 60
	Molasse grossière rougeâtre.	» 15
	Molasse sableuse à *O. cyathula, Cytherea incrassata*, etc.	» 50
	Molasse tendre argilo-sablonneuse.	» 15
6.	Molasse sableuse grise à *O. cyathula, Cytherea incrassata*.	» 10
	Molasse coquillère dure exploitée pour moellons.	» 35
	Sable quartzeux blanc et fin.	» 35
	Molasse tendre à *O. cyathula* et accidents siliceux.	» 20
5.	Argiles blanches à veines violacées à la base.	» 25
	Calcaire siliceux compact formant un banc irrégulier	» 15
4.	Marnes argileuses blanches	1ᵐ50
	Marnes blanches avec fragments de calcaire siliceux formant conglomérat (*Limnæa*)	1ᵐ »
3.	Marnes blanches à petits fragments de calcaire siliceux.	» 30
	Marnes blanches renfermant plusieurs petits bancs irréguliers de calcaire siliceux compacts à grandes Limnées	» 70
	(Lacune?	» 30
2.	Meulières de Brie formant deux bancs irréguliers à peu près égaux.	1ᵐ »
1.	(Sous-sol imperméable paraissant constitué par des marnes blanches).	
	(Les couches plongent accidentellement vers l'ouest).	

(Les couches plongent accidentellement vers l'ouest).

Dans les environs de Paris et au sud, jusqu'à Longjumeau, au-dessus de la formation des Meulières de Brie, apparaissent des marnes à huîtres, synchroniques, selon nous, de la Molasse d'Étréchy. Le développement de notre Molasse en prolongement des Marnes à Huîtres est un fait que démontrent non seulement la position stratigraphique identique des deux couches, mais aussi leurs caractères pétrographiques et paléontologiques semblables. Comme la Molasse d'Étréchy, les Marnes à Huîtres sont intercalées entre les marnes de Brie et les sables dits de Fontainebleau. La Molasse d'Étréchy est essentiellement formée de calcaires marno-sablonneux jaunâtres ; les Marnes à Huîtres contiennent souvent des bancs de calcaire sablonneux jaunâtre qui ont même reçu le nom de Molasse parisienne (1). Aux environs de Paris, les fossiles caractéristiques des Marnes à Huîtres sont l'*Ostrea cyathula* et l'*O. longirostris ;* ce dernier y forme parfois de véritables lits. Sans doute, nous n'avons pas encore retrouvé cette dernière espèce dans notre molasse, où s'est uniquement développée l'*O. cyathula*, mais plusieurs autres fossiles, très abondants à Étréchy, se retrouvent dans

(1) Dollfus. Chemin de fer de Méry. *Bull. Soc. Géol. de Fr.*, 3ᵉ sér., t. VI, p. 266.

les Marnes à Huîtres proprement dites. Nous nous croyons donc fondé à placer notre Molasse sur le même horizon stratigraphique que les Marnes à Huîtres.

Les Marnes à Huîtres du centre du bassin (Montmartre, Ville-d'Avray) contiennent près de leur base un lit intercalé de calcaire lacustre, connu sous le nom de Calcaire à Paludines de Sannois. Nous n'avons rien trouvé de semblable dans la région d'Étampes, et dans la coupe précédente, l'on voit un sable quartzeux blanc, fin, sans fossiles, vraisemblablement d'origine marine comme les couches contiguës, occuper une position correspondante à celle attribuée au calcaire de Sannois.

II. — Falun de Jeures.

La coupe de Vintué nous montre, au-dessus de la Molasse d'Étréchy, un dépôt de sable marneux jaunâtre rempli de débris de coquilles, qui a reçu le nom de Falun de Jeures. L'uniformité de caractère de cette petite assise, bien connue des paléontologistes par ses nombreux et beaux fossiles, nous dispense d'entrer à son sujet dans aucun détail. Nous nous contenterons de rappeler que le Falun inférieur affleure, en outre, au sud d'Étréchy vers le pont du chemin de fer, et dans la grande sablière de Jeures qui a fourni à Deshayes la plupart des espèces oligocènes décrites par lui ; plus près d'Étampes, le Falun apparaît encore à la ferme de Saint-Phalier et surtout dans les fossés du chemin de fer d'Orléans, près de Brunehaut. Sur la rive gauche de la Juine, nous en avons reconnu les couches les plus élevées au fond de la sablière de Morigny. Partout ailleurs le défaut de découvert ne permet pas d'étudier cet intéressant horizon. A Vintué, comme à Jeures et à Brunehaut, l'on peut constater que le Falun à *Natica crassatina* repose directement et en stratification régulière sur la Molasse d'Étréchy.

La composition du Falun inférieur de Jeures varie peu dans ses détails d'un point à un autre. Cette couche présente toutefois, à Étréchy, une plus grande homogénéité qu'ailleurs. A Jeures, la base du Falun en est la partie la plus fossilifère ; c'est elle qui renferme en abondance la *N. crassatina* et repose directement sur les grès à *Ostrea cyathula* de la Molasse ; la partie supérieure de ce même Falun où abondent les *Cytherea incrassata, Pectunculus obliteratus, Cerithium plicatum, Potamides conjunctus, Rissoa turbinata*, etc., contient des débris plus friables et moins intéressants pour le paléontologiste.

Au-dessus du Falun proprement dit, viennent des sables terreux jaunâtres contenant de beaucoup plus petits débris de coquilles et dans lesquels dominent, à côté des Cérithes, les petits *Trochus*, le test nacré de l'*Avicula Stampinensis*, associé plus rarement aux *Nucula Greppini* et *Leda gracilis*. Cette dernière couche se retrouve à Morigny, où elle occupe le fond de la sablière, mais, on ne la voit ni à Étréchy, ni à Brunehaut où elle a été enlevée par dénudation. La coupe de la sablière de Jeures où toutes les couches se succèdent dans leur ordre de superposition naturelle suffit d'ailleurs à faire bien voir quelle est la composition du Falun inférieur.

Fig. 2. — *Coupe du Falun à Peetoncles de Jeures.*

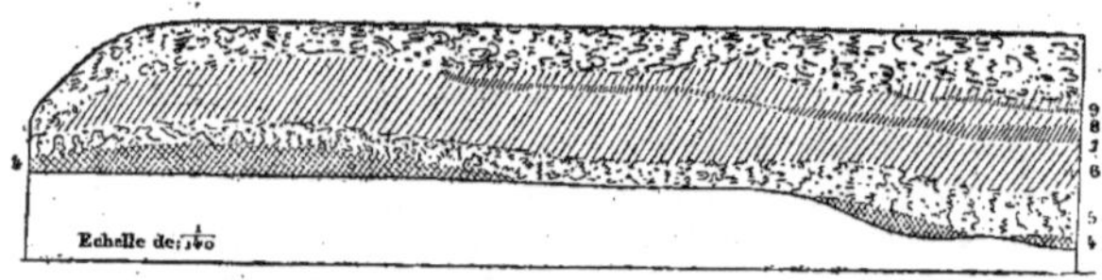

Coupe prise dans la sablière de Jeures.

	(Limons et graviers quaternaires.	2ᵐ »)
IV.	10. Sables quartzeux gris, fins, à fragments de Pectoncles et galets de silex.	» 40
	9. Couche rubéfiée à petits galets noirs	» 10
	8. Sables quartzeux gris à *Cytherea splendida, Lucina Heberti, Natica Combesi*	» 30
III.	7. Falun et sables fauves à *Pectunculus obovatus*	» 30
	6. Sables quartzeux fins jaunâtres à *Cytherea splendida, Buccinum Gossardi*, etc.	1ᵐ20
	5. Falun rosé à *Pectunculus obovatus*.	» 50
	4. Sable terreux jaunâtre à *Trochus subincrassatus*	» 80
II.	3. Falun marno-sablonneux jaunâtre à *Cythsrea incrassata, Cerithium plicatum, Melania semidecussata*, etc	» 80
	2. Falun marno-sablonneux jaunâtre à *Natica crassatina*. . . .	» 20
I.	1. Grès assez dur à *Ostrea cyathula*, visible sur.	» 30
		5ᵐ »

Le Falun inférieur de Jeures comprend, dans cette coupe, les couches 2 à 4 inclusivement.

L'étendue, cependant restreinte, de la sablière de Jeures permet de reconnaître que le Falun inférieur ne constitue pas une assise régulièrement horizontale, mais qu'il est largement ondulé. Ces ondulations ne sont pas dues à des dislocations postérieures, car la surélévation générale du bassin à la fin des temps tertiaires ne s'est pas manifestée par ces accidents locaux et répétés. Nous pensons que les ondulations du Falun de Jeures sont contemporaines de son dépôt et le résultat de l'inégalité du sol au moment de l'invasion par les eaux marines de l'ancien grand lac de Brie.

Nous n'avons pas la prétention de résumer, après M. Tournouër, les caractères de la faune du Falun inférieur, et nous nous contenterons, pour les faire connaître, d'emprunter à l'auteur du Compte-rendu de l'excursion d'Étampes les quelques lignes qui suivent (1) :

« A Jeures, la présence de Naticidées de types particuliers comme la *Natica* » *crassatina* ou la *Deshayesia*, l'abondance de Cérithes, tous de la section des » Potamidés, des *Melania semidecussata*, des petits *Trochus*, des *Rissoa*, des *Purpura*, des *Corbula*, *Corbulomya*, *Syndosmya*, la plus grande rareté des Pleurotomes ou des Buccins donnent à la faune malacologique un caractère évident » de faune de rivage... caractère qui est d'ailleurs indiqué par la nature marneuse du dépôt, et confirmé par la rencontre de quelques espèces de mollusques fluviatiles, *Neritina*, *Hydrobia*, *Cyrena*. »

Les espèces vraiment caractéristiques du Falun de Jeures sont seulement les *Gastrochœna Rauliniana*, *Corbula subpisum*, *Syndosmya Sandbergeri*, *Cytherea Stampinensis*, *Lima Klipsteini*, *Trochus subcarinatus*, *Conus symmetricus* et *Deshayesia Parisiensis*. Les autres espèces caractéristiques de ce niveau sont trop rares pour pouvoir être citées ici; enfin les *Cerithium limula*, *C. intradentatum*, *Purpura monoplex*, *Engina Heberti*, *Voluta Rathieri*, souvent indiquées comme caractéristiques, sont en effet plus abondantes dans le Falun de Jeures que dans les couches plus élevées.

III. — Sables de Morigny

Dans la coupe de la sablière de Jeures, que nous venons de donner, on voit au-dessus du Falun inférieur se développer les Sables dits de Morigny à *Cytherea splendida*, avec le Falun à *Pectunculus obovatus* qu'ils contiennent. Ce nouvel ensemble comprenant les couches 5 à 8 inclusivement (assise III), montre à la base le Falun à Pectoncles et, au-dessus, des sables quartzeux, micacés, fins, jaunâtres, remplis de fossiles. Le diagramme ci-contre, qui reproduit une partie de la coupe de Jeures, indique qu'il existe parfois au sein de ces sables une récurrence du Falun à Pectoncles ; celui-ci reparaissant, d'une façon irrégulière, il est vrai, à la partie supérieure des sables à Cythérées. Ce phénomène prouve que le Falun à Pectoncles fait bien partie de l'horizon des Sables de Morigny et ne saurait être rattaché aux couches inférieures. Les sables à *Cytherea splendida* se ter-

(1) *Bull. Soc. Géol. de Fr.*, 3ᵉ sér., t. VI, p. 672.

minent à Jeures vers une couche rubéfiée, à petits galets noirs, paraissant correspondre à une dénudation, mais que l'exploitation ne permet pas d'observer toujours. On voit par notre diagramme que le Falun à Pectoncles de Jeures ne se présente pas en couches régulièrement horizontales, mais qu'il offre, comme le falun à *Natica crassatina*, de larges ondulations.

A Morigny, les sables sont plus purs et les fossiles remarquablement bien conservés. On y observe, sur les sables terreux jaunâtres à petits Trochus de l'assise précédente, le falun à *Pectunculus obovatus* et, au-dessus, des sables quartzeux, micacés, fins, ordinairement assez purs et renfermant un grand nombre d'espèces de mollusques. Ces sables, à leur partie supérieure, ne contiennent plus guère que de très petits fossiles parmi lesquels domine une petite variété de la *Melania semidecussata* associée à de jeunes *Cerithium plicatum*. Cette couche renferme au sommet quelques galets de silex, qui indiquent un horizon déjà plus élevé que celui qui nous occupe.

Parmi les fossiles de Morigny, il en est peu de caractéristiques, presque tous se retrouvant, soit dans le Falun inférieur, soit dans celui de Pierrefitte. Cependant l'abondance dans cette assise des *Pectunculus obovatus, Cytherea incrassata, C. splendida, Cardium tenuisulcatum, Lucina Heberti, Avicula Stampinensis, Tellina Nysti, Corbula Henckeliusiana, Natica Achatensis, N. Combesi, Potamides trochlearis, Buccinum Gossardi, Pleurotoma belgica, P. Stoppanii*, et *Typhis cuniculosus*, la présence des *Triton Flandricum, Cassidaria Buchi, Cer. plicatum*, var. *Galeottii*, l'absence des *Ostrea cyathula*, et *Purpura monoplex*, la plus grande rareté des *Engina Heberti, Voluta Rathieri, Natica crassatina, Cerithium Boblayi, C. conjunctum* et *Pectunculus angusticostatus* ne permettent pas de confondre les Sables de Morigny avec le Falun de Jeures.

D'autres caractères négatifs, l'absence par exemple des *Corbulomya Morleti, Cytherea dubia, Cardium Stampinense, Cardita Bazini, Columbella inornata, Buccinum Archambaulti*, suffisent pour distinguer paléontologiquement les Sables de Morigny des couches supérieures.

Comme l'a dit M. Tournouër, « la faune de Morigny a un caractère parfaite- » ment marin, celui d'une faune de fond sableux, de mer relativement pro- » fonde (1). »

Vous venons d'indiquer les Sables de Morigny sur deux points, à Jeures et dans l'ancienne sablière entre Villemartin et Morigny; on les retrouve encore dans ce dernier pays, puis de l'autre côté de la Juine, à Saint-Phallier et à l'extrémité du faubourg Saint-Michel d'Étampes. Partout ailleurs, les affleurements de cette couche font défaut; sur plusieurs points c'est l'assise elle-même qui fait défaut, ayant été enlevée par dénudation postérieurement à sa formation.

_____

(1) Tournouër, *loc. cit.*, p. 670.

VI. — Sables à galets d'Étréchy.

Nous ne connaissons pas la couche qui a pu, régulièrement et en stratification
concordante, succéder aux Sables de Morigny. Les sables à galets qui les recouvrent, en sont en effet séparés par une dénudation probablement considérable et
dont, jusqu'ici, dans la région d'Étampes, les traces ont cependant échappé aux
investigations de certains géologues. Nous devons donc insister sur ce phénomène important et dont l'existence est d'ailleurs facile à constater.

Fig. 3. — *Coupe du Falun de Brunehaut, montrant la discordance qui existe
entre la couche à Natica crassatina et les sables à galets d'Etréchy.*

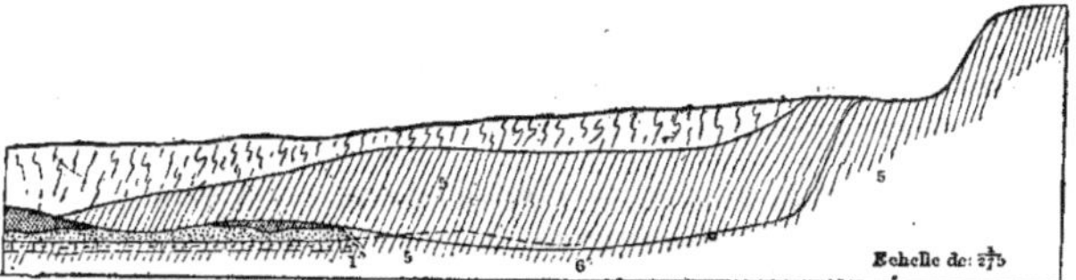

7. Terre végétale ou gazon.
6. Lit irrégulier de galets siliceux.
5. Sables quartzeux, blancs, fins, sans fossiles.
4. Sables fauves avec débris d'Halitherium.
3. Falun à *Natica crassatina*.
2. Grès molassique on siliceux à *O. cyathula*.
1. Marnes à Huîtres.

Au sud d'Étréchy, nous savons que les sables fauves à galets recouvrent directement le Falun inférieur à *N. crassatina*, sans intercalation des Sables de Morigny.
A peu de distance au nord de ce point, le Falun de Vintué a lui-même été entamé
et irrégulièrement découronné avant le dépôt des sables à galets. A Brunehaut,
il en est ainsi et, comme le montre le diagramme ci-dessus, les sables n° 7, cor-
respondants aux sables à galets, reposent en discordance sur le Falun à *N. crassatina*, dont les parties supérieures ont disparu. Ainsi l'érosion qui, à Jeures, ne
paraît pas avoir atteint les Sables de Morigny, les a au contraire complètement
enlevés à Étréchy comme à Brunehaut, et là, cette érosion a détruit en partie le
Falun inférieur lui-même ; sur certains points, elle a atteint jusqu'aux grès à
Ostrea cyathula de la Molasse d'Étréchy. Les sables à galets qui devraient partout
couronner les Sables de Morigny reposent tantôt sur le Falun de Jeures, tantôt
sur la molasse. La coupe ci-dessus, prise dans l'enceinte du chemin de fer

d'Orléans, à Brunehaut, montre comment les sables à galets ont affouillé les assises plus anciennes.

M. Tournouër, qui avait très bien étudié les terrains des environs d'Étampes, avait soupçonné l'existence de la dénudation dont nous parlons, seulement, trompé par les différences paléontologiques, plus apparentes que profondes, qui séparent le Falun de Jeures des Sables de Morigny, il avait théoriquement placé l'époque de cette dénudation entre les deux dépôts, tout en reconnaissant que l'érosion n'aurait pas atteint la région d'Étampes.

Ici encore, nous devrons citer M. Tournouër : « Toutes ces assises, dit-il
» (Marnes vertes, Calcaire de Brie, Falun de Jeures, Sables de Morigny), repo=
» sent dans cette région (d'Étampes) les unes sur les autres en stratification par-
» faitement concordante ; mais... il n'en est pas partout de même et on a signalé
» depuis longtemps des faits de discordance de stratification entre les Sables de
» Fontainebleau proprement dits et les terrains sous-jacents, faits qui ont été
» pris en considération par Élie de Beaumont pour l'établissement de la limite
» du Miocène et de l'Éocène, dans la carte géologique de France. M. Potier m'en
» a fait voir un bel exemple dans la vallée de l'Yères, dans la sablière de Ville-
» cresne : là, l'envahissement de ces sables a raviné jusqu'aux marnes vertes, en
» creusant des poches dans le Calcaire de Brie et dans un petit calcaire marin,
» marneux, à empreintes de *Cerithium plicatum*, intimement lié à ce dernier.
» Ce calcaire marin est certainement celui de Belleville, de Sannois, de la vallée
» de la Bièvre, etc., et le *Cerithium plicatum*, dont il a gardé les empreintes,
» appartient à la variété ornée de ce niveau et des marnes de Jeures et d'Étréchy.
» Il y a donc ici discordance par ravinement, entre les Sables purs de Fontaine-
» bleau et les couches équivalentes des faluns de Jeures et d'Étréchy. » Si
M. Tournouër s'était arrêté ici, nous aurions pu croire qu'il plaçait comme nous la discordance par dénudation, à la base des sables quartzeux blancs et au-dessus de l'assise des Sables de Morigny ; mais il continue : « Cette discordance ne
» vient-elle pas à l'appui de la différence paléontologique que j'ai indiquée entre
» la faune de Morigny et la faune de Jeures ? En tous cas, j'insiste sur cette diffé-
» rence qui témoigne d'un changement important dans le fond des mers entre
» les deux dépôts, du moins dans la région de Paris et d'Étampes (1). »

Le calcaire marneux de Villecresnes, dont parle M. Tournouër nous paraît être l'équivalent de notre Molasse d'Étréchy, et la discordance qu'il signale dans la vallée de l'Yères est évidemment due à l'extension d'un phénomène dont nous retrouvons les traces près d'Étampes, phénomène qui paraît avoir affecté la généralité du terrain oligocène parisien, mais qui est certainement postérieur au dépôt des Sables de Morigny.

(1) Tournouër, *loc. cit.*, p. 675.

Nous devons toutefois faire remarquer que l'époque exacte de la discordance en question n'a pas entièrement échappé à tous les géologues. M. Dollfus, par exemple, en a parfaitement reconnu l'existence et la place au-dessus des Sables de Morigny. Seulement il a confondu cette dénudation avec celle qui existerait entre ses Sables de Fontenay et ceux de Fontainebleau, c'est-à-dire à un niveau selon nous très différent (1). Nous reviendrons plus loin sur cette question.

En résumé, voici le point de fait que nous voulions mettre en évidence : Après le dépôt des Sables de Morigny, il y a eu, dans la région d'Étampes, un ravinement des terrains préexistants, et les couches postérieures reposent en stratification discordante sur des assises plus anciennes.

La couche qui succède en discordance aux Sables de Morigny paraît être un dépôt essentiellement littoral, qui se compose de sables gris, fauves ou chamois, renfermant de nombreux galets de silex. La coupe suivante, prise à la ferme de Saint-Phallier près Jeures nous montre sa composition ordinaire :

<pre>
      Terre végétale (environ 1/2 mètre environ).
  4. Alternance de sables jaunes et bruns. . . . . »ᵐ80
     (Sable brun avec galets. . . . .)
  3. { Sable argileux . . . . } ».50
     (Sable brun avec galets. . . . .)
  2. Sable brun foncé à parties ferrugineuses, durcies, et nombreux galets, épais de 10 à . ».20
      (Discordance).
  1. Sables chamois, avec bandes de sables bruns et renfermant de gros galets irrégu-
      lièrement disséminés, épais de 2ᵐ 1/2 à 1ᵐ
      (Discordance).
     (Sables de Morigny à Cytherea splendida, de 0 à. 1ᵐ
III.{ Falun rosé à Pectunculus obovatus, visible sur . . . . ».40
      et reposant sur le Falun de Jeures entamé un peu plus loin.
                                                                                       ______
                                                                                        3ᵐ90
</pre>

Dans cette coupe, on voit des sables jaunes ou bruns recouvrir irrégulièrement des sables chamois à bandes fauves, qui reposent sur les Sables de Morigny découronnés et profondément ravinés. Ces sables chamois paraissent être eux-mêmes en discordance avec les Sables bruns qui les recouvrent, mais cette discordance est beaucoup moins profonde et moins importante que la première.

Les sables à galets ne nous ont offert, sur ce point, aucun fossile.

Un peu au nord et 100 mètres environ avant d'atteindre la grande sablière de Jeures, on voit les sables à galets dans la position que retrace le croquis suivant :

(1) Dollfus. *Chemin de fer de Méry (Bull. Soc. Géol. de Fr.)*, 3ᵉ sér., t. VI, p. 299.

Fig. 4.

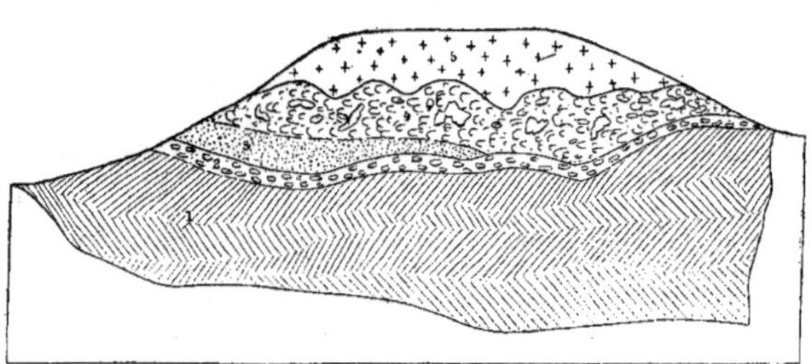

5. Terre végétale.
4. Graviers quaternaires.
3. Sable gris, quartzeux, fin, visible sur 0ᵐ30
2. Sable quartzeux gris, parfois rubéfié, à galets de silex noirs et brillants, de petite
    taille, avec dents de *Lamna*, épais de 0ᵐ10 à. 0.25
    (Discordance).
1. Sable quartzeux, blanc, fin, à stratification irrégulière, renfermant à la base quelques
    débris de coquilles (*Pectunculus obovatus*). 1.20
                                              1ᵐ75

Le sable quartzeux blanc à fragments de Pectoncles nous paraît appartenir à
la couche dont la base affleure sous le n° 10 de la coupe de Jeures, (Voir p. 12)
être par conséquent supérieur au premier niveau de galets qui couronne les
Sables de Morigny et plus récent que la discordance par ravinement qui y correspond. Cette couche serait identique aux Sables chamois de la coupe de Saint-
Phallier; comme eux, elle est recouverte en stratification non concordante par
un sable à galets qui se présente ici sous la forme de sable gris avec petits galets
noirs et nombreux débris de Vertébrés. Nous y avons en effet recueilli un grand
nombre de dents de *Lamna* se rapportant à plusieurs espèces, des *Miliobates*, des
côtes pierreuses d'*Halitherium*, etc. Ce niveau de galets avec dents de *Lamna* correspond donc à une seconde discordance, beaucoup moins considérable, il est
vrai, que la première, mais qui, sur certains points, comme à Brunehaut, a
cependant acquis une certaine importance. Là, en effet, ainsi que le montre le
diagramme que nous avons donné plus haut, le Falun inférieur à *N. crassatina*
est directement recouvert en stratification discordante par des sables fauves ou
chamois à *Halitherium*, mais ceux-ci sont à leur tour recouverts en stratification

discordante par des sables quartzeux, blancs, à galets, qui ont raviné non seulement les sables fauves à *Halitherium*, mais le Falun à *N. crassatina* et la Molasse à *Ostrea cyathula* elle-même.

Les sables qui viennent au-dessus de cette dernière discordance ne renferment parfois qu'un petit nombre de galets et sont ordinairement disposés en lits irréguliers. A Brunehaut, on les voit passer supérieurement d'une façon insensible à la masse des Sables quartzeux, blancs, généralement sans fossiles, qui constituent la plus grande partie des collines aux environs d'Étampes.

Les sables et galets à *Halitherium* ont une puissance très variable ; ceux de la base paraissent atteindre une épaisseur de deux à trois mètres ; ceux qui viennent au-dessus ne doivent pas dépasser trois à quatre mètres.

La présence, dans la couche qui nous occupe, de Siréniens amis des estuaires et des embouchures, la nature même des sédiments, l'existence de nombreux cordons de galets indiquent le caractère tout à fait côtier de notre assise et le peu de profondeur des eaux où s'effectua le dépôt des sables et galets à *Halitherium*.

V. — Sables de **Vauroux**.

On confondait autrefois toutes les assises qui viennent au-dessus des Sables de Morigny, sous le nom de sables et grès de Fontainebleau, au sommet desquels on distinguait seulement la petite couche à faune dite d'Ormoy. La masse des sables quartzeux blancs des environs d'Étampes est, en réalité, loin d'être aussi homogène qu'on l'avait d'abord pensé ; elle se divise en plusieurs couches successives, que l'un de nous a cherché à faire connaître, en précisant la position stratigraphique de ce qu'il appelait : les sables à Corbulomyes. Il avait distingué au sein des sables quartzeux blancs du groupe supérieur, trois assises : la première constituée par les sables à Corbulomyes proprement dits, renfermant le Falun de Pierrefitte et ayant à sa base le Sable de Vauroux ; la deuxième formée par les Sables lilacés à galets ; enfin, la troisième, composée de grès ou de sables fins, très purs, avec la faune dite d'Ormoy (1).

Plus tard, dans une nouvelle étude, il avait été amené à subdiviser encore les Sables à Corbulomyes d'Étampes et y supposait la succession suivante :

> Falun de Pierrefitte ;
> Sables de Vauroux ;
> Sables d'Étampes (2).

(1) Lambert. Sables marins de Pierrefitte.
(2) Lambert. *Bull. Soc. Géol. Fr.*, 3e sér., t. IX, p. 499.

De nouvelles études nous engagent à modifier légèrement cette classification. Nous pensons que les sables dits d'Étampes (rue Saint-Antoine) représentent seulement la base de ceux dits de Vauroux, dont ils sont en partie une simple modification latérale, et que les deux couches, à peu près synchroniques, appartiennent au même horizon stratigraphique. Nous divisons donc la masse des sables compris entre les galets inférieurs à *Halitherium* et les galets supérieurs d'Étampes, de Saclas, de Meulineu, etc., seulement en deux assises : à la base, les Sables de Vauroux, ceux de Pierrefitte au-dessus.

Dans la partie basse de la ville d'Étampes, les travaux nécessités par le forage des puits, la pose de conduites d'eau, etc., mettent au jour des affleurements de sables quartzeux blancs, fins, remplis de débris de coquilles, particulièrement de fragments du *Corbulomya triangula*. Cette couche se voit très bien au fond de certaines caves (maison n° 7, rue de la Tannerie). L'un de nous l'a autrefois explorée devant le collège d'Étampes, où elle a fourni environ quarante petites espèces ; son épaisseur, sur ce point, dépassait 3 mètres. Ces sables quartzeux, blancs, fins, se retrouvent de l'autre côté de la vallée de la Juine, au pied des bois de Vauroux. L'un de nous a donné une coupe prise dans cette localité et indiqué les véritables caractères de l'assise, qui est visible sur une épaisseur de près de 4 mètres et recouverte par un horizon particulier de sables gris à nodules verdâtres (1). Étant donnée l'importance de cette coupe, nous la reproduisons ici :

<table>
<tr><td></td><td></td><td>Terre végétale, environ 50 cent.</td><td></td></tr>
<tr><td rowspan="4">VI.</td><td>7.</td><td>Sable gris, sans fossiles, veiné de sable gris verdâtre . . . .</td><td>3^m60</td></tr>
<tr><td>6.</td><td>Sable gris jaunâtre avec quelques galets siliceux disséminés et parties noduleuses plus agrégées . . . .</td><td>1^m50</td></tr>
<tr><td>5.</td><td>Lit mince de sable jaunâtre. . . · . . . .</td><td>0^m05</td></tr>
<tr><td rowspan="4">V.</td><td>4.</td><td>Sable quartzeux blanc à nodules, plus durs, de sable gris verdâtre fossilifère. . . . .</td><td>0^m80</td></tr>
<tr><td>3.</td><td>Sable quartzeux blanc fossilifère. . . . .</td><td>1^m »</td></tr>
<tr><td>2.</td><td>Sable blanc en lits de 25, 20, 20 et 80 cent. . . . .</td><td>1^m25</td></tr>
<tr><td>1.</td><td>Sable très blanc avec peu de coquilles . . . .</td><td>1^m »</td></tr>
</table>

On voit par cette coupe, les sables quartzeux blancs fossilifères de la base, passer dans la couche n° 4 aux sables gris à nodules, mais rester séparés de ceux-ci par une surface d'érosion correspondant à la couche n° 5. Ces sables gris à nodules forment, dans la région d'Étampes, un horizon spécial et intéressant, reposant souvent en stratification non concordante sur les sables de Vauroux. Ajoutons aux espèces signalées dans ces derniers les *Murex pereger*, *Voluta Rathieri*, *Pleurotoma Belgica*, *Lucina Thierensi*, *Cyrena convexa*, *Cytherea dubia*, et

(1) Sables mar. de Pierrefitte, p. 263.

Tellina Heberti. La présence à Vauroux des *Murex pereger, Cytherea dubia* et *Corbulomya Morleti* rattache la faune de ces sables à celle du niveau supérieur de Pierrefitte, dont elle se distingue par de nombreux caractères négatifs notamment par l'absence de la *Cardita Bazini* (1).

Au nord d'Étampes, il est extrêmement difficile de reconnaître aussi exactement l'assise des sables de Vauroux; à Morigny, Auvers, Étréchy, etc., les fossiles font défaut et l'on ne trouve plus que des sables quartzeux, parfois micacés, blancs, fins, assez régulièrement stratifiés, se confondant avec les assises supérieures, au sein d'une masse plus homogène de sables quartzeux blancs.

Les renseignements, que nous avons recueillis à Étampes, nous portent à croire que les Sables de Vauroux reposent directement sur les sables et galets à *Halitherium,* bien que, faute de découverts, nous n'ayons jamais pu observer nous-même le contact, ni la superposition directe d'une assise sur l'autre. L'épaisseur des sables de Vauroux semble supérieure à 5 mètres et nous ne croyons pas nous éloigner de la réalité en la fixant approximativement à 6 mètres.

Ce dépôt, caractérisé par la présence des genres *Potamides, Bithynia* et *Cyrena,* paraît s'être effectué au sein d'une sorte d'estuaire, dans des eaux peu profondes et correspondre à un nouvel affaissement du fond des mers succédant à l'exhaussement synchronique aux sables et galets à *Halitherium,* qui séparent notre assise de celle plus franchement marine, des sables de Morigny.

VI. — Sables et Falun de Pierrefitte.

Cette assise est maintenant bien connue, et nous n'avons, en ce qui la concerne, qu'à renvoyer aux diverses études dont elle a été l'objet de la part de l'un de nous (2). Nous nous contenterons de rappeler qu'elle se compose de sables quartzeux blancs, parfois micacés, vaguement stratifiés, présentant souvent à leur base un lit de galets siliceux. Leur épaisseur moyenne est de 8 mètres, ainsi qu'on peut le voir à Pierrefitte et surtout à Moulinveau (3). Les fossiles ne se rencontrent qu'accidentellement dans cette assise, sauf aux envi-

(1) Ce gisement a été pour la première fois signalé et exploré par M. Mayer, qui l'indique d'une façon suffisamment précise dès 1864, dans le *Journal de Conchyologie,* en donnant la description de son *Cytherea Semperi,* que nous n'avons pu retrouver. Il y cite également les *Corbulomya Morleti* (sous le nom de *C. complanata*) et *Cerithium lævissimum.*

(2) J. Lambert : Sables mar. de Pierrefitte. *Nouv. Arch. du Mus.,* 2ᵉ sér., t. III, p. 257. — J. Lambert : Sables olig. d'Etampes. *Bull. Soc. Géol. Fr,* 2ᵉ sér., t. IX, p. 496.

(3) Sables mar. de Pierrefitte, p. 259 et suiv.

rons d'Étampes, dans la petite vallée de la Chalouette, où des sables remplis de
Corbulomyes (*C. triangula*) se voient à Saint-Hilaire, Moulinveau, Pierrefitte, au
Moulin de Vaujouan et enfin à la côte Saint-Martin. Ce dernier gisement était
depuis assez longtemps connu et M. Tournouer déclare y avoir recueilli, dès
1855, en autres espèces, les *Cardita Bazini* et *Pectunculus obovatus* (1). Même
dans la vallée de la Chalouette, les fossiles sont très irrégulièrement distribués
dans cette assise ; à Pierrefitte, ils ont été accidentellement accumulés au point
de constituer un véritable falun, rappelant, par sa nature minéralogique, les
faluns miocènes de la Touraine. Un affleurement de quelques mètres nous a
fourni la quantité considérable de 170 espèces de Mollusques ; c'est le point le
plus intéressant pour le paléontologiste et le plus riche en fossiles qui existe
aux environs d'Étampes.

Afin de permettre de mieux comprendre les caractères spéciaux de ce gisement, nous en reproduisons une coupe, prise pendant les derniers travaux que
nous avons fait exécuter sur ce point.

Nous appuierons, en passant, sur ce fait que le Falun de Pierrefitte repose sur
un lit de gros galets et de coquilles roulées, supérieur à des sables blancs, fins,
sans fossiles, que nous avons reconnus sur une épaisseur de 1^{m}50. Cette disposition stratigraphique est absolument différente de celle des dépôts inférieurs
avec lesquels certaines personnes avaient songé à synchroniser cet horizon.

Dans sa première description des Sables marins de Pierrefitte, M. Stanislas
Meunier en donnait la coupe suivante (2) :

```
Terre végétale . . . . . . . . . . . . . . . . . . . . . . . . .   0ᵐ40
Marnes avec plaquettes de calcaire jaunâtre à Potamides. . . . . . . .   1ᵐ »
Galets siliceux semblables à ceux de la butte de Saclas. . . . . . . . .   3ᵐ »
Sables quartzeux, pétris de coquilles marines (ép. ?)
```

Or, voici quelle est la succession générale très nettement visible.

```
Terre végétale . . . . . . . . . . . . . . . . . . . . . . . .   0ᵐ40
Lœss avec débris de calcaire de Beauce. . . . . . . . . . . . . .   1 à 2ᵐ
Graviers et sables diluviens avec gros blocs de meulière . . . . .   1 à 3ᵐ
Sables fossilifères et falun . . . . . . . . . . . . . . . . . . .   1 à 2ᵐ
Lit de galets . . . . . . . . . . . . . . . . . . . . . . . . . .   0ᵐ10
Sables fins sans fossiles . . . . . . . . . . . . . . . . . . . .   1ᵐ50
```

(1) Tournouer, *loc. cit.*, p. 667.
(2) *La Nature*, octobre 1879, 7ᵉ année, p. 307.

Fig. 5. — *Coupe du gisement de Pierrefitte.*

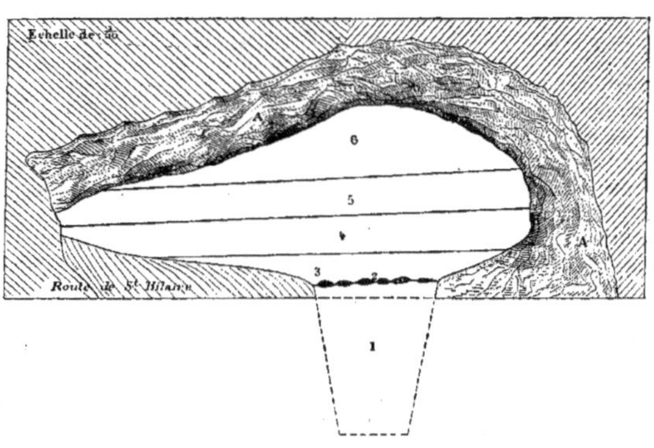

A. Sables marneux et Lœss avec fragments de meulière.
6. Sables quartzeux, avec fossiles devenant plus nombreux à la base.
5. Falun à Corbulomyes et Natices.
4. Sables à Murex constituant le niveau le plus riche en fossiles.
3. Falun avec peu de coquilles intactes.
2. Lit de galets siliceux et grands Pectoncles roulés.
1. Sables quartzeux, très fins, avec quelques petits galets disséminés.

Ainsi les marnes à plaquettes calcaires n'appartiennent pas, comme on aurait pu le croire, aux marnes d'Étampes et les galets supérieurs ne sont pas contem. porains des sables lilacés de Saclas. Ces deux couches sont quaternaires. Les seuls galets oligocènes en place, qui se voient ici, sont au-dessous et non au-dessus du Falun de Pierrefitte.

Dans la direction de l'est, les sables de notre assise perdent rapidement leurs fossiles. Cependant, près du Moulin de Vaujouan, au point marqué 79 sur la carte de l'État-Major, existe une petite sablière dont l'un de nous a déjà parlé ; on y trouve :

3. Sables quartzeux, gris, fins, avec parties noduleuses.un peu plus agré-
    gées . . . . 1^m »
2. Sable quartzeux, grossier, à rares petits galets et fossiles mal conservés.
    Pectunculus obovatus, dent de Lamna. . . . . 0^m20
1. Sable quartzeux, gris, fin, vaguement stratifié avec quelques nodules
    plus agrégés. . . . . 1^m50

La couche n° 2 est, selon nous, le prolongement direct du Falun de Pierrefitte; elle se relie, en effet, avec les sables fossilifères signalés en amont de Vaujouan, lesquels se relient eux-mêmes à ceux de Pierrefitte (1). Cette couche se rattache d'autre part aux sables fossilifères indiqués au bas de la côte Saint-Martin, où ils n'affleurent plus aujourd'hui, mais où ils existent à plus de 6 mètres au-dessous du niveau des exploitations actuelles. Remarquons à Vaujouan, dans les couches subordonnées aux sables fossilifères, la présence de sables gris à nodules plus agrégés. Cet accident de structure de la roche, dans des couches qui sont le prolongement des Sables de Pierrefitte, nous permettra de retrouver cette assise à distance.

Entre le petit Saint-Mars et Vauvert, sur la route de Saclas, dans une grande sablière récemment ouverte, on voit près de la base une couche irrégulière qui renferme des débris de poissons (Icthyodorylithes, dents de Lamna) absolument identiques à ceux rencontrés à Pierrefitte. Cette couche nous a paru être le prolongement des sables fossilifères de Vaujouan et de la côte Saint-Martin.

De l'autre côté de la vallée de la Juine, à Vauroux, la coupe que nous avons donnée plus haut, permet de voir comment se fait le passage des sables fossilifères, dits de Vauroux, aux sables à nodules. Ces derniers reposent sur l'assise la plus ancienne en stratification non concordante, et en sont séparés par un petit lit rubéfié avec galets siliceux et *P. obovatus*. Ces sables gris verdâtres, à parties noduleuses, sont bien développés dans la tranchée de la petite route d'Ormoy ; leur puissance atteint près de 6 mètres et ils sont couronnés par des sables quartzeux demi-fins, très nettement stratifiés que nous considérons comme appartenant déjà à l'assise suivante :

On retrouve la couche des sables gris à nodules gris verdâtres sur le territoire de Morigny où une sablière, située au pied du coteau, dans les bois de Vaudouleurs, à l'altitude de 80 mètres, offre la coupe suivante :

	Sable remanié	1ᵐ »
	9. Sable quartzeux, blanc, fin, sans fossiles.	3ᵐ50
	8. Sable grisâtre, fin, avec nodules de marne sablonneuse, gris verdâtre, renfermant quelques fossiles	1ᵐ40
VI.	7. Sable gris, à nodules fossilifères. — *Pectunculus obovatus* et *Cytherea subarata.*	0ᵐ10
	6. Sable quartzeux, grisâtre, à nodules	1ᵐ »
	5. Lit micacé, marno-sablonneux, avec mica argentin en nodules	0ᵐ02
	4. Sable quartzeux gris, à nodules verdâtres, marno-sablonneux	0ᵐ25

(1) Sables mar. de Pierref., *loc. cit.*, p. 262.

V.
- 3. Sable quartzeux, gris, demi-fin, avec lits de sable un peu plus gros, micacé, à stratification oblique. . . . .   1ᵐ »
- 2. Lit de sable marneux, micacé. 0ᵐ03
- 1. Sable quartzeux fin . . . .   1ᵐ »

9ᵐ50

Les couches 7 et 8 sont particulièrement intéressantes par leurs fossiles à l'état de contre-empreinte en grès tendre que renferment certains nodules gris verdâtres. Ce fait vient démontrer que la masse des sables quartzeux fins et micacés, dits de Fontainebleau, n'a pas été, à l'origine, absolument dépourvue de fossiles.

Il nous reste à justifier l'attribution que nous faisons des sables de Vaudouleurs à l'assise de Pierrefitte. Les considérations qui nous y déterminent sont multiples.

D'abord, la nature minéralogique des Sables de Vaudouleurs, identiques à ceux de Vauroux, est très voisine de celle que présentent les couches de Vaujouan, où un lit subordonné fossilifère rattache netttement ce niveau à celui de Pierrefitte. Ainsi, en suivant les couches de proche en proche, on voit la roche se modifier et le falun passer latéralement aux sables à nodules.

Au point de vue stratigraphique, les deux faciès occupent un niveau sensiblement identique : (alt. : Pierrefitte, 82ᵐ; Vaujouan, 80ᵐ; Vauroux, 78ᵐ; Vaudouleurs, 80ᵐ) et sont recouverts, l'un et l'autre, par environ 18 mètres de sables, appartenant aux assises supérieures, avant que l'on atteigne le niveau si remarquable des marnes palustres inférieures au calcaire de la Beauce.

Enfin, parmi les rares fossiles rencontrés à Vaudouleurs, le *Cytherea subarata*, qui n'a encore été recueilli qu'à Pierrefitte, et que l'on ne connaît pas dans les couches plus anciennes d'Étampes, sert de lien paléontologique entre les deux gisements.

Partout ailleurs aux environs d'Étampes, l'horizon des Sables de Pierrefitte est très difficile à bien reconnaître. Il est constitué par des sables quartzeux, blancs, fins, vaguement stratifiés, qu'il est presque impossible de séparer des assises voisines.

La faune du Falun de Pierrefitte a un caractère très franchement marin, malgré la présence, d'ailleurs peu fréquente, dans cette couche, des *Potamides Lamarcki*, *Planorbis inopinatus*, *Cyrena convexa*, etc., qui indiquent encore le voisinage d'estuaires fréquentés par les Siréniens de cette époque. L'abondance des Murex et des Fuseaux imprime à cette forme un cachet particulier très différent de celui que donne, aux couches inférieures, le nombre des Tellines, des Syndosmyes et des petits Troques. Le caractère de l'assise est celui d'un dépôt formé dans des eaux un peu plus profondes que celles où se sont consti-

tuées les assises de Jeures et de Vauroux ; ses analogies sont plus complètes
avec l'assise du Falun de Morigny.

VII. — Sables à galets de Saclas.

Cet horizon, au sud d'Étampes, a des caractères minéralogiques très tran-
chés qui permettent de le distinguer facilement des couches inférieures ou supérieures. Ces caractères indiquent un dépôt essentiellement littoral, formé
sous l'action de la vague, à proximité de falaises crayeuses. Les sables sont
colorés, de teinte grise, jaunâtre, ou le plus souvent lilacée ; ils sont quartzeux,
fins, parfois nettement et finement stratifiés, et alternent un grand nombre de
fois avec des lits de galets siliceux de grosseur diverse, blanchâtres, gris ou
noirs, toujours très fortement roulés. Les environs de Châlo-Saint-Mars présentent, sur une foule de points, de très belles coupes de cette assise. L'un de nous
l'a déjà signalée à Moulinveau, commune de Saint-Hilaire, et a donné le détail
des couches qui affleurent dans la carrière du Sablon à Châlo-Saint-Mars (1).

L'uniformité de cette petite assise au sud et à l'ouest d'Étampes nous dispense
d'entrer à son sujet dans de nouveaux détails ; la reproduction de nouvelles
coupes prises à Boissy-la-Rivière, Saclas, Méréville ou Ormoy n'ajouterait, en
effet, rien à nos connaissances. La puissance moyenne des Sables supérieurs à
galets est de 12 à 14 mètres.

Au nord d'Etampes, en s'éloignant du rivage oligocène, le faciès change et,
tandis qu'au Petit-Saint-Mars, nous voyons encore un assez beau développement
des Sables à galets, la coupe bien connue de la côte Saint-Martin n'offre plus
que des rudiments de lits de galets, et, dans les grandes sablières qui dominent le
faubourg Evezard, on ne trouve plus qu'un sable quartzeux, blanc, fin, renfermant à peine çà et là quelques petits galets siliceux. Alors cette assise devient
très difficile à distinguer des couches voisines ; toutefois on ne peut dire que les
sables qui la composent constituent un dépôt plus homogène, moins souvent
disposé en petits lits obliquement stratifiés que l'assise inférieure, et rarement
aussi fins, aussi pulvérulents que ceux de la couche plus élevée. La modification
du faciès minéralogique que l'on observe en s'avançant vers le nord s'explique
d'elle-même : les Sables à galets, constituant un dépôt essentiellement littoral ne
pouvaient s'étendre au large, ni sur les points où l'action moins énergique de
la vague restait impuissante à charrier et à rouler les silex ailleurs arrachées
aux falaises.

____

(1) *Bull. Soc. Géol. de Fr.*, 8ᵉ sér., t. IX, p. 499.

Dans les Sables à galets de Saclas ; nous n'avons jamais rencontré de fossiles, sauf accidentellement quelques dents roulées de *Lamna*. L'agitation des eaux semble avoir été ici impropre à la vie, ou du moins à la conservation des mollusques. Le faciès nord des sables quartzeux, blancs, purs, ne nous a jamais offert la trace du moindre fossile. Sans doute, ici comme dans la couche inférieure, les quelques débris qu'aurait pu, à l'origine, renfermer cette assise, auront disparu par suite de la circulation lente et prolongée des eaux au sein de sables exclusivement siliceux.

VIII. — Sables d'Ormoy.

Cette petite assise dont la puissance dépasse rarement quatre mètres est très anciennement connue, et constitue essentiellement les Grès de Fontainebleau de certains auteurs. Malgré son peu d'épaisseur, au point de vue orographique, industriel et pittoresque, c'est la plus importante de toutes les couches sableuses oligocènes, aux environs d'Étampes. Elle doit son importance à des phénomènes postérieurs à son dépôt, aux émissions siliceuses qui, consolidant les sables, les ont transformés sur d'immenses étendues en grès plus ou moins durs. Ceux-ci, par leur résistance aux érosions quaternaires, ont amené sur certains points le rétrécissement des vallées et protégé, de leurs débris descendus, les pentes, où ils se dressent en roches aux aspects variés. C'est à cette assise qu'appartiennent les grès de la forêt de Fontainebleau et tous ceux de la région d'Étampes. Les émissions qui donnèrent naissance aux grès ne paraissent pas être venues de l'intérieur, comme certaines personnes auraient pu le penser. S'il en eut été ainsi, les anciens canaux d'émissions se retrouveraient, et, aujourd'hui, solidifiés aux penchants des collines, se dresseraient en gigantesques colonnes ou en larges murailles verticales. On ne voit jamais rien de tel. La silice a dû venir d'en haut et se trouver en dissolution dans les eaux, au moment du dépôt des sables. La transformation de ces derniers en grès s'est produite par un phénomène analogue à celui qui a donné naissance aux silex de la craie, par une consolidation subséquente, sous l'influence de l'affinité moléculaire des corps pour leur propre substance.

Cependant, sur certains points, les émissions siliceuses ont fait défaut, et l'assise est restée à l'état de sables quartzeux blancs, ordinairement de la plus grande finesse. Si l'idée beaucoup trop générale de d'Orbigny considérant les sables de Fontainebleau comme les restes d'anciennes dunes accumulées par les vents sur les rivages de la mer tertiaire, pouvait être partiellement admise, elle expliquerait assez bien la formation générale de l'assise qui nous occupe.

Toutefois, si les fossiles font ordinairement défaut, certaines localités privilé-giées en contiennent quelques-uns, et la faune indique alors un dépôt formé dans des eaux saumâtres peu profondes, dans une sorte de lagune en communication directe avec la mer.

Les deux seuls points fossilifères que nous connaissions sont le gisement d'Ormoy et celui de Châlo-Saint-Mars. L'un de nous a donné une coupe prise dans cette dernière localité, où il a recueilli la plupart des espèces d'Ormoy (1).

L'assise qui nous occupe est d'ailleurs facile à étudier dans une foule de lieux, aux environs d'Etampes, à Saint-Hilaire (2), Pierrefitte (3), Valnay (4), à la côte Saint-Martin, au faubourg Evezard et dans toutes les exploitations de grès, à Etréchy, Lardy, Bouray, La Ferté-Alais, Maisse, etc.

A la côte Saint-Martin, la partie supérieure des sables est colorée et brunie. Ceux-ci se terminent par un lit tourbeux correspondant à une formation conti-nentale et à l'émersion définitive au-dessus des mers du bassin parisien. A Valnay, ces sables sont, au contraire, d'une finesse et d'une pureté remarquables.

A La Ferté-Alais, l'assise rubéfiée à sa partie supérieure représente un dépôt d'origine fluviatile, où sont ensevelies des espèces qu'on ne rencontre habituel-lement que dans les marnes inférieures du Calcaire de Beauce. Cette couche de La Ferté-Alais, par ses caractères paléontologiques, se rattache trop étroitement aux assises supérieures pour que nous ayons à nous étendre sur son importance, dans une étude spécialement consacrée aux couches marines de notre Oligo-cène.

En général, l'assise des Sables d'Ormoy, en contact avec les marnes palustres à Bithinies, reste indépendante de ces marnes. Cependant, sur certains points, il y eut, aux premiers jours de sa formation, invasion passagère des eaux marines dans le lac de Beauce, et la faune lacustre passe alors à une faune d'estuaire qui s'intercale plus ou moins haut, suivant les lieux, au sein des Marnes à Bithinies (Valnay, Châlo-Saint-Mars). Cette faunule rappelle la faune d'Ormoy, mais lui est postérieure, puisqu'elle ne s'est développée qu'après l'émersion du seuil qui sépara le lac de Beauce des mers voisines, tandis que la faune d'Ormoy est anté-rieure à cette émersion.

« Sans doute le soulèvement n'a pas été brusque, et les lagunes, où vivait la » dernière faune oligocène, avaient lentement succédé déjà à la mer plus pro-» fonde des Faluns de Pierrefitte ; mais enfin il y eut un moment où la libre com-» munication de ces lagunes et de l'Océan cessa. Cette fermeture, qui occa-

(1) *Bull. Soc. Géol. de Fr.*, 3º sér., t. IV, p. 499.
(2) Sables marn. de Pierr., p. 260.
(3) *Ibid.*, p. 262.
(4) Tournouer, *loc. cit.*, p. 667.

» sionna le lac de Beauce, doit servir de limite séparative entre les deux for-
» mations, car elle constitue le phénomène dominant de cette époque (1). »

<h3 style="text-align:center">IX. — Calcaire de Beauce.</h3>

Des calcaires lacustres supérieurs nous dirons peu de chose, car ces couches ne rentrent qu'indirectement dans le cadre de notre étude actuelle.

Nous venons de dire quelques mots des Marnes à Bithinies d'Etampes avec leurs accidents siliceux (Meulières de Montmorency) et leur faune si remarquable de Limnées, de Planorbes, de petits Pupa, d'Hélices, de Cyclostomes et de plantes palustres (*Chara medicaginula*). Ces couches sont recouvertes par des Travertins connus sous le nom de Calcaires de Beauce que couronnent au sud d'Etampes des calcaires bréchiformes noirâtres avec nombreuses Hélix (Calcaires de l'Orléanais). Les deux assises sont, vers le sud-est, séparées par une couche marno-sablonneuse que M. Douvillé a décrit avec détails sous le nom de Sables du Gâtinais.

Les Sables du Gâtinais et surtout les Calcaires de l'Orléanais correspondent à une nouvelle oscillation du sol qui rejette vers le sud l'ancienne dépression de la Beauce et trace les premiers linéaments d'un bassin tertiaire ligérien, distinct du bassin de Paris définitivement surélevé.

En résumé, l'Oligocène aux environs d'Etampes nous offre la série des couches suivantes, dont nous discutons plus loin la division par étages et sous-étages.

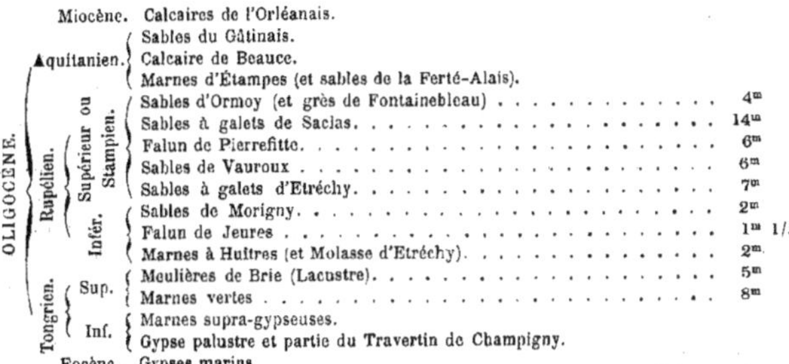

	Miocène.		Calcaires de l'Orléanais.	
	Aquitanien.		Sables du Gâtinais.	
			Calcaire de Beauce.	
			Marnes d'Étampes (et sables de la Ferté-Alais).	
OLIGOCÈNE.	Rupélien.	Supérieur ou Stampien.	Sables d'Ormoy (et grès de Fontainebleau)	4ᵐ
			Sables à galets de Saclas.	14ᵐ
			Falun de Pierrefitte.	6ᵐ
			Sables de Vauroux	6ᵐ
			Sables à galets d'Etréchy.	7ᵐ
		Infér.	Sables de Morigny.	2ᵐ
			Falun de Jeures	1ᵐ 1/2
			Marnes à Huîtres (et Molasse d'Etréchy).	2ᵐ
	Tongrien.	Sup.	Meulières de Brie (Lacustre).	5ᵐ
			Marnes vertes	8ᵐ
		Inf.	Marnes supra-gypseuses.	
			Gypse palustre et partie du Travertin de Champigny.	
	Eocène.		Gypses marins.	

(1) Lambert. *Bull Soc. Géol. de Fr.*, 3ᵉ sér., t. X., p. 501.

Nous devons reconnaître, qu'en s'éloignant de la région d'Etampes, il est difficile de suivre à distance les subdivisions multiples de nos sables marins. Même
dans les environs immédiats de Paris, où leurs prolongements ont été très soi-
gneusement étudiés, au milieu des sables de Sèvres ou des sables micacés de la
butte de Cormeil, il est impossible de retrouver nos diverses assises. L'on ne
peut guère y distinguer que les grandes divisions des Sables de Fontainebleau et
des Sables de Fontenay correspondant à notre Rupélien supérieur et Rupélien
inférieur et reposant sur les Marnes à Huîtres ou la Molasse parisienne.

Ainsi MM. Vasseur et Dollfus ont donné une coupe très intéressante des
couches oligocènes du village de Frépillon. Cette coupe en résumé nous
montre (1) :

8. Argiles panachées et calcaires siliceux, avec Limnées, etc	4ᵐ00
7. Sable micacé blanc ou jaune, avec veinules argileuses au sommet . . .	36ᵐ00
6. Argiles à Corbules	0ᵐ45
5. Marnes, Argiles et Molasse à *O. longirostris*, etc.	8ᵐ12
4. Marnes et calcaires de Brie.	0ᵐ90
3. Marnes et argiles verdâtres à Cyrènes	4ᵐ74
2. Marnes blanches ou verdâtres à *Bithynia Duchasteli*	10ᵐ74
1. Gypses et marnes en alternance.	

Dans cette région, les couches de la base sont donc mieux développées qu'aux
environs d'Etampes; mais, entre les Marnes à Huîtres et les Meulières supérieures, on ne trouve plus que deux assises fort inégales ; l'une très riche en fossiles, ayant à peine un demi-mètre d'épaisseur, l'autre qui en est dépourvue,
puissante de 36 mètres environ. M. Dollfus rattachait ses Argiles à Corbules
à l'assise inférieure des Marnes à Huîtres. Nous ne pouvons admettre ce rapprochement ; la faune de cette couche a, en effet, des analogies très étroites avec
celles des petits dépôts fossilifères de Neuilly et de Versailles, qu'il est paléontologiquement impossible de séparer de l'horizon du Falun de Jeures (2), et c'est
à ce dernier niveau que nous rattachons les Argiles à Corbules de Frépillon.

Quant aux sables micacés sans fossiles, ils forment une masse unique, paraissant indivisible, que l'auteur rapporte intégralement aux Sables de Fontenay de
Charles d'Orbigny. Ces Sables de Fontenay, ainsi compris, iraient, nous dit
M. Dollfus, en s'amincissant vers le sud, où ils renferment les faunes si variées
de Jeures et de Morigny ; tandis que les Sables de Fontainebleau, réduits aux
environs de Paris à une faible épaisseur, comprendraient tous les sables blancs
et les grès de la forêt de Fontainebleau, c'est-à-dire la presque totalité des as-

____

(1) Voir la coupe détaillée et l'énumération des fossiles, *Bull. Soc. Géol. de Fr.*, 3ᵉ sér., t. VI,
p. 265 et suiv.
(2) Voir l'opinion conforme de M. Tournouer, *loc. cit.*, p. 174.

sises d'Etampes. Les deux horizons seraient séparés par un niveau de galets et un ravinement supérieurs aux Sables de Morigny.

Nous pensons que cette classification est inexacte, car il ne nous paraît pas démontré que les sables argileux, dits de Fontenay, correspondent aux assises inférieures de Jeures et de Morigny. En ce qui concerne le niveau de Jeures, nous croyons qu'il doit être synchronisé avec les Argiles à Corbules, dont la faune est identique, et non avec les Sables dits de Fontenay, rien ne justifiant, selon nous, cette dernière attribution. La discordance par ravinement à laquelle M. Dollfus fait allusion, et qu'il place entre ses Sables de Fontenay et ceux de Fontainebleau, n'occuperait pas, selon nous, un niveau aussi élevé ; elle serait à la base des Sables de Fontenay et correspondrait à la discordance qui existe dans la région d'Etampes, au-dessus des Sables de Morigny. Ainsi, pour nous, les Sables de Fontenay, tels que les comprenait M. Dollfus, ne sont même pas synchroniques aux Sables de Morigny ; ils se placent au niveau inférieur de ce qu'il a appelé nos Sables de Fontainebleau, dont ils constituent un simple faciès septentrional. Ces deux assises, Sables de Fontenay et Sables de Fontainebleau, appartiennent donc, l'une et l'autre, à la division supérieure de notre Oligocène marin, et, par conséquent, n'ont pas l'importance qu'on a voulu leur attribuer.

En résumé, la coupe de Frépillon nous montre des Marnes à Huîtres correspondant à notre Molasse d'Etréchy, une petite couche d'Argiles à Corbules correspondant à notre Falun de Jeures ; mais elle ne nous indique aucune couche qui puisse être rattachée aux Sables à Pectoncles de Morigny.

En revanche, les sables micacés, épais de 30 mètres, paraissent être l'équivalent de nos assises IV, V, VI et VII d'Etampes.

Vers le nord-est, les grandes plaines de la Brie ne portent que des lambeaux peu importants des Sables oligocènes marins. Cette formation est beaucoup plus largement développée vers le nord-ouest, dans les vallées de l'Orge, de la Renarde, de l'Yvette et de la Bièvre. Dans ces dernières, l'horizon inférieur des Marnes à Huîtres est particulièrement intéressant à Sceaux, Massy, Palaiseau, etc., localités qui ont fourni à Deshayes un certain nombre de fossiles. On trouve aussi mentionnées dans la description des animaux sans vertèbres du bassin de Paris, quelques espèces provenant d'Orsay. Nous ne pouvons donner aucuns renseignements nouveaux sur cette localité que nous n'avons pas visitée, ni sur celles de Versailles et de Neuilly. La faune de ces dernières indique nettement l'horizon inférieur des Sables oligocènes d'Etampes, et une couche synchronique au Falun de Jeures.

Lorsqu'on s'éloigne de la région d'Etampes, vers l'est, on voit les fossiles bientôt disparaître. Si le prolongement des couches inférieures fossilifères de Jeures a été retrouvé dans la vallée de l'Essonne, près de La Ferté-Alais et de Boutigny, il n'est pas à notre connaissance qu'il ait jamais été signalé dans la forêt de Fontainebleau. Nous rappellerons ici, qu'à la suite des travaux nécessités par l'établissement de la ligne de Montargis, par Corbeil, M. Goubert a autrefois signalé à Cléry et à Jouy des sables inférieurs fossilifères avec *Cerithium plicatum*. Ceux-ci, à La Ferté-Alais, reposent sur des calcaires marneux à *O. cyathula* (Marnes à Huîtres) et renferment surtout des valves de Cythérées, et à Jouy, la *Cyrena semistriata*. Ils sont recouverts par des sables à galets avec dents de Lamna (*L. contortidens*, Agassiz.) (1) correspondant vraisemblablement à nos Sables à galets d'Etréchy.

Aucune trace de ces dépôts variés n'a été reconnue dans la région de Fontainebleau où l'assise supérieure, uniformément transformée en grès, présente un aspect minéralogique si remarquable.

Dans l'Yonne, on retrouve encore, au nord de l'arrondissement de Sens, des dépôts de sables oligocènes plus importants qu'on ne pourrait le croire, à l'examen de la feuille de la Carte géologique détaillée. Ce sont partout des sables quartzeux blancs ou jaunâtres, assez fins, sans stratification apparente, et se terminant par une assise assez constante de grès tabulaire, dont les débris sont souvent épars aux flancs des coteaux. Les sables ont seulement de six à huit mètres d'épaisseur, et reposent transgressivement soit sur la craie, soit sur des dépôts contemporains de l'Argile plastique, avec lesquels il faut bien se donner garde de les confondre. Sur un point, un petit lambeau de Calcaire de Beauce (Champigny), déposé dans une dépression des sables marins qui l'entourent, composé de tufs avec tiges de roseaux, Limnées, Planorbes, Cyclostomes et intercalation de lits tourbeux, indique un dépôt palustre et le rivage vers l'est du grand lac de Beauce. Malgré les recherches suivies dont ces couches ont été l'objet de la part de l'un de nous, aucun fossile n'a encore été recueilli dans les sables quartzeux qui paraissent correspondre seulement aux horizons les plus élevés de notre Oligocène d'Etampes.

Près de Nemours, l'on a signalé enfin un dépôt fossilifère correspondant sans doute également à l'une de nos assises les plus élevées d'Etampes ; mais, n'ayant ni visité cette localité, ni pu étudier ses fossiles, nous nous abstiendrons d'en parler ici et nous garderons, pour les mêmes motifs, la même réserve en ce qui concerne le gisement plus connu de Saint-Christophe-en-Halatte que M. Tournouer place sur le niveau du Falun de Jeurre.

Nous venons d'analyser les diverses couches comprises, dans le bassin de Paris, entre le Gypse marin et les Calcaires de l'Orléanais; il importe maintenant d'examiner comment chacune des petites assises que nous avons reconnues, se groupe avec ses voisines en sous-étages naturels.

Envisagé à un point de vue général, l'Oligocène, dans l'Europe occiden-

(1) Goubert. *Bull. Soc. Géol. de Fr.*, 2ᵉ sér., t. XXIV, p. 315.

tale, est surtout une période de développement continental. Dans le bassin de Paris, cet étage correspond à une vaste oscillation descendante comprise entre la période lacustre du Gypse supérieur et la période lacustre du Travertin de la Beauce inclusivement. Les subdivisions que l'on peut reconnaître dans cet étage correspondent à des oscillations secondaires de moindre durée et de moindre importance.

Nous avons, dans la série marine du bassin de Paris, une première oscillation qui, succédant aux dépôts palustres du Gypse, transforme les anciens lacs en une vaste lagune avec fossiles d'estuaires, et se termine par un relèvement synchronique au dépôt des meulières de la Brie. L'amplitude de l'affaissement fut peu considérable; son maximum correspond à la base des Marnes vertes à Cyrènes.

Une nouvelle oscillation correspond à nos assises I, II et III d'Etampes ; elle est plus considérable que la précédente, débute lentement par le dépôt littoral des Marnes à huîtres et du Falun à *Natica crassatina*, pour atteindre son maximum d'affaissement à l'époque du Falun à Pectoncles de Morigny. Puis, le sol se relevant de nouveau, de grandes plages succèdent à une mer de fonds sableux, d'au moins 30 mètres de profondeur. Le dépôt des sables fins à Cyrènes et Syndosmyes de Vauroux, succédant aux plages souvent couvertes de galets des Sables à *Halitherium* d'Etréchy, indique une léger envahissement des eaux. Cependant le niveau du sol et les limites des mers changent peu, durant cette époque ; les plages de galets succèdent çà et là aux dépôts de sables plus fins, et, seulement à l'époque du Falun de Pierrefitte, l'affaissement atteint une profondeur suffisante pour permettre à la faune de Morigny de reparaître. Puis viennent les dépôts côtiers des sables à galets de Saclas, qui se terminent par les sables à grès de Fontainebleau, avec la faune d'Ormoy et le relèvement définitif du sol.

Ainsi, dans le bassin de Paris, nous avons trois oscillations successives, pendant lesquelles se déposent nos couches oligocènes marines, oscillations secondaires, peu considérables, mais suffisamment limitées pour amener la répartition de nos assises en trois divisions principales, comprises entre les deux groupes extrêmes lacustres. De là les divisions en cinq sous-étages que nous avons adoptées dans le tableau qui suit.

Avant d'en discuter les termes, nous jetterons un rapide coup d'œil sur les régions voisines de notre bassin; car une classification, pour être utile, doit être applicable à des contrées diverses et se baser sur des phénomènes plus généraux que les oscillations passagères et locales d'un bassin unique. Examinons donc rapidement quelles sont, dans les bassins voisins, les couches qui composent l'Oligocène ; voyons comment elles ont été comprises et divisées par les géologues et cherchons à établir le synchronisme de ces couches avec les nôtres.

Essai sur le parallélisme des diverses assises oligocènes.

Au nord du bassin de Paris, nous trouvons dans la Belgique, le bassin du Limbourg renfermant une série de couches que nous ont fait connaître les anciens auteurs belges et plus récemment MM. Van den Broeck et Rutot.

Voici, d'après ces derniers, quelle est en Belgique la composition du terrain qui nous occupe (1) :

			CONCORDANCES.	
Pliocène.	Sables inférieurs d'Anvers.		Diestien.	
OLIGOCÈNE. (Moyen) Rupélien.	Sables Boldériens ou du Rupel	Plage et dunes	Boldérien.	Sables de Fontainebleau.
	Argiles à *Nucula Lyelliana.*	Côtier.		
	Argile de Boom.	Assez profond.		
	Sables fluvio-marins du Limbourg.	Estuaire.	Rupélien (pars)	
	Dépôts marins de Bergh.			
	Dépôts saumâtres de Vieux-Jonc.			
	Argile de Hénis	Lagune.		
(Inférieur) Tongrien.	Sables de Neerrepen	Plage et dune.	Tongrien (pars)	Gypses.
	Sables de Vliermaël	Marin.		
Eocène-Wemmelien.	Sables ferrugineux.	Plage.	Diestien (pars)	Sables moyens.
	Sables chamois	Peu profond.	Rupélien (pars)	
	Argile glaconifère.	Assez profond.	Tongrien (pars)	
	Sables de Laeken.		Laekenien.	

Comme on le voit, cette classification moderne est loin de correspondre exactement à celle de Dumont ; elle rejette dans l'Eocène, certaines couches que cet auteur considérait comme plus récentes. Quoi qu'il en soit, nous trouvons en Belgique, succédant au relèvement des Sables chamois, une première oscillation, dont la plus grande profondeur correspond aux Sables marins à *Ostrea ventilabrum* de Vliermaël et de Grimmertingen, et qui se termine avec le dépôt côtier des Sables de Neerrepen. Puis une seconde et longue oscillation embrasse tous le surplus des dépôts oligocènes. Nous n'avons plus ici que deux oscillations au lieu de trois. Quant à la concordance des couches belges avec celles du bassin de Paris, indiquée par MM. Van den Broeck et Rutot, elle est trop générale pour pouvoir nous servir utilement. Mais nous trouvons, dans une Note antérieure

(1) Tableau général des Terrains Tertiaires de Belgique, par Van den Broeck et Rutot, in Cotteau, Descrip. des Échin. Tert. de la Belg., 1880.

de M. Rutot, un tableau de parallélisme qui établit les synchronismes suivants (1) :

		BASSIN DE PARIS.	BELGIQUE.
OLIGOCÈNE.	Supérieur.	Meulières de Montmorency. . . . . Grès de Fontainebleau.	(Lacune).
	Moyen.	Sables de Fontenay . . . . Marnes à huîtres . . . . Calcaire de Brie. . . . . Marnes vertes.	Sables de Bolderberg. Argiles de Boom. Sables de Berg et Klein-Spauwen. Argile de Hénis.
	Inférieur.	Marnes blanches à Lymnées . . . . Marnes bleues. . . . . 1° Masse gypseuse	Sables de Neerrepen. Sables de Vliermaël.
Eocène supérieur.		2° Masse gypseuse.	Sables glauconifères. (Wemmelien.)

Nous ne voulons pas entrer ici dans de longues discussions sur les terrains
belges, mais, pour montrer combien cette question de parallélisme a été diverse-
ment interprétée, nous rappellerons que quelques années plus tôt, MM. Ortlieb
et Dollfus avaient proposé les synchronismes suivants (2) :

Calcaires d'Etampes.	Argile de Boom.
Sables de Fontainebleau	Sables de Bergh.
Calcaires de Brie . . . . Marnes marines.	Sables de Vieux-Jonc.
Points profonds du Gypse. . . .	Sables de Vliermaël.

Ces divers auteurs ne s'accordent que sur un point : la concordance des sables
de Vliermaël et du Gypse parisien. Cette concordance est regardée par tous
comme une vérité que l'on ne discute plus, depuis que M. Dewalque a écrit ces
mots, reproduits par M. Rutot :

« Nous considérons cet étage (le Tongrien), comme représenté dans le bassin
» de Paris par le Gypse et les Marnes supra-gypseuses de Montmartre. » Malgré
notre respect pour les décisions des maîtres de la Science, nous ne pouvons partager ici l'opinion commune et nous pensons que l'assimilation proposée est
inexacte.

Les assises belges, comme celles de Paris, firent, en somme, partie du même
bassin oligocène septentrional et, dans une certaine mesure, les unes et les
autres ont dû participer aux mêmes phénomènes.

Rien ne nous autorise à'penser que les deux régions voisines étaient soumises

(1) Rutot. Éocène et Oligocène, *Bull. Soc. Géol. de Fr.*, 3° sér., t. VII, p. 582.
(2) Compt. rend. de Géol. strat. de l'exc. de la Soc. Malac. de Belg. dans le Limbourg. 1873,
p. 18.

à des influences opposées, et qu'un relèvement du sol, à Paris, a dû correspondre à un affaissement dans le Limbourg. Le contraire est beaucoup plus probable. Aussi l'oscillation descendante tongrienne belge correspond-elle, selon nous, non pas au relèvement contemporain de notre Gypse supérieur, mais à la première oscillation descendante parisienne des Marnes vertes à Cyrènes.

Pourquoi donc synchroniser la faune marine du Tongrien de Belgique avec les faunes palustres si différentes du Gypse, au lieu de l'assimiler à celle du moins fluvio-marine des Marnes vertes qui nous donne plusieurs espèces communes ? L'équivalent belge du Gypse supérieur ne doit pas être cherché, selon nous, dans le dépôt marin de Vliermael, mais dans les dépôts côtiers du Wemmelien supérieur de MM. Van den Broeck et Rutot.

Ce point est-il admis, les anciennes difficultés cessent ; les synchronismes s'établissent comme d'eux-mêmes, et l'on est frappé de l'analogie des phénomènes qui ont présidé à la formation des deux bassins voisins. Ainsi, nos calcaires lacustres de Brie correspondent naturellement au relèvement belge des sables de Neerrepen ; l'argile de Hénis se place au niveau des Marnes à huîtres ; Vieux-Jonc est parallèle à Jeures et les Sables à Pétoncles de Bergh auraient pour équivalent le Sable à Pétoncles de Morigny. Ici, il est vrai, les analogies cessent : le sol parisien subit un nouveau relèvement qui précède sa troisième oscillation ; au contraire, le sol belge continue à s'affaisser. Inutile donc de rechercher chez nos voisins les Sables à galets d'Etréchy, ni les Sables à Cyrènes de Vauroux ; un dépôt plus marin se forme au nord et nos couches IV, V et VI d'Etampes ont pour équivalent l'Argile de Boom et l'Argile à Nucules. Enfin, les Sables à galets de Saclas et probablement nos grès de Fontainebleau ont pour homologues un dépôt également côtier, les Sables Boldériens. Puis vient le grand fait de l'exhaussement continental du N.-O. de l'Europe, auquel participe si complètement la Belgique, qu'aucun dépôt sédimentaire ne la recouvre plus avant l'époque pliocène : le même phénomène se traduit dans le bassin de Paris par la formation du grand lac de Beauce.

Le parallélisme que nous proposons est-il en désaccord avec les données paléontologiques ? Nous ne le pensons pas ; il s'appuie, au contraire, puissamment sur elles. L'analogie des faunes de Vieux-Jonc, Bergh et Klein-Spauwen, avec celles de nos dépôts de Jeures et de Morigny n'est-elle pas évidente ?

Nous ne voulons pas ici citer toutes les espèces communes, mais nous renvoyons ceux que cette étude intéresse, aux tableaux paléontologiques de la deuxième partie de notre travail. Mettre Vieux-Jonc sur l'horizon des Calcaires de Brie, et l'Argile de Boom sur celui des Meulières de Montmorency, n'est-ce pas fausser toutes les analogies ? Est-il plus sûr d'assimiler l'Argile de Boom aux Marnes à huîtres, de laisser les couches belges avec faune de Jeures au-dessous de ces Marnes pour placer notre Falun de Jeures au niveau des Sables Boldériens ? Nous ne l'avons pas pensé et nous croyons devoir présenter un tableau de parallélisme très différent de ceux proposés jusqu'à ce jour, mais qui a l'avantage de ne se trouver en désaccord ni avec les faits paléontologiques ni avec les phénomènes géologiques qui ont si puissamment influencé l'époque oligocène. D'ailleurs nous pouvons invoquer, en faveur de notre manière de voir, l'opinion de M. Tournouër et des géologues qui visitèrent la région d'Étampes en 1878 avec la Société Géologique de France. La plupart ont été frappés de l'analogie de la faune de Morigny avec celle de Klein-Spauwen ou de Bergh (1).

Les couches belges et celles du Limbourg ont leur prolongement dans le bassin de Mayence, que nous connaissons par les travaux du professeur Sandberger (2), et qui renfermerait d'après lui, les couches suivantes :

Miocène	Landschneckenkalk . . . . Cerithienkalk. . . . . Blattersandstein.		Calcaire de Beauce supérieur. (Calc. de l'Orléanais).
OLIGOCÈNE. Supérieur.	Cyrenenmergel.	C. à *Cer. plicatum*. . C. à *Chenopus*. . . . Marnes inférieures. .	Calcaire de Beauce inférieur.
Moyen.	Septarien Thon de Kreuznach . . . . Meeressand de Weinheim	Sables d'Ormoy . . . . . . Sables de Jeures, Morigny. . Marnes à huitres.	Sables de Fontainebleau
Inférieur.	Süsswasser Kalk		Gypses.

Nous avouons ne pas connaître d'une façon assez approfondie les bassins allemands pour discuter en détail chacune des couches qui les composent et l'attribution de celles-ci à telle ou telle division générale.

Nous trouvons cependant mentionnées dans les calcaires à Hélices, diverses espèces comme *H. involuta, H. impressa, H. euglypha* caractéristiques des Calcaires de l'Orléanais, et d'autres comme *H. Ramondi* et *Planorbis solidus* appartenant en même temps aux Calcaires de Beauce proprement dits. Le synchronisme des Landschneckenkalk et des Calcaires de l'Orléanais paraît donc justifié. Quant aux Calcaires à Cérithes, ils présentent une faune mixte oligo-miocène, puisque sur vingt-cinq espèces citées, huit s'étaient déjà montrées dans le Cyrenen-mergel ou à des niveaux plus anciens, comme *Cerithium plicatum, Potamides Lamarcki, Cytherea incrassata, Perna Sandbergeri*, etc. Nous croyons qu'il

(1) Tournouër. *Loc. cit.*, p. 670.
(2) Die Conchylien des Mainzer Tertiærbeckens, 1862.

eût été préférable de rattacher encore cette assise à l'Oligocène supérieur, et son assimilation avec les Calcaires de l'Orléanais (Calcaire de Beauce supérieur), nous paraît un peu hasardée.

La concordance des assises supérieures est, comme on le voit, assez difficile à établir ; elle est plus facile pour les couches de l'Oligocène moyen.

Les tableaux paléontologiques que nous donnons plus loin, indiquent, en effet, les rapports étroits qui existent entre les Sables marins de Weinheim et nos horizons parisiens de Jeures et de Morigny. Le parallélisme de ces couches, proposé par Sandberger, est généralement admis et nous le croyons fondé.

Remarquons en passant que le professeur allemand place, comme nous, sur le même horizon, l'argile belge de Hénis et nos Marnes à huîtres, les Sables de Bergh et nos couches de Jeures, Morigny et Versailles. L'ensemble correspond, selon lui, au Meeressand de Weinheim.

Quant au Septarien Thon, le synchronisme de cette couche avec l'Argile de Boom, généralement admis, nous paraît exact. En revanche, c'est avec doute que le professeur Sandberger assimile cette assise avec le niveau d'Ormoy dans le bassin de Paris. A l'époque où écrivait le savant badois, l'on n'était pas habitué à distinguer nos assises IV, V et VI d'Étampes, sans quoi celles-ci eussent probablement été mises par lui, ainsi que nous le proposons, sur l'horizon des argiles belges de Boom et par conséquent de son Septarien Thon. Nos sables d'Ormoy viendraient donc plus haut dans la série et représenteraient dans notre bassin, les Cyrenenmergel du bassin mayençais. Cette conclusion est contraire à celle proposée par le professeur Sandberger ; nous croyons néanmoins devoir l'adopter.

En effet, si nous examinons les caractères de la faune des Cyrenenmergel, nous trouvons 24 espèces citées à la fois dans cette couche et dans le bassin de Paris. Moitié de ces espèces appartiennent chez nous, au niveau d'Ormoy, et trois d'entre elles sont particulièrement caractéristiques : *Cerithium abbreviatum*, *Potamides Lamarcki*, *Murex conspicuus*. Les autres appartiennent à des niveaux plus anciens et, parmi elles, le *Cytherea subarata* se retrouve seulement à Pierrefitte. L'assise des grès de Fontainebleau comprenant la faune d'Ormoy peut donc être considérée comme correspondant au moins à la partie inférieure des Cyrenenmergel.

L'Oligocène inférieur de Mayence est constitué par des calcaires d'eau douce que Sandberger regarde comme contemporains des Gypses de Montmartre et des Sables glauconifères de Belgique (Wemmelien sup. de Van den Broeck et Rutot). Nous n'avons pas à insister sur cette concordance qui nous paraît exacte du moins en ce qui concerne le Gypse.

Nous ne connaissons pas d'une façon assez précise, la composition détaillée des assises oligocènes de l'Allemagne du Nord pour essayer de les synchroniser exactement avec celles du bassin de Paris. Nous rappelons seulement que les Sables marins de Cassel et de Bünde ont été placés sur le niveau des Cyrenenmergel dont ils représenteraient le faciès profond. Comme le montrent nos tableaux paléontologiques, un bon nombre d'espèces rattachent la faune de Cassel à nos diverses assises oligocènes d'Étampes. Sur vingt-quatre espèces communes, vingt se retrouvent dans les Sables marins de Pierrefitte et quatre seulement dans les Sables d'Ormoy. Les rapports de la faune d'estuaire d'Ormoy avec celle plus profonde de Cassel sont donc presque nuls. Cassel a plus d'analogie avec Pierrefitte quoique cette dernière localité représente un niveau plus ancien; mais cette analogie a surtout pour cause ce fait que Pierrefitte représente en même temps un faciès plus marin. Malgré les rapports de la faune des Sables d'Étampes avec celle des Sables de Cassel, nous pensons cependant que ces derniers doivent être placés sur un horizon plus élevé, dans le sous-étage aquitanien et correspondent à nos calcaires de Beauce.

En Angleterre, on trouve dans le bassin de Hampshire diverses séries de couches fluvio-marines, dont on a plusieurs fois proposé le parallélisme avec les couches oligocènes d'autres régions (1) :

Série de Hempstead. . . . . . Boldérien.

 « Bembridge. . . . . . Rupélien sup.

 « Osborne . . . . Rupélien inf.

 « Headon . . . . Tongrien inf.

Cette succession et ces concordances nous sont indiquées par M. Rutot; mais si nous jetons les yeux sur les tableaux donnés par d'autres auteurs étrangers à l'Angleterre comme MM. Sandberger ou Dollfus, nous remarquons les plus grandes divergences. Le premier place l'Hempstead serie au niveau de nos Marnes à huîtres et de l'Argile de Hénis, rejetant toutes les autres formations dans son Oligocène inférieur. L'autre a proposé de mettre l'Hempstead serie, partie sur l'horizon des Calcaires de Beauce, partie sur celui des Sables de Fontainebleau.

En Angleterre, on place au-dessus des couches bartoniennes, qui renferment à leur base le *Nummulites variolaria*, la série de Headon. La faune de ces couches n'a presque pas de rapports avec celle des Sables d'Étampes; elle semble en avoir davantage avec nos Sables moyens. D'après les géologues anglais, les couches lacustres de la série d'Osborne viennent au-dessus des précédentes.

(1) Voir Rutot, *loc. cit.*

Nous n'avons aucune observation à faire sur l'assimilation de ces couches aux Gypses de Paris; cette concordance nous paraît fondée. Quant à la série de Bembridge, où Forbes distinguait quatre assises successives, elle semble correspondre en grande partie au Tongrien de Belgique et aux couches comprises entre le Gypse parisien et le niveau moyen des Sables d'Étampes.

Dans la série de Bembridge, les Calcaires lacustres inférieurs avec leurs Hélices et leurs Vertébrés seraient analogues à nos Marnes supra-gypseuses. La deuxième assise des Marnes à *Ostrea* qui contient *Cytherea incrassata*, et *Cyrena semistriata* serait un équivalent à faciès plus marin de nos Marnes vertes à *Cytherea incrassata* et *Cyrena semistriata*. La troisième assise composée de Marnes lacustres avec *Euchilus Chasteli* paraît correspondre à nos Calcaires de Brie. Quant aux Marnes supérieures de Bembridge, elles présentent un faciès d'estuaire beaucoup plus fluviatile que les couches inférieures de nos Sables d'Étampes, et leur faune n'a, avec ceux-ci, que de rares caractères communs. La présence simultanée dans les couches des deux régions, de quelques espèces comme *Cerithium plicatum* ou *Cer. Weinkauffi*, nous semble en effet un lien bien faible pour rattacher avec certitude l'une des assises à l'autre. Nous croyons cependant pouvoir proposer ce parallélisme, ne fût-ce que pour attirer sur ces questions l'attention des géologues.

Les couches dites d'Hempstead constituent un dépôt extrêmement localisé, de quelques mètres seulement d'épaisseur, et que sa faune rattache étroitement à nos Sables d'Étampes. Mais, dans l'état actuel de nos connaissances, il nous est impossible de nous prononcer sur le point de savoir si ces couches doivent être rattachées plutôt au Falun de Morigny qu'à celui de Pierrefitte.

Dans l'ouest de la France, deux dépôts oligocènes ont été signalés, dans le Cotentin et la Bretagne.

L'argile à Corbules du Cotentin, rattachée par M. Hébert à l'horizon des sables de Fontainebleau (1), a été décrite par M. Dollfus qui y cite 90 espèces de fossiles, dont 30 appartiendraient à des espèces d'Étampes, et 20 à des espèces des Sables de Beauchamp. Se fondant sur ce mélange des deux faunes, l'auteur propose de considérer ces Argiles comme un faciès marin du Gypse. Il signale au-dessus de ces Argiles à Corbules, des lignites et marnes à *Bithinia Duchasteli*, qu'il place au niveau des Meulières de Brie; enfin, sur d'autres points, il décrit des Calcaires à Potamides rattachés aux Calcaires de Beauce (2). Il est vrai que,

(1) Hébert. *Bull Soc. Géol. de Fr.*, 2ª sér., t. VI, p. 558.
(2) Dollfus et Vieillard. Étude Géo. sur les terr. Crét. et Tert. du Cotentin, 1875, p. 118 et suiv.

revenant quelques mois plus tard, sur ces questions de synchronisme, M. Dollfus hésite à rapporter les Argiles à Corbules plutôt au Gypse qu'aux Calcaires de Brie ; alors les Marnes à Bithinies deviennent pour lui un équivalent lacustre des Sables de Fontainebleau (1). M. Vasseur, à la suite de nouvelles observations, a pensé que les Marnes à Bithinies qui renferment *Cerithium trochleare*, *Cer. plicatum* et *Bithinia Dubuissoni* sont exactement équivalentes à nos Calcaires de Brie. Quant à l'Argile à Corbules, il croit que le grand nombre d'espèces nouvelles indique une faune qui n'est pas représentée dans le bassin de Paris, et que ce dépôt pourrait correspondre aux Marnes supra-gypseuses (2).

A notre avis, la faune certainement très intéressante des Argiles à Corbules aurait besoin d'être étudiée à nouveau ; il est probable qu'une revision minutieuse de ces espèces permettrait de fixer plus exactement son niveau véritable dans la série oligocène. En attendant, puisque les géologues qui ont le mieux étudié cette couche nous laissent la liberté de la placer à un horizon quelconque entre le Gypse et les Calcaires de Brie, nous proposerons de rattacher les Argiles à Corbules aux Marnes vertes dont elles représenteraient un faciès plus marin ; nous les mettrions donc sur le même niveau que les Argiles à *Ostrea* de Bembridge et le Tongrien de Belgique, tandis qu'avec M. Vasseur, nous maintiendrions le synchronisme des Calcaires de Gourbesville et du Gypse, ainsi que celui des Marnes à Bithinies de Saint-Sauveur le Vicomte et des Calcaires de Brie. Nous n'attachons d'ailleurs pas une égale importance à l'établissement d'un parallélisme précis pour des dépôts isolés dont l'étude ne saurait nous conduire à fonder une division générale et naturelle de nos terrains.

En ce qui concerne l'Oligocène de Saffré et de Rennes, nous renverrons donc simplement aux études publiées par MM. Vasseur (3), Lebesconte (4) et Tournouër (5). Remarquons toutefois, que l'Oligocène de Rennes présente un intérêt particulier, résultant du caractère mixte de sa faune, qui sert comme de traitd'union entre celle du bassin septentrional d'Etampes, du Limbourg, de Weinheim, etc., et celle plus méridionale de Gaas. D'après les listes de fossiles et les descriptions d'espèces données par M. Tournouër, la faune de Rennes, comparée à celle du bassin d'Étampes, se rapprocherait davantage de la faune de notre assise de Pierrefitte que d'aucune autre. On y signale en effet : *Cardita Bazini*, *Tornatina exerta*, *Calyptrea labellata*, *Turritella planospira*, *Diastoma Grateloupi?* *Potamides Lamarcki*, qui sont des fossiles fréquents dans le Falun de Pierrefitte.

<hr>

(1) Dollfus. *Bull. Soc. Géol. de Fr.*, 3ᵉ sér., t. III, p. 470.
(2) Vasseur. *Ibid.*, t. VII, p. 471.
(3) *Bull. Soc. Géol. de Fr.*, 3ᵉ sér., t. VII, p. 406 et notes antérieures.
(4) *Ibid.*, p. 451.
(5) *Ibid.*, p. 464.

Ce falun se trouve ainsi avoir un caractère de faune plus méridionale que les couches inférieures, surtout si l'on ajoute à nos listes, certaines espèces découvertes dans les fouilles exécutées par la Sorbonne, et dont les analogues se retrouveraient surtout dans le Vicentin (1)

Nous terminons ici cette étude comparative, le rapprochement de nos assises d'Étampes avec celles plus éloignées du sud-ouest ou de l'Italie, c'est-à-dire de bassins absolument distincts du grand bassin septentrional), présentant plus de difficultés et, au point de vue restreint où nous nous sommes placés, une moindre utilité.

Ainsi que nous venons de le voir, en France, en Belgique, en Allemagne, le grand bassin septentrional oligocène, soumis aux mêmes phénomènes oscillatoires généraux, se divise naturellement en trois sous-étages principaux : le premier surtout représenté par des dépôts lacustres, le second par une formation marine ; le troisième, qui manque en Belgique, est plus varié, lacustre en France, fluvio-marin à Mayence et marin à Cassel. Le sous-étage intermédiaire offre une importance beaucoup plus grande que les extrêmes, et dans le bassin de Paris, ses assises multiples se groupent elles-mêmes suivant deux divisions principales, d'ailleurs liées très étroitement ensemble. Ces faits nous ont engagés à maintenir ou modifier la classification, conformément au tableau suivant.

Nous ne voulions pas adopter une nomenclature exclusivement minéralogique ou paléontologique ; partisans des idées de d'Orbigny sur l'excellence des dénominations géographiques, nous avons donc emprunté à son système les termes que nous proposons, en les accordant avec les règles découlant du principe de l'antériorité.

Il ne nous était pas possible de conserver l'ancienne division française des couches en Calcaire de la Beauce, Sables de Fontainebleau, Sables de Fontenay, etc. ; ces dénominations alliant à tous les inconvénients que nous voulions éviter, celui d'être d'une application trop restreinte, ou de rentrer comme les dernières l'une dans l'autre.

Pour le Gypse palustre, les couches subordonnées, les Marnes vertes et les Meulières de Brie, nous avons adopté le terme de Tongrien depuis longtemps proposé par Dumont et que d'Orbigny avait si malheureusement interprété en lui assignant des limites absolument différentes de celles imposées par le créateur de ce terme.

Pour les couches marines comprises entre les Meulières de Brie et les Marnes d'Étampes, nous avons admis le nom de Rupélien déjà proposé par Dumont. Dans le bassin de Paris, ce sous-étage se divise encore plus nettement en deux

____

(1) Renseignement fourni par M. Munier-Chalmas, qui nous a montré de Pierrefitte un grand Cérithe, rappelant en effet les types méridionaux.

parties distinctes qu'en Belgique ; il nous paraît, en somme, utile de les séparer en attribuant à chacune un nom différent.

Nous proposons, en conséquence, de limiter le Rupélien aux couches inférieures qui comprennent les Sables du Rupel. Quant aux couches supérieures si complètement développées aux environs d'Étampes (*Stampæ*), nous les désignerons sous le nom de sous-étage Stampien, déjà proposé par d'Orbigny en 1852 et que M. Renevier a adopté dans ses tableaux. Nous ne pouvions conserver pour ce sous-étage le terme de Boldérien, ce prétendu étage de Dumont étant fort mal choisi, mal caractérisé et ne s'appliquant qu'à un faciès côtier tout local, spécial au Bolderberg.

Pour le groupe lacustre supérieur, nous avons repris la dénomination d'Aquitanien proposée par M. Mayer et généralement adoptée.

Tableau du parallélisme des assises du bassin oligocène septentrional, comparées à celles du sud-ouest.

AGES.	SOUS-ÉTAGES	BASSIN DE PARIS (ET DE LA LOIRE)	BELGIQUE (Rutot)	BASSIN DE MAYENCE (Sandberger).	ALLEMAGNE DU NORD	ANGLETERRE	BASSIN DU SUD-OUEST (Tournouer).	
MIOCENE	Helvétien.	Falun de Touraine.					Falun de Gabarret.	
MIOCENE	Langhien.	Sables de la Sologne. Marnes à ossements de l'Orléanais. Sables de l'Orléanais. Calcaire à Hélix de l'Orléanais.		Landschneckenkalk.			Sable de Simorre et calcaire de Sansan.	Falun et m[ol]lasse marin [de] Léognan
	Aquitanien.	Sables du Gatinais. Calcaire de Beauce. Marnes d'Étampes.		Cerithienkalk. Blattersandstein.	Sables de Cassel.		Calcaire lacustre de l'Agenais.	Faluns d[e] Bazas et [de] Saint-Av[it]
	Stampien.	Sables d'Ormoy. Sables à galets de Saclas. Falun de Pierrefitte. Sables de Vauroux. Sables à galets d'Étrechy.	Sables boldériens. Argiles à Nucules. Argiles de Boom.	Cyrenenmergel. Septarien Thon.		Couches de Hempstead.	Marnes de Gaas et de Lespéron à *Natica crassatina* Calcaires à Astéries de la Gironde et de l'Adour.	
	Rupélien.	Sables de Morigny. Falun de Jeures. Marnes à huitres.	Sables de Bergh. Couches de Vieux-Jonc. Argiles de Hénis.	Meeressand de Weinheim.		Marnes supérieures de Bembridge.		
Tongrien. Supérieur.	Supérieur.	Calcaire de Brie. Marnes vertes.	Sables de Neerrepen. Sables de Vliermaël.	?	Sables marins de Magdebourg.	Marnes lacustres. Marnes à Ostrea.	Oligocène de Saint-Estèphe.	
Tongrien. Inférieur.	Inférieur.	Marnes supra-gypseuses. Gypse palustre.	Sables ferrugineux. Sables chamois.	Susswasserkalk d'Ubstadt.	Sables glauconifères de Latdorf.	Calcaire à Hélix. Couches d'Osborne.	Calcaire lacustre du Tarn.	
	Ligurien?	Gypse marin. Sables de Monceaux. Calcaire de Saint-Ouen.	Argile glauconifère.			Couches de Headon.	Nummulitique.	
	Bartonien.	Sables de Beauchamp.	Sables laekéniens.			Couches de Barton.		

Travertin de Champigny. — Wemmelien. — Série de Bembridge.

II. — MOLLUSQUES FOSSILES

DU TERRAIN OLIGOCÈNE MARIN DU BASSIN DE PARIS

1. — Distribution stratigraphique et géographique.

Les mollusques du terrain oligocène du bassin de Paris sont depuis longtemps connus et ont été l'objet de nombreux travaux sur lesquels nous n'avons pas à revenir, car il en est un qui, par son étendue, son importance, l'autorité et la science de son auteur, les résume et les remplace tous. Nous voulons parler du grand travail de Deshayes, dans lequel sont décrits et si complètement figurés les Mollusques fossiles du terrain tertiaire du bassin de Paris.

Dans cet ouvrage sont mentionnées, comme provenant des Sables marins dits supérieurs, 63 espèces d'Acéphalés et 97 espèces de Gastéropodes, soit 160 espèces de Mollusques.

Cependant depuis la publication de Deshayes (1860-66), des recherches incessantes ont amené la découverte d'un grand nombre d'espèces nouvelles, dont quelques-unes ont été décrites et figurées dans diverses publications par MM. Bezançon, Mayer, St. Meunier et par l'un de nous ; mais le plus grand nombre est resté innommé dans les collections. De là pour les géologues désireux de déterminer les fossiles d'Étampes, la nécessité de recourir à des ouvrages multiples et l'impossibilité même de classer un trop grand nombre d'espèces inédites.

D'autre part, le plan du grand ouvrage de Deshayes, qui comprend, dans l'ordre zoologique, la description de l'universalité des mollusques fossiles connus des terrains tertiaires parisiens, s'oppose à ce que l'on puisse se faire, sans une étude très minutieuse, une idée exacte de la faune des sables d'Étampes. En effet, les espèces des Sables supérieurs, décrites en même temps que leurs congénères de couches plus anciennes, se trouvent comme noyées au milieu des fossiles de l'Éocène.

En outre, malgré le soin avec lequel Deshayes a mentionné la provenance de chacune des espèces décrites par lui, l'état des études stratigraphiques ne lui a pas toujours permis d'indiquer le niveau géologique exact où ces espèces avaient été recueillies.

Aussi, lorsque M. Tournouër, en 1878, rédigeant l'intéressant et remarquable compte rendu de l'excursion de la Société Géologique de France à Étampes, voulut montrer l'importance de la faune des Sables supérieurs, il lui fut impossible d'apporter des chiffres certains. Il additionnait les espèces de Morigny à celles de Jeures et arrivait à un total factice dans lequel certaines espèces sont certainement plusieurs fois comprises, tandis que les renseignements, que lui avait fournis le docteur Bezançon, paraissaient établir les chiffres suivants :

Pour Jeures,   espèces décrites par Deshayes. . . . . . 126 ⎱ 193
—   espèces inédites. . . . . 67 ⎰

Pour Morigny, espèces décrites 90 ⎱ 102 ; spéciales : 18
—   espèces inédites 12 ⎰

Pour Ormoy, espèces décrites 25 ; spéciales : 9

Total : 220

M. Tournouër admettait néanmoins pour la faune dite tongrienne des environs d'Étampes un total de 249 espèces alors connues, bien qu'à cette époque l'on eût à peine recueilli une dizaine d'espèces du gisement de Pierrefitte (1).

Aujourd'hui, à l'aide des nombreux documents que nous ont fournis nos recherches personnelles, nous avons voulu combler, autant que possible, les lacunes du travail de Deshayes que nous prenons néanmoins comme base et point de départ de la présente étude. Dans ce but, nous avons extrait de son ouvrage toutes les espèces par lui décrites des Sables supérieurs, nous les avons réunies dans un tableau avec l'indication précise des niveaux stratigraphiques où elles ont été recueillies ; nous y avons ajouté toutes les espèces décrites par les auteurs subséquents et enfin toutes celles qui font l'objet particulier de notre travail actuel, de façon à permettre de saisir d'un seul coup d'œil l'importance de la faune malacologique marine de l'Oligocène parisien, ses divisions, ses rapports avec celles de la Belgique, l'Allemagne, etc. Dans ce tableau comme dans les descriptions qui le suivent, nous avons scrupuleusement suivi l'ordre zoologique adopté par Deshayes. Ce n'est pas que nous approuvions complètement cette méthode dans laquelle les affinités naturelles de beaucoup de genres ont

(1) Tournouër. *Bull. Soc. Géol. de Fr.*, 3e sér., t. VI, p. 670

été méconnues, mais nous avons préféré ne rien changer à un ordre nous offrant le double avantage de nous écarter le moins possible du travail qui sert de base au nôtre et d'éviter une foule de renvois à l'ouvrage de Deshayes. Ainsi, pour toutes les espèces mentionnées dans nos tableaux et qui ne sont ni décrites, ni figurées dans notre présente étude, il suffira de se reporter à la description des animaux sans vertèbres découverts dans le bassin de Paris. Au contraire, toutes les descriptions qui se trouvent dans diverses publications françaises ou étrangères, sont au moins mentionnées dans notre travail avec l'indication des ouvrages à consulter.

Un des principaux de ceux-ci est le mémoire intitulé : *Recherches stratigraphiques et paléontologiques sur les sables marins de Pierrefitte*, publié par M. St. Meunier et par l'un de nous et contenant la description et les figures de trente-six espèces de cette localité.

Nous nous sommes bornés dans notre travail à l'étude de la faune malacologique marine du terrain oligocène aux environs d'Étampes. On ne trouvera donc ici aucune indication relative aux fossiles lacustres du Gypse ou des calcaires de Brie, ni à ceux des marnes à Bithinies d'Étampes et des calcaires de Beauce. Mais nous avons fait figurer dans notre tableau quelques espèces spéciales à la faune fluvio-marine des marnes inférieures de l'étage, que nous considérons comme synchroniques du Tongrien de Belgique.

Dans ce tableau, les différentes assises du terrain oligocène d'Étampes sont indiquées par des chiffres. Nous n'avons pas fait figurer les assises correspondant aux Nos IV et VII parce qu'elles ne nous ont encore offert aucune espèce de Mollusques.

Voici quelles sont les assises correspondant à ces chiffres :

VIII. Sables d'Ormoy.
VII. Sables à galets de Saclas.
VI. Falun de Pierrefitte.
V. Sables de Vauroux.
IV. Sables à galets d'Étréchy.
III. Sables de Morigny.
II. Falun de Jeures.
I. Marnes à huîtres.

Les lettres placées dans la dixième colonne indiquent les localités diverses des environs de Paris où, à notre connaissance, les espèces ont été citées par MM. Vasseur, Dollfus et Deshayes.

C.   Château-Landon.
E.   Essonnes (Marnes vertes).

F.   Frépillon.
L.   Longjumeau (Marnes à huîtres).
M.   Montmorency.
N.   Neuilly.
O.   Orsay.
P.   Palaiseau (Marnes à huîtres).
R.   Romainville.
S.   Sceaux.
V.   Versailles.
Vil.   Villepreux (Marnes à huîtres).

Dans les colonnes de la deuxième partie du tableau, nous avons cherché à indiquer quels éléments de conviction la paléontologie peut fournir pour l'établissement des parallélismes que nous avons proposés entre les couches du bassin de Paris et celles des dépôts plus ou moins éloignés du Limbourg, de Mayence, etc.

Nous ne nous dissimulerons pas combien cette partie de notre travail es t encore incomplète et quel intérêt de nouvelles études pourraient y ajouter. Notr e excuse est de n'avoir introduit dans ce tableau que des mentions contrôlées par nous, ou puisées à des sources sérieuses. Malgré ses imperfections, nous le livrons à la critique avec l'espoir qu'il pourra être de quelque utilité aux personnes qu'intéressent les questions de synchronisme des couches de divers bassins.

Tableau de la faune malacologique oligocène marine du Bassin de Paris

NOMS DES ESPÈCES	GYPSES	MARNES VERTES	ASSISES D'ÉTAMPES I	II	III	V	VI	VIII	LOCALITÉS DES ENVIRONS DE PARIS	MARNES D'ÉTAMPES	FALUNS DE TOURAINE	BELGIQUE TONGRIEN	RUPÉLIEN INF.	RUPÉLIEN SUP.	MAYENCE UNTER OLIG.	MEERESSAND	CYRÈNENMERGEL	OBER O. DE CASSEL	A. DU COTENTIN	OLIG. DE RENNES	SUD-OUEST	OBSERVATIONS
Jouannetia Fremyi, Stan. Meunier							+															
— unguiculus, Coss. et Lamb.							+															
Martesia Peroni, Coss. et Lamb.							+															
Gastrochæna Rauliniana, Deshayes				+																		
Cultellus brevis, Coss. et Lamb.				+												+						
Siliqua Nysti, Desh.				+																		
— Margaritæ, Coss. et Lamb.				+	+	+																
Saxicava Jevrensis, Desh.							+															
Panopea Heberti, Bosquet			+	+	+		+															
Sphenia tenera, Desh.				+	+		+						+			+		+				
— arcuata, Desh.				+																		
— amygdalina, Coss. et Lamb.				+																		
— stampinensis, Stan. Meunier							+															
Corbulomya triangula, Nyst.			+	+	+	+	+	+														
— Nysti, Desh.	+			+	+	+	+															
— Morleti, Stan. Meunier						+	+															
Corbula subpisum, d'Orbigny	+			+	+		+												+			
— deleta, Desh.				+	+				N. (11)	+												
— Henckeliusiana, Nyst							+															
— longirostris, Desh.				+	+							+	+		+	+		+				
— pixidiculoïdes, Coss. et Lamb.				+																		
Neæra Bezançoni, Coss. et Lamb.				+																		
Poromya densestriata, Coss. et Lamb.				+																		
— fragilis, Coss. et Lamb.				+																		
Thracia delicatula, Coss. et Lamb.				+																		
Syndosmya elegans, Desh.				+		+	+									+						
— Raulini, Desh.				+																		
— donacina, Desh.				+																		
— pellicula, Desh.				+																		
— modesta, Desh.				+																		
— Sandbergeri, Desh.				+																		
A reporter.	2	0	2	24	8	5	13	1		1	0	1	2	0	1	4	0	2	1			

NOMS DES ESPÈCES	GYPSES	MARNES VERTES	ASSISES D'ÉTAMPES						LOCALITÉS DES ENVIRONS DE PARIS	MARNES D'ÉTAMPES	FALUNS DE TOURAINE	BELGIQUE			MAYENCE			OBEH O. DE CASSEL	A. DU COTENTIN	OLIG. DE RENNES	SUD-OUEST	OBSERVATIONS
			I	II	III	V	VI	VIII				TONGRIEN	RUPÉLIEN INF.	RUPÉLIEN SUP.	UNTER OLIG.	MEERSSAND	CYRENENMERGEL					
Report	2	0	2	24	8	5	13	1		1	0	1	2	0	1	4	0	2	1	0	0	
Tellina Nysti, Desh.																						
— *Raulini*, Desh.				+	+		+						+			+			+			
— *Heberti*, Desh.				+	+		+									+						
— *mixta*, Desh.				+	+	+	+								+	+						
— *inopinata*, Coss. et Lamb.				+	+		+														+	
— *Bezançoni*, Coss. et Lamb.				+																		
— *asperella*, Coss. et Lamb.				+																		
— *faba*, Sandberger				+																		
— *trigonula*, Stan. Meunier							+															
Psammobia plana, Brongniart		+							R													
— *stampinensis*, Desh.				+	+											+						
— *nitens*, Desh.								+	R													
Donax Brongniarti, Mayer		+							R													
Capsa oligocænica, Coss. et Lamb.				+																		
Mactra angulata, Stan. Meunier							+															
Venus Lœwyi, Stan. Meunier							+		O													
Cytherea splendida, Merian							+															
— *incrassata*, Sowerby			+	+	+	+	+															
— *striatissima*, Desh.		+	+	+	+	+	+	+	V. O.	+		+			+	+	+	+	+	+	+	Cerithienkalk de Mayence.
— *stampinensis*, Desh.				+	+																	
— *depressa*, Desh.				+																		
— *subarata*, Sandberger			+	+	+	+	+									+	+					
— *Semperi*, Mayer							+										+					
— *variabilis*, Stan. Meunier						+																
— *dubia*, Stan. Meunier							+															
Cyrena semistriata, Desh.		+					+	+														
— (*Velorita*), *heterodonta*, Desh.			+	+			+					+	+			+			+			
Isocardia subtransversa, d'Orbigny					+																	
Cardium Defrancei, Desh.				+	+																	
— *scobinula*, Mérian			+	+	+		+		V							+	+	+				
— *Bezançoni*, Coss. et Lamb.				+																		
— *tenuisulcatum*, Nyst				+	+	+	+															
— *stampinense*, Stan. Meunier							+															
A reporter	2	4	6	44	21	14	31	3		2	0	2	6	0	3	12	5	6	4	3	1	

NOMS DES ESPÈCES	GYPSES	MARNES VERTES	ASSISES D'ÉTAMPES						LOCALITÉS DES ENVIRONS DE PARIS	MARNES D'ÉTAMPES	FALUNS DE TOURAINE	BELGIQUE			MAYENCE			OBER O. DE CASSEL	A. DE COTENTIN	OLIG. DE RENNES	SUD-OUEST	OBSERVATIONS
			I	II	III	V	VI	VIII				TONGRIEN	RUPÉLIEN INF.	RUPÉLIEN SUP.	UNTER OLIG.	MEERESSAND	CYRENENMERGEL					
Report	2	4	6	44	21	14	31	3		2	0	2	6	0	3	12	5	6	4	3	1	
Diplodonta fragilis, Braun.				+			+															
— Bezançoni, Stan. Meunier.							+															
— sphæricula, Coss. et Lamb..				+																		
Lucina squamosa, Lamarck.				+																		
— undulata, Lamarck.			+	+	+	+	+		V													
— tenuistriata, Hébert.			+	+	+	+	+	+								+			+			
— Omaliusi, Desh..				+										+		+						
— Heberti, Desh.				+			+						+			+	+					
— Thierensi, Hébert..			+	+	+	+	+	+					+			+						
— Laureti, Coss. et Lamb.				+	+		+									+		+				
— Chabnasi, Coss. et Lamb.								+											+	+		
Scintilla Jeurensis, Coss. et Lamb.							+															
Erycina Rauliniana, Desh.				+	+																	
— Bezançoni, Coss. et Lamb.				+																		
— Kœneni, Coss. et Lamb.				+																		
— Bouryi, Coss. et Lamb.				+																		
— goodalliopsis, Coss. et Lamb.				+																		
Crassatella Bronni, Mérian.				+																		
Cardita Omaliana, Nyst.				+	+															+		
— Bazini, Desh.					+	+	+											+				
Lutetia oligocœnica, Coss. et Lamb.								+		+			+		+							
Nucula Greppini, Desh.				+													+		+			
Leda gracilis, Desh.				+	+		+						+			+		+				
Trigonocœlia Jeurensis, Desh.				+	+	+	+									+		+				
Pectunculus angusticostatus, Lamarck			+	+																		
— obliteratus, Desh.				+		+	+	+								+						
— obovatus, Lamarck			+	+	+	+	+									+	+	+				
Arca Sandbergeri, Desh.			+			+	+		R. C.							+		+				
— pretiosa, Desh.							+									+		+				
Crenella Depontaillieri, Coss. et Lamb.				+																		
Modiola Brauni, Coss. et Lamb..		+																				
— analoga, Desh.				+																		
— etampinensis, Coss. et Lamb.				+																		Cerithienkalk de Mayence.
A reporter	2	5	12	72	32	22	47	6		3	6	2	10	0	3	25	7	11	6	5	2	

NOMS DES ESPÈCES	GYPSES	MARNES VERTES	ASSISES D'ÉTAMPES — I	II	III	V	VI	VIII	LOCALITÉS DES ENVIRONS DE PARIS	MARNES D'ÉTAMPES	FALUNS DE TOURAINE	BELGIQUE — TONGRIEN	RUPÉLIEN INF.	RUPÉLIEN SUP.	MAYENCE — UNTER OLIG.	MEERESSAND	CYRENENMERGEL	OBER O. DE CASSEL	A. DE COTENTIN	OLIG. DE RENNES	SUD-OUEST	OBSERVATIONS
Report	2	5	12	72	32	22	47	6		3	0	2	10	»	3	25	7	11	6	5	2	
Modiola Lemeslei, Coss. et Lamb.				+																		
— *delicatula*, Desh.				+	+																	
Mytilus denticulatus, Lamarck			+	+																		
Pinna Deshayesi, Mayer				+																		
Avicula stampinensis, Desh.				+	+																	
Perna Heberti, Coss. et Lamb.			+		+		+	+														
Lima Sandbergeri, Desh.				+	—																	
— *Klipsteini*, Coss. et Lamb				+																		
Pecten decussatus, Munster.				+	+																	
— *inæqualis*, Braun.					+		+															
— *pictus*, Goldfuss.					+																	
Spondylus tenuispina, Sandberger							+															
Ostrea callifera, Lamarck.							+		V. (I)													
— *longirostris*, Lck.			+				+		V. S.													
— *cyathula*, Lck.			+	+			+	+	V. S.													
112 (Acéphalés.	2	5	16	81	38	22	53	8		4	»	2	10	»	3	30	10	13	8	6	2	
Chiton Terquemi, Deshayes.																						
Dentalium seminudum, Desh.																						
— *acutum*, Hébert.																						
— *Kickxii*, Nyst.																						
— *Sandbergeri*, Bosquet.																						
Emarginula conformis, Stan. Meunier.																						
Pileopsis Goossensi, Coss. et Lamb.																						
Calyptrea striatella, Nyst.																						
— *labellata*, Desh.									F													
Cæcum Edwardsi, Desh.																						
— *Carpenteri*, Desh.																						
Turritella planospira, Nyst.																						
Vermetus Stampinensis, Coss. et Lamb.																						
A reporter	»	»	»	8	6	»	6	3		3	»	»	2	1	1	3	»	2	3	2	1	

NOMS DES ESPÈCES	GYPSES	MARNES VERTES	ASSISES D'ÉTAMPES						LOCALITÉS DES ENVIRONS DE PARIS	MARNES D'ÉTAMPES	FALUNS DE TOURAINE	BELGIQUE			MAYENCE			OBER O. DE CASSEL	A. DU COTENTIN	OLIG. DE RENNES	SUD-OUEST	OBSERVATIONS
			I	II	III	V	VI	VIII				TONGRIEN	RUPÉLIEN INF.	RUPÉLIEN SUP.	UNTER OLIG.	MEERESSAND	CYRENENMERGEL					
Report.	»	»	»	8	6	»	6	3		3	»	»	2	1	1	3	»	2	3	2	1	
Scalaria Sandbergeri, Desh.									VII. (1)													
— Bezançoni, de Boury				+																		
Lacuna labiata, Sandberger				+	+																	
— eburnæformis, Sandberger				+	+											+	+					
— striatula, von Kœnen				+	+											+			+			
— Sandbergeri, Mayer							+															
— translucida, Coss. et Lamb.							+															
Rissoïna cochlearina, Stan. Meunier				+																		
Rissoa turbinata, Defrance				+	+	+	+		P.M.N.F.			+	+			+	+					
— dubia, Defrance			+	+	+	+	+															
— inchoata, Desh.				+	+	+	+		F.													
— biangulata, Desh.				+			+		M. V. F.				+									
Diastoma Grateloupi, d'Orbigny							+		P.V.N.F.													
Melania semidecussata, Lamarck			+	+	+	+	+												+	+	+	
— Nysti, Desh.				+	+	+	+		F.											+	+	
— turbinoïdes, Desh.					+		+		F.													
— Leroii, Coss. et Lamb.							+		N.													
Bithinia helicella, Braun				+			+															
— Dubuissoni, Bouillet				+	+	+	+	+				+	+			+	+					
— Sandbergeri, Desh.	+			+			+	+					+		+	+	+					
— pygmæa, Desh.	+						+	+		+												
— stampinensis, Coss. et Lamb.								+	M. E.	+												
— Duchasteli, Nyst	+	+						+	E. E. (n)													
— jewensis, Bezançon					+																	
— (Nematura) pupa, Nyst																						
— (id.) perminuta Desh.				+			+	+				+	+						+			
Rhaphium Bezançoni, Coss. et Lamb.				+																		
Eulima acicula, Sandberger							+															
— Lamberti, Cossmann							+									+						
— Naumanni, von Kœnen				+																		
Raulinia alligata, (Desh). Mayer				+																		
— petrafixensis, Coss. et Lamb.				+			+															
Odontostomia curta, Desh.				+			+	+														
A reporter	3	1	2	27	16	6	27	10		5	»	3	6	1	2	8	4	2	6	4	3	

Observations : Cerithienkalk de Mayence.

NOMS DES ESPÈCES	GYPSES	MARNES VERTES	ASSISES D'ÉTAMPES						LOCALITÉS DES ENVIRONS DE PARIS	MARNES D'ÉTAMPES	FALUNS DE TOURAINE	BELGIQUE			MAYENCE			OBER O. DE CASSEL	A. DU COTENTIN	OLIG. DE RENNES	SUD-OUEST	OBSERVATIONS
			I	II	III	V	VI	VIII				TONGRIEN	RUPÉLIEN INF.	RUPÉLIEN SUP.	UNTER OLIG.	MEERKSSAND	CYRENENMERGEL					
Report.	3	1	2	27	16	6	27	10		5	»	3	6	1	2	»	4	2	6	4	3	
Odontostomia obesula, Desh.				+	+	+	+															
— *miliaris,* Desh.				+	+		+		V													
— *acuminata,* Desh.				+	+		+		F													
— *plicatula,* Desh.				+	+																	
Turbonilla Heberti, Desh.				+																		
— *Arnaudi,* Coss. et Lamb.													+			+	+					
— *subulata,* Mérian				+		+	+															
— *Nysti,* d'Orbigny				+					F													
— *Aonis,* d'Orbigny				+					F													
— *ambigua,* Desh.					+																	
— *imbricataria,* Desh.				+																		
— *scalaroïdes,* Desh.						+	+	+														
Tornatella punctato-sulcata, Phil.				+	+		+		V. F						+	+		+	+		+	
— *simulata,* Brander					+			+					+	+		+	+	+				
— *Meriani,* Mayer.				+																		
— *Mayeri,* Coss. et Lamb.				+		+	+															
— *Bouryi,* Coss. et Lamb.				+			+															
Ringicula minutissima, Desh.				+																		
Bullina exerta, Desh.				+																		
Bulla turgidula, Desh.				+	+	+	+	+		+									+		+	
— *Pellati,* Coss. et Lamb.				+													+					
— (*Cylichna*) *conoidea,* Desh.			+	+	+	+	+										+					
— — *minuta,* Desh.				+	+				V								+					
— — *cælata,* Desh.				+	+		+	+	V							+						
— — *neglecta,* Stan. Meunier				+	+		+		V							+						
— — *pseudo-cælata* Coss., et L.				+			+									+						
— (*Scaphander*) *stampinensis,* Coss.					+																	
Planorbis depressus, Nyst.		+							F													
— *inopinatus,* Stan. Meunier							+															
Turbo triangulatus, Desh.			+	+	+		+															
— *cancellato-costatus,* Sandberger				+																+		
— *Ramesi,* Stan. Meunier							+															
Teinostoma decussatum, Sandberger				+			+		V. F							+			+			
A reporter.	3	2	4	52	31	12	46	15		6	»	4	9	1	3	16	6	3	7	5	3	

NOMS DES ESPÈCES	GYPSES	MARNES VERTES	ASSISES D'ÉTAMPES						LOCALITÉS DES ENVIRONS DE PARIS	MARNES D'ÉTAMPES	FALUNS DE TOURAINE	BELGIQUE			MAYENCE			OBER DE CASSEL	A. DU COTENTIN	OLIG. DE RENNES	SUD-OUEST	OBSERVATIONS
			I	II	III	V	VI	VIII				TONGRIEN	RUPÉLIEN INF.	RUPÉLIEN SUP.	UNTER OLIG.	MEERESSAND	CYRENENMERGEL					
Report.	3	2	4	52	31	12	46	15		6	»	4	9	1	3	16	6	3	7	5	3	
Teinostoma Bezançoni, Coss. et Lamb.				+																		
Delphinula oligocænica, Coss. et Lamb.				+																		
Trochus bicarinatus, Lamarck			+			+			L.													
— subcarinatus, Lamarck			+	+	+		+		L. V. F.							+						
— subincrassatus, d'Orbigny				+					V													
— rhenanus, Mérian				+					V													
— stampinensis, Coss. et Lamb.				+					V							+						
— Vincenti, Coss. et Lamb.				+																		
Xenophora scrutaria, Phil.				+																		
Scissurella Depontaillieri, Cossmann.				+			+						+	+		+						
Neritina Duchasteli, Desh.			+	+			+		V. N.													
— propinqua, Coss. et Lamb.				+			+															
Nerita decorticata, Coss. et Lamb.							+															
Neritopsis Lorioli, Coss. et Lamb.							+															
Deshayesia parisiensis, Raulin							+															
Natica crassatina, Desh.			+	+	+	+	+	+	V													
— achatensis, Recluz.			+	+	+	+	+						+	+		+	+	+		+	+	Sables glauconifères de Belgique.
— Combesi, Bayan				+			+		F			+				+						
— stampinensis, Coss. et Lamb.			+	+	+	+	+															
Cerithium intradentatum, Desh.				+			+		V. M.													
— petrafixense, Coss. et Lamb.			+	+	+	+	+									+						
— Peroni, Coss. et Lamb.																						
— limula, Desh.			+	+	+		+		M. V.'F.				+			+						
— dissitum, Desh.				+																		
— Debrayi, Coss. et Lamb.							+															
— undulosum, Stan. Meunier				+			+															
— Changarnieri, Coss. et Lamb.							+															
— Boblayei, Desh				+	+		+		V. M. F.							+						
— abbreviatum, Braun				+																		
— jeurense, Desh.								+									+					
— Piettei, Desh.																						
— Merceyi, Coss. et Lamb.				+																		
— plicatum, Bruguières		+	+	+	+	+	+	+	M. V. N. F.	+		+	+		+	+	+		+	+	+	Cerithienkalk de Mayence.
À reporter.	3	3	13	76	39	18	65	18		7	»	6	13	3	4	25	9	4	8	7	5	

Column groups: **ASSISES D'ÉTAMPES** = I, II, III, V, VI, VIII · **BELGIQUE** = TONGRIEN, RUPÉLIEN INF., RUPÉLIEN SUP. · **MAYENCE** = UNTER OLIG., MEERESSAND, CYRENENMERGEL.

NOMS DES ESPÈCES	GYPSES	MARNES VERTES	I	II	III	V	VI	VIII	LOCALITÉS DES ENVIRONS DE PARIS	MARNES D'ÉTAMPES	FALUNS DE TOURAINE	TONGRIEN	RUPÉLIEN INF.	RUPÉLIEN SUP.	UNTER OLIG.	MEERESSAND	CYRENENMERGEL	OBER O. DE CASSEL	A. DU COTENTIN	OLIG. DE RENNES	SUD-OUEST	OBSERVATIONS
Report.	3	3	13	76	39	18	65	18		7	»	6	13	3	4	25	9	4	8	7	5	
Cerithium multilineatum, Desh.				+																		
— lævissimum, Schlotheim.						+	+															
— Cotteaui, Coss. et Lamb.							+									+						
— Weinkauffi, Tournouer		+		+	+	+	+		V. N				+		+	+					+	
— Barroisi, Coss. et Lamb.				+			+				+											
— Sandbergeri, Desh.				+		+	+															
— trilineatum, Phil.							+															
— trochleare, Lamarck.			+	+	+	+	+		F										+	+		
— diaboli, Brongniart			+	+	+	+	+	+	F							+			+	+	+	
— insolitum, Desh.				+	+																	
— subcinctum, d'Orbigny				+			+															
— Lamarcki, Brongniart.							+	+									+			+	+	
— submargaritaceum, Braun									N. (11)	+							+			+		Cerithienkalk de Mayence.
— Bourdoti, Coss. et Lamb.					+																	
— Davidi, Coss. et Lamb.							+															
Sandbergeria abscondita, Desh.				+			+															
Triforis tricarinatis, Stan. Meunier.							+															
Cancellaria Baylei, Bezançon.				+	+		+															
Fusus elongatus, Nyst.					+		+															
— Speyeri, Desh.				+																		
— undatus, Stan. Meunier.							+															
— retrorsicosta, Sandberger.							+															
— Kœneni, Coss. et Lamb.							+															
— filiferus, Stan. Meunier.							+															
Triton flandricum, de Koninck.					+		+					+	+	+	+	+		+				
— Daubrei, Stan. Meunier.							+															
Murex Deshayesi, Duchastel				+			+															
— Berti, Stan. Meunier							+															
— conspicuus, Braun							+	+														
— ornatus, Grateloup							+															
— rhombicus, Stan. Meunier.							+															
— tenellus, Mayer.							+															
— pereger, Beyrich.					+	+	+															
A reporter.	3	4	15	88	48	24	93	21		8	3	7	16	6	6	31	11	6	10	11	9	

| NOMS DES ESPÈCES | GYPSES | MARNES VERTES | ASSISES D'ÉTAMPES | | | | | | LOCALITÉS DES ENVIRONS DE PARIS | MARNES D'ÉTAMPES | FALUNS DE TOURAINE | BELGIQUE | | | MAYENCE | | | | A. DU COTENTIN | OLIG. DE RENNES | SUD-OUEST | OBSERVATIONS |
			I	II	III	V	VI	VIII				TONGRIEN	RUPÉLIEN INF.	RUPÉLIEN SUP.	UNTER OLIG.	MEERESSAND	CYRENENMERGEL	OBER O. DE CASSEL				
Report	3	4	15	38	48	24	93	21		8	3	7	16	6	6	34	11	6	10	11	9	
Murex Meunieri, Coss. et Lamb.							+															
— Margaritæ, Coss. et Lamb.							+															
Typhis cuniculosus, Duchastel.							+															
— Schlotheimi, Beyrich.					+		+					+	+	+		+	+	+				
Pleurotoma belgica, Munster.					+		+						+	+			+	+				
— Parkinsoni, Desh.				+	+	+	+						+	+			+	+				
— Selysi, de Koninck.					+								+	+								
— Duchasteli, Nyst.					+		+						+	+			+					
— laticlavia, Beyrich.				+			+						+				+					
— Leunisii, Philippi.				+	+		+															
— costuosa, Desh.				+			+															
— Prevosti, Desh.				+			+															
— Bourdoti, Coss. et Lamb.				+															+			
— Dollfusi, Coss. et Lamb.				+																		
— Bouvieri, Coss. et Lamb.							+															
Conus symmetricus, Desh.				+																		
Chenopus speciosus, Schlotheim.				+	+				F										+			
Cassidaria Buchii, Boll.				+	+		+												+			
Buccinum Gossardi, Nyst.					+		+					+	+	+		+		+				
— Archambaulti, Stan. Meunier.				+	+	+	+	+											+			
Nassa Pellati, Coss. et Lamb.							+															
Purpura (Cuma) monoplex, Desh.							+															
Engina Heberti, Mayer.				+			+									+						
— consobrina, Coss. et Lamb.				+	+		+															
Sistrum Baylei, Coss. et Lamb.							+															
Columbella inornata, Sandberger.							+															
Oliva Prestwichi, Mayer.							+															
Volvaria multicingulata, Sandberger.				+																		
Mitra perminuta, Braun.				+			+															
— Cotteaui, Coss. et Lamb.				+	+		+											+	+			
Marginella stampinensis, Stan. Meunier).				+			+															
— Bezançoni, Coss. et Lamb.							+	+														
Cyprœa subexcisa, Braun.							+															
Voluta Rathieri, Hébert.				+	+	+	+									+			+			
— modesta, Mérian.				+																		
180 — (Gastéropodes.	3	4	15	107	61	27	119	23		8	3	9	22	11	7	50	14	11	13	11	9	
112 — (Acéphalés.	2	5	16	81	38	22	53	8		4	>	2	10	0	3	30	11	13	8	6	2	
292 — Totaux	5	9	31	188	99	49	172	31		12	3	11	32	11	10	80	25	24	21	17	11	

Comme on le voit, la faune oligocène malacologique marine du bassin de Paris comprend :

$$\begin{array}{lr} \text{Acéphalés.} & 112 \\ \text{Gastéropodes.} & 180 \\ \hline \text{Total :} & 292 \end{array}$$

espèces actuellement connues.

Cette faune a un caractère spécial très remarquable. Nous ne trouvons en effet sur les 292 espèces qui la composent, que deux espèces, dont l'existence ait été constatée dans des couches plus anciennes et seulement trois ont continué à vivre dans les dépôts marins du terrain miocène. Ce résultat n'a rien qui doive nous surprendre si nous considérons l'isolement des sables d'Étampes, séparés à la base des couches marines de l'Éocène par les dépôts lacustres de la période paléothérienne et, au sommet, séparés des Faluns de Pontlevoy par une immense lacune, correspondant aux assises multiples des calcaires de la Beauce, de ceux de l'Orléanais, des sables de la Sologne et en même temps à l'exhaussement définitif du bassin de Paris. Encore est-il à remarquer que les espèces communes appartiennent aux assises extrêmes de notre Oligocène. Ainsi les trois espèces communes avec les Faluns de Touraine, *Cerithium trilineatum*, *Fusus filiferus* et *Murex tenellus* n'apparaissent que dans les couches supérieures des sables d'Étampes, à Pierrefitte. Les deux espèces éocènes : *Corbula subpisum* et *Corbulomya Nysti*, plus répandues dans l'Oligocène, n'ont été rencontrées que dans les couches les plus élevées de l'Éocène marin, dans la troisième masse gypseuse.

La distribution des mollusques fossiles dans les diverses assises du terrain oligocène parisien est très inégale. Dans certaines couches, les fossiles n'ont été qu'exceptionnellement conservés ; c'est ainsi que les sables de Vaudouleurs ne nous ont offert que deux espèces ; dans d'autres, le mouvement des eaux et la récurrence des lits de galets qui en témoigne paraît s'être opposé à la vie ou à la conservation des mollusques, et les seuls êtres organisés que renferment les couches IV et VII sont des débris durs et résistants de certains vertébrés. Enfin les couches les plus anciennes, comme les plus récentes formées, soit pendant l'envahissement, soit à l'époque du retrait des eaux, ont le caractère de dépôts d'estuaires et leur faune ne présente qu'un petit nombre de mollusques. Les couches les plus riches sont celles où le flot a entassé sur certains points, à l'état de falun les innombrables débris des mollusques qui vivaient sur les fonds sablonneux de la mer oligocène. Parmi ces faluns, celui de Pierrefitte est particulièrement remarquable et cette seule localité nous a fourni 172 espèces de mollusques.

Nous avons divisé l'étage oligocène en quatre sous-étages, qui sont les sous-étages : Tongrien, Rupélien, Stampien et Aquitanien.

Du dernier de ces sous-étages, nous aurons peu de chose à dire, puisqu'il n'est représenté dans notre bassin que par des dépôts lacustres. Ces mêmes dépôts à faune terrestre ou palustre constituent la partie inférieure du sous-étage tongrien ; seules, les Marnes vertes nous offrent neuf espèces fluvio-marines dont trois spéciales : *Psammobia plana, Donax Brongniarti* et *Modiola Brauni.*

Le sous-étage rupélien nous arrêtera davantage. Nous avons vu qu'il se divisait naturellement dans le bassin de Paris en deux parties; nous avons proposé de distinguer la seconde sous le nom de sous-étage rupélien supérieur ou stampien, réservant le terme de rupélien aux couches de la base.

Le sous-étage rupélien nous a offert 217 espèces de Mollusques dont 97 spéciales ; sur ce nombre quelques-unes ne se trouvent que dans les Marnes à huîtres comme : *Perna Heberti, Ostrea callifera* et *Scalaria Sandbergeri,* d'autres n'ont été rencontrées que dans les sables de Morigny comme : *Pecten pictus, Turbonilla ambigua, Scaphander stampinensis, Pleurotoma Parkinsoni, Dentalium acutum.* 71 autres restent caractéristiques du niveau de Jeures ; la plupart sont des espèces rares et celles qui impriment à la faune son caractère, appartiennent principalement aux genres *Trochus* et *Syndosmya.* Comme espèces caractéristiques du Rupélien, nous citerons les :

Gastrochœna Rauliniana.	*Turbonilla imbricataria.*
Psammobia stampinensis.	*Deshayesia parisiensis.*
Cardium Defrancei.	*Turbo cancellato-costatus.*
Crassatella Bronni.	*Xenophora scrutaria.*
Pectunculus angusticostatus.	*Pleurotoma Bourdoti.*
Lima Sandbergeri.	

Les espèces les plus abondamment répandues sont l'*Ostrea cyathula,* les *Pectunculus obovatus, Cytherea incrassata, Cytherea splendida, Tellina Heberti,* les *Cerithium plicatum, C. intradentatum, C. limula, C. Boblayei, Natica crassatina, N. achatensis, Trochus subcarinatus, Rissoa turbinata,* etc.

Le Rupélien supérieur ou Stampien nous a offert 183 espèces de Mollusques, dont 66 spéciales. Une seule espèce est particulière aux sables de Vauroux : *Cytherea Semperi ;* deux espèces, *Trochus bicarinatus* et *Syndosmya elegans* appartiennent à des niveaux plus anciens, tandis que trois espèces, *Corbulomya Morleti, Cytherea dubia, Turbonilla scalaroïdes,* rattachent ces sables au niveau de Pierrefitte. Le niveau d'Ormoy compte 31 espèces, dont deux seulement *Psammobia nitens, Cerithium abbreviatum* lui sont propres ; 23 d'entre elles se montraient déjà dans les sous-étages inférieurs, et parmi elles, une, le *Nematura pupa* réapparaît dans les Sables d'Ormoy, bien qu'elle soit inconnue dans les couches intermédiaires de Pierrefitte.

Sur les 172 espèces que renferme le falun de Pierrefitte, 61 seulement lui sont spéciales.

Dans le sous-étage stampien, les *Ostrea cyathula*, *Cerithium limula*, *Cerithium Boblayei* et *Trochus subcarinatus*, sont moins abondants que dans le Rupélien ; en revanche, on y trouve les *Cardita Bazini*, *Corbulomya Morleti*, *Corbulomya triangula*, *Cytherea dubia*, *Calyptræa labellata*, *Bithinia Dubuissoni*, *Bullina exerta*, *Potamides Lamarcki*, *Murex Margaritæ*. Le nombre des espèces appartenant aux genres *Fusus* et *Murex*, presque inconnus dans le sous-étage inférieur, imprime à la faune stampienne un caractère particulier. Parmi les espèces caractéristiques nous citerons :

Jouannetia Fremyi.	*Spondylus tenuispina.*	*Fusus filiferus.*
Siliqua Margaritæ.	*Calyptræa striatella.*	*Murex ornatus.*
Corbulomya Morleti.	*Diastoma Grateloupi.*	*Murex Margaritæ.*
Mactra angulata.	*Raulinia petrafixensis.*	*Murex tenellus.*
Venus Lævyi.	*Turbo Ramesi.*	*Cypræa subexcisa.*
Cytherea variabilis.	*Nerita Lorioli.*	*Mitra Cotteaui.*
Diplodonta Bezançoni.	*Cerithium Merceyi.*	*Triton Daubrei.*
Arca Sandbergeri.	*Fusus undatus.*	

Les marnes d'Étampes, ou marnes à Bithinies, constituent, au-dessus des sables oligocènes marins, un horizon lacustre particulier, à la base duquel sont intercalés quelques lits contenant des fossiles d'estuaire. Cette faunule se rattache étroitement à celle des sables d'Ormoy, et sur les onze espèces marines que nous avons recueillies dans ces marnes, dix se retrouvent dans les Sables d'Ormoy ; une seule, le *Corbulomya Morleti*, est du Falun de Pierrefitte.

En terminant, pour donner une idée plus complète de la faune oligocène d'Étampes, nous rappellerons qu'elle comprend, outre les mollusques, diverses espèces de Vertébrés, de Bryozoaires, d'Entomostracés, de Polypiers, etc. (1).

Nous avons recueilli à Jeures et à Pierrefitte, deux espèces de Nummulites, dont l'une est le *N. Bezançoni*, Tournouër. Les polypiers sont rares ; il y a cependant à Jeures une espèce de polyastré, une autre se trouve à Pierrefitte ; cette dernière localité nous a fourni cinq espèces de *Balanophyllia* ou genres voisins, entre autres le *B. fascicularis*, Rœmer. Cinq espèces de Bryozoaires ont été recueillies, deux à Jeures, une dans les sables de Vauroux et quatre à Pierrefitte où existent aussi deux *Serpula* et un petit *Spirorbis* qui se retrouve à Jeures et à Ormoy. Nous avons trouvé des débris de Balanes à Jeures, à Morigny, à Étampes et à Pierrefitte ; la plupart de ces localités nous ont même fourni des échantillons complets appartenant à trois espèces, parmi lesquelles probablement le *Balanus unguiformis*, Sow. Enfin le falun de Jeures et les sables de Morigny contiennent de nombreuses espèces d'Entomostracées. Des débris de

(1) Stan. Meunier. *Nouvelles Archives du Muséum*, 1880, p. 236, note.

Crustacés ont seulement été recueillis à Étréchy, dans les couches inférieures de la Molasse et dans le Falun de Jeure et de Pierrefitte.

La rareté des échinides dans les dépôts oligocènes du nord de l'Europe, est un fait bien connu, sur lequel M. Tournouër a autrefois appelé l'attention ; les débris appartenant à cet ordre de fossiles n'en sont donc que plus intéressants.

En Belgique, l'on n'a encore recueilli aucune espèce d'échinides dans les étages tongrien et rupélien (1). Dans le bassin de Mayence, le professeur Sandberger cite seulement des sables marins de Waldböckelheim un fragment de radiole qu'il rapproche avec doute du genre *Echinus*. Un autre radiole appartiendrait, dit-il, au genre *Diadema*, et serait voisin de ceux du *D. Desori*, Reuss, du Miocène de Bohême. Sandberger propose de donner à son radiole le nom provisoire de *D. nanum* (2). M. de Kœnen cite de son côté, dans l'Ober-oligocène de Wiepk, un fragment de spatangidé qu'il rapporte, mais avec doute, au *Spatangus Hofmanni* de Bünde.

L'un de nous a rappelé que sous le nom de *Scutella germinans*, Desor avait signalé un petit oursin décrit par Beyrich et provenant du Tongrien de l'Allemagne du Nord. Le savant auteur du Synopsis pensait même que cette espèce ne devait pas être une véritable *Scutella* et nous nous étions demandé si elle différait beaucoup du *Scutulum parisiense*, Tournouër (3).

Beyrich a en effet décrit non, comme l'a dit par erreur M. Desor, sous le nom de *Scutella germinans*, mais sous celui de *Scutella germanica*, un petit oursin mesurant 20 mill. de diamètre en très mauvais état et sur lequel on ne peut reconnaître la position du périprocte (4). Ce fragment n'ayant été figuré que par sa face supérieure, il est très difficile de se rendre un compte exact de ses caractères. D'après la planche et les figures de Beyrich, son espèce serait plus régulièrement circulaire que celle de Tournouër ; elle serait dépourvue de cloisons internes et aurait des ambulacres moins pétaloïdes, non fermés. Mais nous devons remarquer que la forme des ambulacres indiquée par la figure de Beyrich est absolument anormale chez les Scutellidées et que probablement son dessin est défectueux. En résumé, il nous paraît très possible que le *Scutulum parisiense* soit identique au *Scutella germanica*. Toutefois, nous n'avons pas actuellement entre les mains des éléments de décision suffisants pour trancher la question et, provisoirement, nous maintenons l'espèce de Tournouër.

Le *Scutulum parisiense* a été trouvé à Massy (Marnes à huîtres) d'où provient le type figuré, à Brunehaut, à Pierrefitte et à Ormoy (Coll. Bezançon, Lambert).

---

(1) Cotteau. *Échin. tert. de la Belgique*, 1880, p. 81.

(2) Sandberger. *Conchy. Mainzer Tertiarbeckens*, p. 421.

(3) Lambert. *Bull. Soc. Géol de Fr.*, 3ᵉ sér., t. IX, p. 497, note. — Voir aussi Desor : *Synopsis des Echin. foss.*, p. 234. — Tournouër. *Bull. Soc. Géol. de Fr.*, 2ᵉ sér., t. XXVI, p. 980.

(4) Beyrich. *Zeits. deuts. géo. Gesellschaft*, t. II, p. 415, pl. XV, fig. 11.

Nous avons recueilli à Jeures un radiole, mesurant 12 mill. de longueur sur un peu moins de 1 mill. de diamètre, qui a appartenu à un oursin de la famille des Échinidés sans que nous puissions le rapporter exactement à un genre particulier.

On recueille en outre à Jeures et à Morigny, particulièrement dans le sable fin qui remplit certaines Natices, avec des débris d'Entomostracées, de petits bâtonnets aciculés, portant à la loupe de fines stries longitudinales granuleuses, qui ne sont autre chose, de l'avis de M. Cotteau, que des radioles de Spatangidés. Le plus grand de ces radioles légèrement arqué, long de 12 mill. sur 1/4 en diamètre, offre des traces de coloration noire et jaunâtre disposée en anneaux. Plusieurs exemplaires montrent leurs facettes articulaires distinctes ; d'autres se terminent à leur extrémité par une petite spatule très caractérisée et des études comparatives pourraient peut-être un jour nous permettre d'arriver pour ces radioles à une détermination spécifique. Jusqu'ici nous n'avons jamais recueilli le test de cet oursin, qui ne paraît pas avoir résisté à la fossilisation ; les rares plaquettes que nous avons trouvées éparses et disjointes au milieu des radioles, sont à demi décomposées et, le plus ordinairement, leurs débris mêmes ont disparu.

Enfin nous avons trouvé à Pierrefitte deux petits fragments d'un autre Spatangidé voisin des *Hemispatangus ;* l'un est un morceau du plastron, l'autre une plaquette interambulacraire de la face supérieure portant un seul tubercule crénelé, entouré d'un scrobicule très profond ; le surplus de la plaque montre une granulation miliaire irrégulière. Ces fragments sont trop incomplets pour que nous puissions affirmer leur position générique exacte.

On sait que les Échinides, si rares dans le faciès septentrional de l'étage oligocène, sont, au contraire, très abondamment répandus dans le faciès méridional des bassins du sud-ouest et du Vicentin. L'Oligocène de Rennes, qui a un faciès mixte, mais se relie plus étroitement avec les dépôts du nord, ne contient lui-même qu'un très petit nombre d'oursins (1).

Les débris de vertébrés sont principalement localisés dans quelques couches du groupe supérieur. Ils consistent surtout en dents de poissons et côtes d'*Halitherium*. On doit à M. Sauvage la détermination de quelques espèces de poissons de Pierrefitte :

> *Lamna cuspidata,* Agassiz
> *Galeocerdo latidens,* Agassiz.
> — *acanthodon,* Le Hon.

(1) Tournouër. *Bull. Soc. Géol. de Fr.* 3e sér., t. VII, p. 467, pl. X, fig. 13-15, cite seulement les *Echinocyamus armoricus, E. triangularis et Nucleolites Lebescontei.*

Il faut y ajouter un Sparoïde voisin des Sargues (1), une ou deux autres espèces de *Lamna*, une dent voisine de celles des *Anenchelum* et une très belle et grande dent de Squale rappelant les types miocènes, conservée dans les collections de la Sorbonne, enfin des Ichthyodorilythes et des Miliobates. Mais les débris de poissons sont encore plus abondants à la base du groupe stampien, dans les galets de Jeures où nous avons recueilli plusieurs centaines de dents paraissant appartenir à quatre espèces de *Lamna* et à deux *Corax*. Ce gisement nous a aussi fourni des Miliobates et deux dents de petit Saurien. Enfin on trouve dans le falun à *Pectunculus obovatus* de Morigny, des dents de *Lamna* paraissant un peu différentes de celles que renferment les couches supérieures (2).

Les reptiles ne sont représentés que par les deux petites dents mentionnées plus haut et par une écaille de tortue provenant de Pierrefitte.

Enfin un mammifère marin, l'*Halitherium*, fréquentait les golfes peu profonds et les estuaires de notre bassin oligocène ; ses restes sont fréquents dans les galets de Jeures où le marteau du géologue heurte souvent les fragments de ses côtes pierreuses si caractéristiques. Un squelette à peu près complet aurait autrefois été trouvé à Étréchy et serait déposé au Muséum. Une mâchoire inférieure presque complète provenant de Morigny se voit au musée d'Étampes ; une tête a été trouvée près de Brunehaut par M. Munier-Chalmas (3). Enfin nous avons nous-même rencontré, à Pierrefitte, une carcasse de ce grand sirénien et avons exhumé du Falun un grand nombre de côtes, une dizaine de vertèbres dorsales et quelques vertèbres lombaires remarquables par leurs longues et plates apophyses. Les débris que nous avons recueillis à Pierrefitte appartiennent au *Halitherium Cuvieri*, Kaup.

Nous ne parlons pas ici de la faune bien connue de La Ferté-Alais, parce que cette faune a, selon nous, un caractère aquitanien très marqué et qu'elle se rattache à des couches plus élevées que celle dont nous nous occupons actuellement. Voici en effet la liste des espèces signalées (1) :

Antracotherium magnum (une dent).
Acerotherium Brivatense.
Gelocus, spec. (trois molaires voisines de celles des *Tragulotherium secundum* et *T. tertium*).
Palæotherium, spec. (une prémolaire).
Crocodilus ? spec. (débris de deux espèces).

(1) Voir Nouv. Arch. du Muséum, 1880. p. 236, note.
(2) On a autrefois cité, dans les couches moyennes à La Ferté-Alais, le *Lamna contortidens*. Goubert. *Bull. Soc. Géol. de Fr.*, 2ᵉ sér., t. XXIV, p. 315.
(3) Cette tête a été, croyons-nous, rapportée au *H. Guettardi*. Voir *Bull. Soc. Géol.*, 3ᵉ sér., t. VI, p. 672.
(4) Voir *Bull. Soc. Géol. de Fr.*, 2ᵉ sér., t. XXVII, p. 692, t. XXIX, p. 479, et 3ᵉ sér., t. VI, p. 668.

et en même temps une faune très riche de mollusques terrestres et fluviatiles identiques à ceux des marnes d'Étampes.

Ici se terminent les observations que nous suggère la revision générale de la faune des environs d'Étampes. Il nous reste, pour la dernière partie de notre travail, à donner la description des espèces nouvelles de mollusques, dont il a déjà été question dans ce qui précède. Nous citerons aussi, en les discutant, un certain nombre d'espèces déjà connues, dont quelques-unes ont été figurées de nouveau sur nos planches, soit pour aider à l'intelligence du texte, soit parce qu'elles constituent de bonnes variétés, ou enfin parce que les figures données antérieurement étaient peu exactes ou disséminées dans des recueils difficiles à se procurer.

III. — DESCRIPTION DES ESPÈCES

1° LAMELLIBRANCHES

1. — Jouannetia unguiculus, Cossmann et Lambert.

Pl. I, fig. 1 *a,b*.

J. testa globata. Valvulæ trapezoïdales, hiantes, in mediis lateribus duplici impressu sulcatæ, in parte antica striis transversis tenuissimis ad primum impressum recurvis, ultra secundum obsoletis et anticè aliquibus longinquis costis exilibus ornatæ. Valvularum anterior apertura clausa videtur.

Longueur : 4 millimètres ; largeur : 3 millimètres.

Coquille de petite taille, subglobuleuse, composée de deux valves trapézoïdes, très bâillantes ; chaque valve présente, au milieu des flancs, une dépression qui la partage en deux parties inégales ; cette dépression est bordée par deux sillons qui partent des crochets et limitent un espace triangulaire très étroit. Toute la surface de la coquille est couverte de fines stries transverses, plus saillantes et très obliques dans la région antérieure, brusquement coudées au passage du premier sillon transverse et atténuées dans la région postérieure. A la partie tout à fait antérieure, sous les crochets, existent quelques petites côtes longitudinales granuleuses. Crochets saillants, épais, assez fortement recourbés. Bord antérieur, rectiligne ; bord postérieur, faiblement convexe ; bord palléal, sinueux. A l'intérieur de la coquille, on remarque une côte très atténuée, correspondant au sillon le plus rapproché du bord antérieur et, sous les crochets, correspondant au sillon transverse postérieur, une cloison ou appendice septiforme vertical élevé, occupant la moitié de la largeur des valves.

RAPPORTS ET DIFFÉRENCES. — Notre coquille est bien distincte du *J. Fremyi*, Stan. Meunier, telle que nous la comprenons d'après la description de son auteur. Nous devons, toutefois, faire observer que la figure 1, pl. XIII des *Recherches sur les sables marins*

9

de Pierrefitte, ne donne pas aux côtes rayonnantes antérieures du *J. Fremyi*, leur importance véritable. L'espèce de M. Stanislas Meunier se distinguera toujours facilement de la nôtre par sa taille, par le sillon unique et profond qui divise ses flancs, par sa forme moins régulièrement trapézoïde, par ses stries plus saillantes, moins nombreuses, séparées par des intervalles lisses, par ses côtes rayonnantes squameuses plus développées, couvrant la plus grande partie de la portion antérieure de la valve, enfin par l'absence de cloison interne sous les crochets. — Pour permettre d'ailleurs de saisir ces différences, nous figurons, sur la même planche, l'espèce de M. St. Meunier (Pl. I, fig. 2 *a, b*).

Le *J. Fremyi* est voisin du *J. Thelussoniæ*, de Rainc. et Munier, des sables moyens de Marines ; mais ce dernier s'en distingue par sa forme moins étroite, la moindre profondeur du sillon qui divise ses valves, ses stries concentriques moins saillantes, plus atténuées en avant et formant, avec le sillon, un angle moins aigu, par ses stries rayonnantes plus régulières et moins saillantes.

Le *J. unguiculus* est rare ; on le trouve au fond des cavités peu profondes qu'il s'est creusé dans des galets gréseux, dans des valves de grandes huîtres, ou dans le test d'autres mollusques.

Localité. — Pierrefitte près Étampes (rare). Collections Lambert (type figuré) et Cossmann.

2. — **Martesia Peroni**, Cossmann et Lambert.

Pl. I, fig. 3 *a, b, c.*

M. testa ovali, convexiuscula, subcylindracea. Valvulæ hiantes, in parte anticâ scuto calcario umbones superante clausæ, in medio latere sulco obliquo bipartitæ, anticè striis obliquis numerosis, æqualibus, posticè rugis attenuatis ornatæ. Lirâ flexuosâ a margine cardinali ad extremitatem pallialem sulci extensâ valvularum anterior pars obliquè bipartita, regione palliali lævigata, cardinali regulariter et oblique striata, etiam anticè aliis divaricatis striis asperata videtur. Lunula succincto margine cardinali vestita. Intus sub edentulo cardine exilis et recurva apophysis prominet.

Longueur : 9 millimètres ; largeur : 6 millimètres.

Coquille renflée, ovale, arrondie antérieurement, légèrement acuminée en arrière, composée de deux valves bâillantes à leurs extrémités et d'une pièce calcaire lisse qui ferme l'ouverture antérieure, recouvre une partie des valves et s'avance un peu au-delà des crochets. La surface des valves est divisée en deux parties inégales par un sillon oblique qui part du crochet et va au milieu du bord palléal. La partie antérieure de cette surface est elle-même subdivisée par un sillon flexueux qui part de l'extrémité du bord cardinal pour rejoindre le sillon principal au bord palléal. La région antéro-cardinale triangulaire est ornée de fines stries granuleuses, égales, serrées, parallèles au sillon qui limite la région antéro-palléale ; ces stries sont antérieurement recoupées par de petites côtes rayonnantes qui donnent, à cette portion de la coquille, un aspect raboteux. La région antéro-palléale forme une surface lisse ovale-allongée. La partie postérieure de la coquille, divisée par un angle obtus qui va du crochet à l'extrémité postérieure du bord palléal, est simplement garnie de plis irréguliers, peu saillants, un peu plus accentués sur la région postéro-cardinale. Crochets bien développés, antérieurement recouverts par une expansion lamelliforme du bord cardinal. Charnière sans dents. A l'intérieur, une côte oblique, atténuée correspond au sillon qui partage les flancs. Sous le crochet de la valve gauche, existe une apophyse dentiforme, grêle, recourbée, peu proéminente.

RAPPORTS ET DIFFÉRENCES. — Cette espèce qui creusait ses loges dans le test des grandes huîtres de Pierrefitte, diffère absolument de toutes les coquilles perforantes jusqu'ici signalées dans nos sables oligocènes. Le *P. subtripartita*, Sandberger, a une forme différente ; il est bien plus irrégulier, autrement orné, pourvu d'une apophyse coudée adhérente à la valve et il appartient à un autre genre : *Pholadidea (Parapholas) subtripartita*, Sandberger.

LOCALITÉ. — Pierrefitte (rare). Collections de la Sorbonne, Lambert (type figuré).

3. — **Cultellus brevis**, Cossm. et Lamb.

Pl. I, fig. 4 *a, b*.

C. fragilis, anticè circularis, irregulariter striata ; umbone parvulo, depresso ; intus sulci duo divergentes obtusiusculi ; cardine crasso ; dentibus duobus, quarum anterior recta, verticalis et acutissima, posterior vero ad cardinem longitudinaliter procumbens, nympha sulco separata.

Petite coquille fragile qui ne nous est connue que par un fragment, mais dont les caractères sont assez nets pour que nous puissions la décrire.

Le côté antérieur est régulièrement arrondi et circulaire. La surface extérieure ne porte que des stries irrégulières d'accroissement et une très légère dépression perpendiculaire au bord cardinal. Au delà de cette dépression, le bord antérieur se relève comme dans les *Solen*. Le crochet, à peine saillant, est petit, déprimé et pointu.

La charnière est formée de deux dents très inégales ; la dent antérieure pointue, saillante et perpendiculaire, est bordée, en avant, d'une fossette destinée à recevoir la dent antérieure de l'autre valve. La dent postérieure, allongée et parallèle au bord cardinal le long duquel elle s'applique, est séparée de la nymphe par un sillon qui va en s'élargissant. Au-dessous de la charnière, prennent naissance deux sillons internes, divergents et obtus qui circonscrivent une sorte de côte aplatie et peu saillante, se perdant vers le bord inférieur.

RAPPORTS ET DIFFÉRENCES. — Notre espèce se distingue des *C. cladarus*, Bayan et *grignonensis*, Desh. par la forme de son extrémité antérieure et par sa côte interne.

LOCALITÉ. — Jeures, un fragment dans la collection Lambert.

4. — **Siliqua Margaritæ**, Cossmann et Lambert.

Pl. I, fig. 5 *a, b, c*.

S. testa depressa, ovato-elongata, inæquilaterali, anticè rotundata, postice vix acuminata ; margine palliali regulariter inflexo ; umbonibus parvis ; lunula haud distincta. Valvæ

extus primo aspectu lævigatæ, sed striis concentricis tenuissimis et postice striis radianti-
bus obsoletis ornatæ, intus sub cardine angusto, bidentato, costâ ad marginem antero-pallia-
lem oblique extensâ munitæ videntur.

Longueur : 19 millimètres ; largeur : 10 millimètres.

Coquille ovale-oblongue, transverse, comprimée, inéquilatérale, légèrement bâillante,
à crochets très peu proéminents. Bords cardinal et palléal régulièrement convexes; bord
antérieur, arrondi ; bord postérieur, faiblement acuminé. Surface externe paraissant
lisse, mais ornée de stries concentriques fines et sur la moitié postérieure de la coquille,
de stries rayonnantes obsolètes. Charnière étroite, composée, sur chaque valve, de deux
petites dents ; la dent cardinale postérieure de la valve droite est bifide. A l'intérieur,
une saillie partant de la charnière, se dirige obliquement en s'élargissant et s'affaissant
vers le bord antéro-palléal de la coquille. Sinus palléal assez profond.

Rapports et différences. — Notre espèce se distingue du *S. Nysti,* Deshayes, par sa
forme plus ovale, moins déprimée, moins inéquilatérale, par son bord cardinal plus
convexe, ses crochets un peu plus saillants, surtout par les ornements de sa surface.
Nous avons pu examiner, à l'École des Mines, le type même du *S. Nysti;* c'est une coquille fragile, très allongée, lisse et polie, qui nous a paru bien distincte de notre
S. Margaritæ. (Voir Deshayes. *Desc. des An. s. vert. Supplément,* t. I, page 164, Pl. XIX,
fig. 9 et 11.)

M. le docteur von Kœnen a décrit, sous le nom de *S. oblonga,* une espèce qui n'est
d'ailleurs connue qu'à l'état de moule, mesurant 16 millimètres sur 7, c'est-à-dire d'une
forme bien plus allongée que le *S. Margaritæ,* (voir : *Das marine M. O. Norddeuts.*
Mollusken Fauna, p. 116, Pl. VII, fig. 7 *a, b.*) et paraissant ornée de forts plis d'accroissement.

Localité. — Pierrefitte (rare). Collection Lambert.

5. — **Saxicava jeurensis**, Desh.

Pl. I, fig. 7 *a, b.*

Longueur : 8ᵐᵐ 5; largeur : 3ᵐᵐ 5.

Nous avons recueilli, à Pierrefitte, quelques valves d'un *Saxicava,* dont la forme est
beaucoup plus allongée que celle du *S. jeurensis,* Desh. et qui porte des ornements plus
accusés. Néanmoins, eu égard à l'extrême variation de la forme des espèces de ce genre,
étant donné surtout que les caractères de la charnière sont les mêmes, nous n'osons pas
séparer les échantillons de Pierrefitte de ceux de Jeures, et nous croyons n'en devoir
faire qu'une seule espèce, sous le nom que lui a donné Deshayes.

Toutefois, nous sommes loin de partager l'opinion de M. le docteur v. Kœnen qui,
dans l'ouvrage intitulé : *Das marine mitteloligocän norddeutschlands und seine Mollusken*
fauna, émet l'avis (page 121) que l'espèce de Jeures pourrait bien n'être autre que le
S. arctica, L., auquel il réunit d'ailleurs le *S. bicristata,* Sandb. et le *S. crassa,* Sandb. En
effet, nous avons sous les yeux une dizaine d'échantillons du *S. arctica,* provenant du

terrain plaisancien de Biot (Alpes-Maritimes), et voici les différences que nous constatons :

En laissant de côté le rapport de la longueur à la largeur qui n'est pas le même, mais qui peut varier dans la même espèce, les échantillons de Biot sont infiniment plus convexes que ceux de Pierrefitte. De plus, et c'est là le caractère essentiellement distinctif, la dent du *S. arctica* est tout à fait oblique, tandis qu'elle est à peu près médiane et beaucoup plus petite dans le *S. jeurensis*.

Il y a donc lieu de maintenir la distinction établie par Deshayes pour l'espèce du bassin de Paris.

Localité. — Jeures, Pierrefitte (rare). Coll. Lambert (type figuré).

6. — **Sphenia stampinensis**, Stan. Meunier.

Pl. I, fig. 10 *a, b.*

(Nouv. arch. du Muséum, 2ᵉ série 1880, p. 239, pl. XIII, fig. 3, 4)

Bien que nous n'ayons en notre possession qu'un fragment d'une valve de cette intéressante espèce, nous n'avons pas hésité à la figurer, afin de faire ressortir les stries rugueuses qui sillonnent surtout le côté antérieur de la surface.

La charnière se compose, sur notre valve droite, d'une fossette allongée et sinueuse aboutissant au crochet du côté postérieur. Le sinus paraît être peu développé et arrondi.

Rapports et différences. — Cette espèce est beaucoup plus allongée et d'une taille plus grande que le *S. arcuata*, Desh. Elle ressemble un peu au *S. Baudoni*, Desh. des sables de Beauchamp, mais elle a les extrémités plus largement arrondies et le sinus moins profond.

Localité. — Pierrefitte (très rare). Coll. du Muséum ; une valve dans la Coll. Lambert (type figuré).

7. — **Sphenia amygdalina**, Cossmann et Lambert.

Pl. I, fig. 6 *a, b.*

Testa ovato elongata, hians, inæquilateralis, antice attenuata, postice elatior, ad umbonem tumidula; striis irregularibus, ad marginem profundioribus, sub cardine angusto fossula obliqua videtur; sinus pallii latus, rotundatus.

Longueur : 8 millimètres; largeur : 5 millimètres.

Coquille peu épaisse, ovale, allongée, bâillante à ses deux extrémités, très inéquilatérale, le sommet étant placé aux 3/8 de la longueur du côté antérieur dont le contour est arrondi et rétréci, tandis que l'extrémité postérieure est, au contraire, élargie. Une légère dépression anale qui, partie du crochet, se perd avant d'atteindre le bord, sillonne la surface extérieure, qui est ornée de stries d'accroissement irrégulières formant, parfois, des gradins vers les bords.

Le crochet un peu gonflé, petit, peu proéminent, peu incliné vers l'avant, se recourbe au-dessus d'un bord cardinal assez étroit, à l'intérieur duquel pénètre une fossette oblique et large, destinée à recevoir la dent de la valve opposée. Les impressions musculaires sont très rapprochées du sommet, et limitées par un sillon profond. Le sinus large et arrondi, arrive presque au-dessous du crochet.

RAPPORTS ET DIFFÉRENCES. — Cette espèce, qui ne nous est connue que par une seule valve bien conservée, a les mêmes proportions que le *S. arcuata*, Desh. Mais elle est inéquilatérale et ses deux extrémités sont inégales : le bord inférieur est régulièrement arqué, au lieu qu'il est droit dans l'espèce de Deshayes : le sommet est moins saillant et le sinus un peu plus profond. Notre espèce se rapproche aussi du *S. stampinensis*, St. Meunier, mais elle est bien moins allongée et d'une forme moins régulièrement ovale.

LOCALITÉ. — Brunehaut (très rare). Collection de M. le docteur Bezançon, qui nous a obligeamment communiqué l'échantillon décrit et figuré.

8. — **Corbulomya Morleti**, Stanislas Meunier.

Pl. I, fig. 20.

(Nouv. arch. du Muséum, 1880, p. 239, pl. XIII, fig. 5, 6.)

Nous croyons que cette espèce, établie par l'auteur dans ses recherches sur les sables marins de Pierrefitte, doit être maintenue. Comme l'a fait remarquer M. Stan. Meunier, elle a des rapports avec les *C. sphenioïdes* et *C. elongata*, Sandberger, mais elle est beaucoup moins acuminée du côté anal et plus inéquilatérale que la première. La seconde a un angle antérieur moins saillant, des crochets plus développés et est beaucoup moins inéquilatérale.

Le *C. subcomplanata*, d'Orbigny, des sables moyens, est encore une espèce voisine, mais elle diffère de celle d'Étampes par son angle antérieur moins accentué, son bord palléal sinueux, ses extrémités moins tronquées et sa forme proportionnellement plus large. La surface des valves du *C. subcomplanata* offre des traces de stries rayonnantes obsolètes, que l'on ne retrouve jamais dans les échantillons les mieux conservés du *C. Morleti*. Le *C. complanata*, Sowerby, des faluns de Touraine, a aussi, avec l'espèce oligocène, des rapports étroits ; mais il est moins inéquilatéral, plus inéquivalve et a des ornements différents. Sa surface est presque lisse, avec quelques stries rayonnantes obsolètes, plus accentuées sur la valve droite, tandis que la surface du *C. Morleti* porte seulement de forts plis d'accroissement.

LOCALITÉS. — Étampes, Vauroux (assise V), Pierrefitte (assise VI), Valnay (couche marine intercalée dans les Marnes à Bithinies). Dans toutes les collections de fossiles de Pierrefitte ; types figurés, coll. Cossmann.

9. — **Corbula subpisum**, d'Orbigny.

(Deshayes, Desc. des an. s. vert. Supplément t. I, p. 216, pl. XII, fig. 24-28).

Le professeur Sandberger, dans son ouvrage sur les coquilles du bassin de Mayence à la page 188, cite cette espèce comme synonyme de son *C. subpisiformis*. Si ce rapprochement était exact, le nom le plus ancien de d'Orbigny devrait seul être maintenu. Mais la Corbule figurée par l'auteur allemand (pl. XXII, fig. 14) nous paraît différente de celle que d'Orbigny avait en vue lorsqu'il créa le *C. subpisum*. En effet, tous les échantillons du *C. subpisum* de Jeures et d'Étréchy sont nettement caractérisés par la présence, sur la grande valve, d'un angle postérieur plus ou moins obtus, mais toujours distinct, tandis que la grande valve du *C. subpisiformis* de Mayence est régulièrement convexe et dépourvue d'angle anal. Les deux espèces paraissent donc différentes.

Nous avons maintenant à examiner l'opinion du docteur von Kœnen qui, dans son ouvrage sur la faune oligocène de l'Allemagne du Nord (page 116), réunit au *C. gibba*, Olivi, les *C. subpisum, C. subpisiformis, C. striata, C. nucleus* et *C. rotundata*. Nous ne nous occuperons ici que des espèces qui intéressent le bassin parisien, c'est-à-dire de l'assimilation du *C. subpisum*, d'Orbigny, d'Étampes, avec le *C. gibba*, Olivi, du Pliocène, dont nous avons sous les yeux un grand nombre d'échantillons de diverses provenances. Négligeant les caractères tirés de la taille, nous remarquons que le *C. subpisum* a toujours un angle anal au delà duquel ne persistent jamais les côtes, tandis que dans le *C. gibba*, les côtes franchissent l'angle en se dédoublant et deviennent au delà beaucoup plus fines. La région anale, limitée par cet angle, est beaucoup plus large chez le *C. gibba* que chez le *C. subpisum*. Enfin, conformément à la remarque faite par Semper, la forme de l'espèce oligocène est constamment plus globuleuse, moins triangulaire et moins aiguë du côté anal que celle de la corbule pliocène. En ce qui concerne le bassin parisien, il y a donc lieu de conserver la distinction des deux espèces.

10. — Corbula longirostris, Deshayes.

Bien que cette espèce soit indiquée par Deshayes à Étréchy, à Jeures et à Morigny, nous n'en avons jamais recueilli un seul exemplaire dans ces localités. Toutes les Corbules plus ou moins rostrées que nous y avons trouvées ne sont que des variétés du *C. Henckeliusiana*, Nyst. Cependant le type du *C. longirostris* figuré par Deshayes (*Desc. des an. s. vert.*, t. I., p. 52, pl. VII, fig. 20, 21) paraît appartenir à une espèce très différente de celle de Nyst, aussi croyons-nous devoir maintenir les deux espèces.

En revanche, nous pensons que la coquille figurée par Sandberger (*Die Conchylien des Mainzer Tertiärbeckens*, p. 286, pl. XXII, fig. 10) sous le nom de *C. longirostris*, n'est qu'une variété du *C. Henckeliusiana*, Nyst.

11. — Corbula pixidiculoïdes, Cossm. et Lamb.

Pl. I, fig. 8 *a, b.*

Testa angusta, inæquilateralis, mediocriter convexa, subquadrata, postice carinata et-obliquiter truncata, antice subovalis; sulcis profundis, ad aream posteriorem productis; umbones incurvati, prominentes.

Longueur : 5ᵐᵐ 5 ; largeur : 3ᵐᵐ 5.

Coquille étroite, allongée, inéquilatérale, médiocrement convexe, presque quadrangulaire. Le sommet est situé à peu près au 1/3 antérieur de la longueur ; le côté anal est divisé par une forte carène oblique, à laquelle correspond une troncature du bord postérieur. Des sillons profonds et réguliers ornent la surface de la coquille et continuent au delà de la carène sur l'aire anale qui est un peu concave. Le crochet recourbé et incliné à l'avant est pointu et proéminent : il domine un bord cardinal étroit, à l'intérieur duquel est creusée une petite fossette peu marquée.

L'impression musculaire antérieure, la seule que nous puissions distinguer, est située près du crochet ; les sillons de la surface se répètent à l'intérieur de la coquille.

Rapports et différences. — Cette espèce est extrêmement voisine du *C. pixidicula*, Desh., de l'Éocène supérieur. Elle est seulement un peu plus étroite et allongée, moins triangulaire que sa congénère.

Localités. — Jeures, Brunehaut. (Coll. Bezançon.)

12. — **Neæra Bezançoni**, Cossm. et Lamb.

Pl. I, fig. 9 *a,b*.

Testa rotundata, rostrata, tumida, striis irregularibus et costulis nonnullis ad basim rostri radiantibus ornata ; umbone parvo ; dente unica prominente.

Longueur : 3 millimètres ; largeur : 1^{mm} 75.

Coquille arrondie et gonflée à une extrémité, rostrée à l'autre qui est plus déprimée. Le rostre occupe les 2/5 de la longueur totale de la coquille. La surface est ornée de fines stries d'accroissement peu régulières qui persistent sur le rostre et de quelques petites costules gravées, qui se laissent apercevoir à la naissance du rostre et à la limite de la convexité du dos, lorsqu'on fait miroiter la coquille.

Le crochet peu proéminent surmonte une charnière composée d'une seule dent très saillante. Il nous est impossible de distinguer l'impression du manteau, ni celles des muscles de l'unique valve que nous avons sous les yeux.

Rapports et différences. — Cette espèce ne peut se confondre avec le *N. clava*, Beyr. qui n'a pas de stries rayonnantes, et dont le rostre est bien moins brillant et moins détaché. Elle se rapprocherait plutôt du *N. cochlearella*, Desh. qui a les mêmes côtes rayonnantes, mais plus prononcées, et dont le rostre est infiniment plus petit, comparativement à la partie convexe de la coquille.

Il existe encore une *N. fragilis* décrite par Nyst dans l'Oligocène inférieur de Belgique, mais elle est moins allongée que notre espèce et ne porte que deux côtes du côté postérieur.

Localité. — Étréchy (très rare). Collection de M. le docteur Bezançon, qui nous a communiqué et à qui nous dédions cette curieuse espèce.

13. — **Poromya fragilis**, Cossm. et Lamb.

Pl. I, fig. 10 *a,b*.

Testa subæquilateralis, latere postico truncato carinato, latere antico rotundato, sulcis regulariter impressis; umbones tumiduli, cuspidati, ad anteriorem partem declives; margine palliali paululum incurvo.

Longueur : 4 millimètres; largeur : 2^{mm} 5.

Coquille mince, très fragile, peu convexe, à peu près équilatérale, les crochets occupant presque la position médiane ; caréné et tronqué obliquement ; côté antérieur régulièrement arrondi. La surface est ornée de sillons très réguliers qui s'arrêtent à la carène anale, sans la dépasser et qui se répètent à l'intérieur de la coquille, Le crochet un peu gonflé, incliné à l'avant et assez pointu, domine le bord cardinal qui est brusquement tronqué et terminé par un tubercule obtus, auquel succède une fossette rudimentaire. Le contour du bord inférieur est légèrement curviligne. Il ne nous est pas possible de distinguer l'impression du manteau ni celles des muscles de l'unique échantillon que nous avons sous les yeux.

RAPPORTS ET DIFFÉRENCES. — La charnière de cette coquille, qui est bien celle d'une poromye, ne nous permet pas de la confondre avec le *Corbula pixidiculoides*, nobis, décrit plus haut, dont les ornements et la carène sont semblables, mais qui a d'ailleurs des proportions bien différentes. Nous ne trouvons aucune espèce analogue parmi les poromyes du bassin de Paris.

LOCALITÉ. — Jeures (très rare). Collection Bezançon.

14. — **Poromya densestriata**, Cossm. et Lamb.

Pl. I, fig. 11 *a, b*.

Testa transversa, inæquilateralis, anticè attenuata, posticè triangulata et quasi prismatica, paululum convexa; umbones subcarinati, ad quartam partem longitudinis incurvati; striis numerosis, regularibus; dente unica, producta, triangulari.

Longueur : 6^{mm} 5; largeur : 3^{mm} 5.

L'échantillon que nous figurons, ayant probablement subi une cassure antérieure à la mort de l'animal, il s'était formé une suture et une sinuosité correspondante dans le contour extérieur de la coquille, de manière qu'au premier abord, on la croirait irrégulière comme une cypricarde. Mais, en suivant les stries d'accroissement au-dessus de la suture, on peut restaurer la description de la manière suivante :

Coquille allongée, transverse, très inéquilatérale, atténuée et ovale du côté antérieur, terminée en bec triangulaire du côté postérieur. La forme générale est un peu convexe et la surface du dos est un peu prismatique du côté anal, par suite de la présence de deux dépressions rayonnantes et aplaties qui partent du crochet pour aboutir à des troncatures correspondantes sur le bord de la coquille. Le corselet très étroit et lancéolé, est séparé par une carène très nette de la plus large de ces deux dépressions. Le crochet, caréné par l'angle de séparation des deux dépressions, est incliné en avant et situé vers le quart antérieur de la longueur de la coquille. La surface est finement et régulièrement striée.

La charnière se compose d'une dent saillante et triangulaire, qui sort de dessous les

10

crochets et d'une fossette fortement creusée dans la lame cardinale qui supporte la dent. Les impressions musculaires sont très inégales: l'antérieure est plus petite et plus rapprochée du crochet. L'impression palléale n'est pas partout parallèle au bord de la coquille dont le contour devait être régulièrement curviligne.

RAPPORTS ET DIFFÉRENCES. — Cette espèce se distingue nettement, par sa forme inéquilatérale, de toutes les poromyes du bassin de Paris.

LOCALITÉ. — Jeures (très rare). Collection de M. le docteur Bezançon, qui nous a obligeamment communiqué l'unique valve qu'il possède.

15. — **Thracia delicatula**, Cossm. et Lamb.

Pl. I, fig. 12 *a, b, c, d*.

Testa elongata inæquilateralis, depressa, subtrigona, anticè attenuata, subovalis, posticè transversim truncata ; umbones acuti, prominentes; striis irregularibus, densis, simplicibus ; sinus pallii brevis, latus.

Longueur du plus grand échantillon : 4^{mm}5; largeur : 2^{mm}6.

Coquille inéquilatérale, déprimée, allongée, rendue subtrigone par la saillie d'un crochet très pointu, situé au tiers de la longueur de la coquille du côté anal. Le contour du bord palléal est plus ou moins oval; l'extrémité antérieure est atténuée et assez régulièrement arrondie; le côté postérieur est, au contraire, nettement tronqué et cette troncature perpendiculaire à l'axe longitudinal, correspond à une légère dépression de la surface du dos. Le bord supérieur est creusé du côté anal, rectiligne et déclive du côté buccal.

La surface extérieure est ornée de fines stries, dont quelques-unes plus fortes simulent des gradins. La charnière se compose d'une échancrure triangulaire placée immédiatement au-dessous du crochet et en arrière de laquelle la nymphe fait une légère saillie. Le sinus est large et profond : il n'atteint pas le milieu de l'intérieur de la coquille. L'impression palléale est assez éloignée du bord ; les impressions des muscles, situées à des distances très inégales du crochet, sont peu développées.

RAPPORTS ET DIFFÉRENCES. — La forme de notre espèce a une certaine analogie avec celle du *T. Bazini*, Desh.; mais elle s'en distingue par ses proportions et par son ornementation. On peut la rapprocher également du *T. elongata*, Sandb.; mais celle-ci porte une dépresssion anale beaucoup plus profonde et le corselet est moins creusé que celui du *T. delicatula*. En outre, l'espèce de Mayence a des stries granuleuses, tandis que l'examen minutieux que nous faisons à la loupe, ne nous révèle pas ce caractère sur nos échantillons.

LOCALITÉS. — Étréchy, au niveau de Jeures (rare). Collection de M. le docteur Bezançon, qui en possède quatre valves (types figurés). Jeures (Coll. Lambert et Coll. Cossmann).

16. — **Mactra angulata**, Stan. Meunier.

Pl. I, fig. 21.

Nouv. Arch. du Muséum, 2ᵉ série, 1880, p. 240, pl. XIII, fig. 7 et 8.

Cette espèce n'est pas aussi rare que l'indique M. Stanislas Meunier ; mais on ne la recueille pas souvent en bon état. Nous figurons une valve gauche, parfaitement conservée, ne mesurant, il est vrai, que 12 millimètres de longueur sur 9 millimètres de largeur. La description de cette espèce doit être complétée de la manière suivante :

Le crochet, peu saillant, est situé au 2/5 de la longueur, du côté antérieur. L'extrémité postérieure est anguleuse et l'extrémité antérieure régulièrement arrondie ; la lunule et le corselet sont ornés de stries profondes, parallèles aux bords et brusquement arrêtées. La charnière, dont M. Stanislas Meunier n'a pas donné la disposition, se compose, sur la valve gauche, d'une dent en forme de V renversé, dont une des branches est perpendiculaire au bord de la lame cardinale, exactement sous le crochet, et dont l'autre est presque dans le prolongement de la dent latérale antérieure ; l'aréa triangulaire assez large qui fait suite à la dent, du côté postérieur, porte une légère cicatricule ; les dents latérales sont très saillantes et voisines du sommet. Le sinus palléal est excessivement court et son contour descend obliquement de l'impression du muscle à celle du manteau. Les impressions musculaires sont très éloignées du sommet.

Rapports et différences. — L'auteur a omis de faire ressortir les caractères qui différencient cette espèce de ses congénères. Elle est moins équilatérale que les *M. semisulcata*, Lamk. et *M. contradicta*, Desh. ; elle a l'extrémité postérieure plus pointue, l'antérieure plus arrondie et le sinus moins profond que le *M. Levesquei*, d'Orb. ; elle est moins triangulaire et moins équilatérale que le *M. suessoniensis*, Watelet, qui a d'ailleurs les deux côtés du bord supérieur à angle droit ; les stries de sa lunule la distinguent des *M. compressa*, Desh. et *M. Lamberti*, Desh ; enfin elle n'a pas la forme subquadrangulaire des *M. recondita*, Desh. et *M. contortula*, Desh., qui ont le bord supérieur formé d'une ligne brisée, en arrière du crochet.

D'autre part, il est impossible de la confondre, parmi les espèces du tertiaire supérieur, avec le *M. Pecchiolii*, D'Anc., qui est plus épaisse, dont la charnière est plus grossière, le bord palléal plus arrondi, et qui n'a pas de stries apparentes sur la lunule et le corselet ; ni avec le *M. triangula*, Ren., dont la surface est sillonnée transversalement, dont le contour postérieur forme une ligne brisée, et dont la dent latérale antérieure n'est pas dans le prolongement de la branche antérieure de la dent cardinale en V.

Localité. — Pierrefitte, toutes les collections. Type figuré, coll. Cossmann.

17. — **Tellina inopinata**, Cossmann et Lambert.

Pl. I, fig. 13, *a*, *b*.

T. elongata, rostrata, postice biangulata et truncata, inæquilateralis, sulcifera; umboni-

*bus parvis, ad tertiam partem longitudinis positis ; cardine minimo, dente unicâ, trigonâ,
bifidâ, ornato ; dentibus lateralibus elongatis, tenuibus.*

Coquille allongée, inéquilatérale, qui, si l'on en juge par les stries, devait avoir 16 millimètres de longueur sur 6 millimètres de largeur ; rostrée [à l'extrémité postérieure arrondie et un peu plus large à l'autre extrémité. Le bec, moins développé que dans certaines espèces du même groupe, est bianguleux ; il se raccorde au bord antérieur, par un contour concave qui accuse la saillie du crochet. Celui-ci est petit, peu saillant et est situé à peu près au tiers de la longueur, à partir de l'extrémité anale.

L'ornementation de la surface se compose de fins sillons réguliers et serrés, qui s'anastomosent du côté postérieur, de manière à former des lamelles rapprochées, franchissant le premier angle anal et s'anastomosant encore une fois sur le second angle. Ce détail n'est pas très bien rendu sur la figure. C'est à partir d'une perpendiculaire, abaissée du crochet sur le bord inférieur, que les stries du dos se transforment en lamelles ; toutefois, dans le jeune âge, les stries continuent du côté postérieur, sans aucune modification.

La lame cardinale, très étroite, porte une seule dent triangulaire, bifide et deux fossettes de part et d'autre de cette dent. Les dents latérales, étroites et allongées, sont à des distances très inégales du crochet. La cassure de l'unique fragment que nous avons sous les yeux, ne permet pas de distinguer la forme du sinus.

Rapports et différences. — Par son ornementation et sa forme générale, notre espèce vient se placer dans le voisinage du *T. bipartita*, Bast., que l'on rencontre dans l'Oligocène supérieur de Saucats, aux environs de Bordeaux. Elle s'en distingue cependant par sa forme beaucoup plus étroite et plus allongée, par sa convexité qui paraît être plus forte, par la profondeur plus grande des deux dépressions de son rostre, par l'angle moins marqué et moins net que font les lamelles en franchissant la première carène anale, enfin par la saillie beaucoup moindre des crochets.

Localité. — Jeures. Un fragment dans la collection de M. le docteur Bezançon.

18. — **Tellina Bezançoni**, Cossmann et Lambert.

Pl. I, fig. 14, *a, b, c, d*.

*T. triangularis, infernè ovata, convexa, æquilateralis, irregulariter striata ; umbonibus
acutis, brevibus ; dentibus cardinalibus duabus, quarum una est bifida, lateralibus prominentibus, elongatis, lamelliformibus ; sinus pallii ascendens, rotundatus et mediocriter latus.*

Longueur : 16 millimètres ; largeur : 13 millimètres ; épaisseur des deux valves :
6 millimètres.

Coquille triangulaire, convexe, équilatérale, dont le bord inférieur est régulièrement curviligne et dont les extrémités sont arrondies et presque égales, l'antérieure étant toutefois un peu plus atténuée. La surface extérieure est à peu près lisse ; on n'y distingue que quelques fines stries d'accroissement, peu régulières, dont quelques-unes sont plus profondes. Le pli postérieur est à peine marqué : il n'est accusé que par une légère dépression très voisine du bord. Les crochets sont courts, aigus, médians, et à peine inclinés vers le bord buccal, qui est creusé par une petite lunule, extrêmement étroite, profonde et limitée par une carène.

La charnière se compose de deux dents cardinales divergentes dont la plus grosse est bifide, et de deux dents latérales très développées, allongées, étroites, assez proches des crochets. La dent antérieure est beaucoup plus saillante que l'autre. Les impressions musculaires sont placées immédiatement au-dessous des dents.

Le sinus, ascendant comme dans toutes les espèces que Deshayes rapporte au groupe des *Arcopagia*, est médiocrement large, arrondi à son extrémité et se raccorde avec l'impression palléale vers le tiers postérieur de la longueur de la coquille.

RAPPORTS ET DIFFÉRENCES. — Par sa forme triangulaire et sa convexité, notre espèce se sépare nettement du *T. Heberti*, Desh., qui appartient au même groupe, et à plus forte raison du *T. mixta*, Desh., qui est encore plus transverse et plus arrondi. Elle se rapprocherait davantage du *T. faba*, Sandb.; mais cette dernière espèce est plus transverse et moins triangulaire que la nôtre ; en outre, elle est obscurément treillissée, tandis que nous ne pouvons observer ce caractère sur aucun des échantillons que nous avons sous les yeux.

LOCALITÉ. — Jeures ; 3 valves dans la collection de M. le docteur Bezançon, à qui nous dédions l'espèce.

19. — **Tellina faba**, Sandb.

Pl. I, fig. 15.

T. faba, Sandb., *loc. cit.* p. 295, Pl. XXIII, fig. 5.

Nous croyons devoir rapporter à l'espèce de l'auteur allemand, l'échantillon figuré par nous et provenant de Jeures. Il a à peu près exactement les mêmes dimensions que la figure représentant l'échantillon de Weinheim ; ce qui nous a, d'ailleurs, décidé à faire cette assimilation, c'est qu'à l'aide d'un très fort grossissement, nous avons cru reconnaître quelques traces de stries rayonnantes qui correspondraient à celles indiquées dans la description de Sandberger.

La coquille est triangulaire, mais elle l'est moins que le *T. Bezançoni*, nob., et elle est aussi moins convexe que cette dernière espèce. La lunule est plus allongée, plus étroite et le corselet est plus nettement accusé.

Les crochets aigus et un peu saillants, ne sont pas exactement au milieu, mais plutôt en arrière. On distingue, à la loupe, des stries excessivement fines et très régulières, et on soupçonne l'existence de rayons sur toute la surface extérieure.

La lame cardinale, assez étroite, supporte deux petites dents dont la plus grosse ne paraît pas être bifide ; les dents latérales sont à peine indiquées et extrêmement rapprochées du sommet. Enfin le sinus est ascendant et subquadrangulaire.

Dimensions : longueur 14 millimètres ; largeur 12 millimètres.

LOCALITÉ. — Jeures ; une valve dans la collection de M. le docteur Bezançon.

20. — **Tellina trigonula**, Stan. Meunier.

Pl. I, fig. 16, *a, b.*

Cette espèce a été établie par M. Stanislas Meunier dans ses recherches sur les sables marins de Pierrefitte (*Nouvelles archives du Muséum,* 2ᵉ sér., 1880, p. 240, pl. XIII, fig. 9-10.), mais la figure donnée est très défectueuse; elle ne reproduit pas les sillons concentriques fins et réguliers qui ornent la surface des valves et séparent si nettement le *T. trigonula* de son congénère, le *T. Nysti,* Deshayes, qui a une forme analogue, mais une taille plus grande et est moins inéquilatérale. Par ses ornements le *T. trigonula* se rapproche davantage du *T. Raulini,* Deshayes, qui est moins inéquilatéral, pourvu d'un angle plus saillant et plus éloigné du bord cardinal.

21. — **Tellina Nysti**, Deshayes.

Deshayes, *loc. cit.,* supplément, t. I, p. 336, pl. XXV, fig. 5-6.

C'est sur la foi de M. Stan. Meunier que nous mentionnons à Pierrefitte cette espèce qui doit être extrêmement rare dans le Falun supérieur (Voir : *Recherches sur les sab. mar. de Pierrefitte, loc. cit.,* p. 236).

22. — **Tellina asperella**, Cossmann et Lambert.

Pl. II, fig. 19, *a, b.*

T. testa minuta, depressa, ovata, transversa, paulò inæquilateralis, anticè subattenuata, posticè brevior et elatior, lamellis distantibus regulariter ornata; umbonibus prominulis, acutis ; cardine angusto, bidentato ; dentibus lateralibus elongatis, angustissimis ; sinus pallii ascendens et rotundatus.

Longueur : 3ᵐᵐ3 ; largeur : 2ᵐᵐ3.

Petite coquille déprimée, ovale, transverse, peu inéquilatérale, dont le côté antérieur un peu plus long, est légèrement atténué, dont le côté postérieur plus court est un peu plus large et porte une petite troncature oblique ; le bord palléal n'est pas très convexe. Les crochets petits, pointus, font une légère saillie sur le contour supérieur de la coquille.

La surface est ornée de lamelles courtes, écartées, régulières, entre lesquelles on aperçoit quelques stries ; le pli postérieur est à peine indiqué. La charnière est composée de deux dents cardinales presque parallèles, se détachant sur un bord étroit, et de deux dents latérales allongées, écartées et saillantes. Les impressions musculaires sont presque égales, ovales et allongées ; le sinus, ascendant à l'intérieur de la coquille, dépasse l'aplomb du crochet : il est largement arrondi.

Rapports et différences. — Cette espèce se distingue : du *T. Heberti,* Desh., par ses lamelles régulières et par son aplatissement ; du *T. mixta*, Desh., par ses lamelles et par sa forme allongée dans le sens transversal. Elle est assez voisine du *T. ovalina*, Desh., de Cuise-la-Motte ; toutefois elle est moins équilatérale et plus transverse.

LOCALITÉ. — Brunehaut ; une seule valve droite, coll. Lambert.

23. — **Capsa oligocœnica**, Cossmann et Lambert.

Pl. I, fig. 17, *a, b*.

T. transversa, lævigata, paululùm convexa, inæquilateralis, anticè attenuata, posticè elatior, depressior et rotundata ; umbones minuti, prominentes, ad posteriorem partem positi ; dentibus duabus, quarum una maxima antice sedens, et posterior lamelliformis ad nympham producta ; nympha brevis, acuta, umbonem subæquans.

Longueur : 3^{mm}8 ; largeur : 2^{mm}2.

Coquille de petite taille, un peu convexe, lisse, transverse, allongée, inéquilatérale, rétrécie du côté antérieur, élargie, arrondie et plus aplatie du côté postérieur. Les crochets sont saillants, pointus et situés au 2/5 de la longueur totale, du côté postérieur ; le bord supérieur est déclive du côté buccal, dilaté du côté anal.

La charnière est formée de deux dents très inégales, dont la plus grosse, située en avant, est presque au-dessous du crochet, tandis que la plus petite, presque horizontale, vient s'appuyer contre la base de la nymphe. Celle-ci très courte, très saillante, très aiguë, remonte presque à la hauteur du crochet. Du côté antérieur, le bord cardinal est très étroit.

L'impression musculaire postérieure, la seule que nous puissions apercevoir, est au milieu de la longueur du bord postérieur ; il nous a été impossible de distinguer la forme du sinus.

RAPPORTS ET DIFFÉRENCES. — Notre espèce se sépare du *C. minima*, Desh., dont elle a les proportions, par la position de son crochet, par l'inégalité de ses deux extrémités, enfin par sa convexité qui est moindre.

LOCALITÉ. — Jeures ; une seule valve dans la collection de M. le docteur Bezançon.

24. — **Venus Lœwyi**, Stan. Meunier.

Pl. I, fig. 22.

(Stan. Meunier : *Nouv. Arch. du Muséum*, 1880, p. 241, Pl. XIII, fig. 11-12.)

Nous avons recueilli à Pierrefitte, une trentaine de valves de cette belle espèce qui atteint une taille bien plus grande que ne l'avait cru M. Meunier. Nous avons en effet sous les yeux, un échantillon qui mesure 46 millimètres de long, sur 36 millimètres de largeur. Cette coquille n'est pas moins variable dans ses dimensions relatives, que dans sa taille. Voici, en effet, les dimensions de trois autres échantillons.

A. Longueur : 45 millimètres; largeur : 38 millimètres.
B.   —   40   —   —   31   —
C.   —   32   —   —   29   —

Deshayes a figuré sous le nom de *Tapes decussata*, Linné (*Desc. des an. s. vert.* t. I, p. 142, pl. XXIII, fig. 8-9, et supplément, t. I, p. 413), une coquille provenant d'Orsay et qui nous paraît n'être autre chose qu'un exemplaire allongé et un peu usé du *V. Lœwyi*. Inutile de dire, que le nom proposé par Deshayes ne peut être maintenu, notre coquille n'étant très certainement pas le *Tapes decussata* de Linné.

M. Stanislas Meunier a omis de comparer son espèce au *V. Aglauræ*, Brongn., que l'on retrouve dans le langhien inférieur de Mérignac, près de Bordeaux. Nous avons sous les yeux, deux valves de cette espèce, provenant de cette localité classique. Le *V. Aglauræ* a une forme nettement quadrangulaire, et moins ovale que le *V. Lœwyi*; il est plus déprimé du côté anal, sa lunule est plus arrondie; son ornementation est un peu différente; les côtes rayonnantes y dominent, même vers les crochets, dans le jeune âge de la coquille; les dents de la charnière sont plus larges et moins saillantes dans l'espèce de Brongniart; celle du milieu, sur la valve gauche, est moins profondément bilobée; enfin le sinus palléal du *V. Aglauræ*, paraît plus horizontal. La séparation des deux espèces peut donc se justifier à la rigueur; mais nous avouons que nous eussions hésité à faire de l'espèce de Pierrefitte, un type distinct.

Localité. — Pierrefitte, toutes les collections. Type figuré, coll. Lambert.

25. — **Cythorea Semperi**, Mayer.

Journal de Conchyliologie, p. 171, pl. IX, fig. 2.

M. Mayer a décrit sous ce nom une cythérée d'Étampes, qui ressemble beaucoup au *C. subarata*, Sandb., et qui paraît seulement être un peu plus allongée dans le sens tranversal; le rapport de la longueur à la largeur de cette coquille est, d'après l'auteur, de 19 à 13, tandis que, dans l'espèce de Sandberger, que l'on a retrouvée à Pierrefitte, ce rapport est de 10 à 7. La différence est donc très faible, à peine 2 0/0; aussi pensons-nous que l'espèce de Mayer doit être une variété de celle de Sandberger, d'ailleurs antérieure. Les ornements de la surface sont les mêmes, la charnière et le sinus sont également très semblables. Malheureusement nous n'avons pas sous les yeux l'échantillon qui a servi de type à la description du *C. Semperi*; il nous est donc impossible de réunir les deux espèces.

Le *C. subarata*, Sandb., atteint, à Pierrefitte, une taille supérieure à celle qu'avait signalée M. Stanislas Meunier; nous avons sous les yeux un échantillon qui mesure 20 millimètres de longueur sur 14 millimètres de largeur (coll. Lambert). Cette espèce se distingue, dans le jeune âge, des individus striés du *C. splendida*, Mérian, par la forme plus étroite du côté postérieur, par le développement moindre de son corselet, par la régularité de ses sillons imbriqués; les échantillons du *C. splendida* n'ont jamais que quelques stries peu profondes et irrégulières.

27. — **Cytherea subarata**, Sandberger.

Pl. II, fig. 20.

(Sandberger : *Conchyl. Mainzer Tert.*, p. 304, pl. XXIII, fig. 7. — Stan. Meunier : *Nouv. Arch. du Muséum*, 2ᵉ série, 1880, p. 242, pl. XIII-XIV.)

Cette jolie coquille est rare à Pierrefitte; elle paraît avoir été un peu plus fréquente sur d'autres points, et les sables micacés à nodules de Vaudouleurs nous ont fourni plusieurs contre-empreintes de cette espèce. Ainsi que l'a fait remarquer M. Stan. Meunier, les échantillons de Pierrefitte sont relativement plus allongés que ceux des Cyrenenmergels de Hackenheim, mais nous pensons comme lui, que les différences qui séparent les deux coquilles sont trop peu importantes pour ne pas rapporter celle d'Étampes au type de Sandberger.

Type figuré, coll. Lambert.

27. — **Cytherea variabilis**, Stan. Meunier.

Pl. III, fig. 33.

(*Nouv. Arch. du Muséum*, 2ᵉ série, 1880. p. 242, pl. XIII, fig. 15-16.)

Il nous a paru intéressant de reproduire les formes extrêmes que peut présenter cette espèce. L'un des échantillons figurés mesure 15 millimètres sur 12 millimètres, un autre 13 millimètres sur 13 millimètres; le rapport de la hauteur à la longueur varie donc entre l'unité et 4/5. Nous n'avons qu'une observation à faire au sujet de la description de M. Stanislas Meunier, c'est que le sinus palléal est court, il est vrai, mais qu'il ne fait jamais défaut.

Localité. — Pierrefitte, toutes les collections. Types figurés, coll. Cossmann.

28. — **Cytherea striatissima**, Deshayes.

(Deshayes : *loc. cit.* Supplément, t. I, p. 458, pl. XXXIV, fig. 5-6.)

Cette espèce a été mentionnée à Pierrefitte, par M. Stan. Meunier (*loc. cit.*, p. 236), mais nous sommes portés à croire que les échantillons signalés à ce niveau ne sont que de simples variétés, à stries concentriques plus apparentes, du *C. incrassata*. Le véritable *C. striatissima* est moins renflé, plus orbiculaire et surtout bien remarquable par la parfaite régularité de ses fins sillons concentriques. Toujours rare, cette coquille a été citée par Deshayes, à Jeures et à Étréchy; nous l'avons recueillie à un niveau un peu plus élevé, dans le Falun à *Pectunculus obovatus* de Morigny.

29. — **Cytherea stampinensis**, Deshayes.

(Deshayes : *loc. cit.* Supplément, t. I, p. 467, pl. LIX, fig. 24-26.)

Nous ferons pour cette espèce, la même observation que pour la précédente. Nous avons recueilli à Pierrefitte plus de mille valves de petites cythérées, sans pouvoir en rapporter une seule au véritable *C. stampinensis* du falun de Jeures, d'Étréchy et de Brunehaut. Cette coquille est pour nous une des plus caractéristiques du niveau inférieur et nous sommes portés à croire que la citation de cette espèce à Pierrefitte, par M. Meunier (*loc. cit.*, p. 236), est le résultat d'une erreur.

30. — **Cytherea dubia**, Stan. Meunier.

Pl. I, fig. 18, *a, b, c.*

(Stan. Meunier : *Nouv. Arch. du Muséum*, 1880, p. 243, pl. XIII, fig. 17-18.)

M. Stan. Meunier, dans ses recherches sur le sables marins de Pierrefitte (*loc. cit.*, p. 243, pl. XIII, fig. 17-18), a donné de cette cythérée une figure et une description de cinq lignes, insuffisantes pour une espèce aussi difficile. Heureusement, nous avons, sous les yeux, des échantillons déterminés par l'auteur lui-même et nous pensons que l'espèce doit être maintenue, mais en la comprenant d'une façon sensiblement différente. Pour nous, le type figuré de M. Stan. Meunier, n'est qu'une variété extrême de cette coquille protéiforme, l'une des plus abondantes des sables de Pierrefitte.

Plus ou moins renflé, plus ou moins inéquilatéral, le *C. dubia* est surtout caractérisé par son test épais, sa forme subtrigone, sa charnière prolongée du côté buccal, où s'élève une dent latérale bien développée. La surface externe est ornée de stries d'accroissement irrégulières.

Rapports et différences. — L'espèce la plus voisine est, selon nous, le *Cytherea depressa*, Deshayes, qui est toujours plus déprimé, plus acuminé du côté postérieur, qui a des crochets plus petits, moins saillants, le bord supérieur plus arrondi du côté anal et un test moins épais. Le *C. stampinensis*, Deshayes, est plus inéquilatéral, moins renflé et orné de stries d'accroissement plus régulières; son test est également moins épais.

Nous figurons, pl. I, fig. 88, les formes extrêmes qu'affecte le *C. dubia.*

Localités. — Vauroux, Étampes (couche V); Pierrefitte (couche VI). Partout communes. Toutes les collections de fossiles de Pierrefitte.

31. — **Cyrena semistriata**, Deshayes.

(Deshayes : *Anim. s. vert.* Supplément, t. I, p. 511, pl. XXXVI, fig. 21-22.)

Dans une note parue en 1881 (*Sab. olig. d'Étampes, Bull. Soc. G. de Fr.*, 3ᵐᵉ s., t. IX, p. 496), l'un de nous a signalé pour la première fois la présence de cette espèce dans la

partie supérieure des sables oligocènes marins du bassin de Paris. Elle était depuis longtemps connue à un niveau inférieur et était regardée comme caractéristique des marnes
à Cyrènes qui constituent la base des marnes vertes. A Étampes, nous l'avons recueillie à
un horizon sensiblement plus élevé, dans les sables à Corbulomyes de Vauroux, qui sont
supérieurs au niveau de Morigny, et enfin dans le Falun de Pierrefitte. On sait qu'en
Allemagne, cette coquille caractérise les Cyrenenmergels du bassin de Mayence.

32. **Cyrena heterodonta**, Deshayes.

(Deshayes : *Anim. s. vert.* Supplément, t. I, p. 518, pl. XXXIV, fig. 13-15.)

Cette espèce a été signalée par Deshayes, comme provenant de Jeures. Nous devons
mentionner sa présence à Brunehaut, au même niveau, et aussi à Pierrefitte, où elle n'est
pas très rare. Sa surface n'est pas toujours ornée de lamelles; elle est souvent à peu près
lisse; mais les autres caractères sont bien ceux qu'indique Deshayes.

33. — **Isocardia subtransversa**, d'Orbigny.

(Von Kœnen : *Mar. mittelolig. Norddeuts. Moll. Faun.*, p. 108.)

M. le docteur von Kœnen, signale (*loc. cit.*, p. 109), cette espèce, comme existant à
Morigny, où il en aurait recueilli des fragments. Nous n'avons jamais recueilli nous-
même, ni vu dans aucune collection, des isocardes provenant des sables d'Étampes.

34. — **Cardium scobinula**, Mérian.

Pl. II, fig. 1, *a*, *b*.

C. scobinula, Mérian (Desh., Suppl. I, p. 562, pl. LVI, fig. 29-32).
C. scobinula, Mérian (Sandb., *loc. cit.*, p. 351, t. XXV, fig. 3).
C. scobinula, Mérian (V. Kœnen, *loc. cit.*, p. 99).
C. Raulini, Hébert (Desh. Suppl. I, p. 561, pl. LVI, fig. 21-24).
C. tongricum, Bayan (Études sur quelques fossiles de la collection de l'École des Mines).

Après un minutieux examen, portant sur un grand nombre de valves, nous sommes
obligés de reconnaître que M. le D⟨r⟩ von Kœnen est dans le vrai, lorsqu'il réunit au
C. scobinula, Mérian, le *C. Raulini*, Hébert (non d'Orb.), nommé depuis *C. tongricum* par
Bayan, dans les rectifications qu'il a faites de la nomenclature de quelques espèces.
 Le *C. scobinula* n'est, en effet, que le jeune âge du *C. Raulini;* le nombre des côtes et
la forme des granulations sont très variables, c'est ce qui a fait croire à l'existence de
deux espèces distinctes; mais la forme générale de la coquille et les caractères de sa
charnière sont constants. En outre, on trouve des individus intermédiaires qu'il est difficile de classer. Il y a donc lieu de réunir les deux espèces sous le nom de la plus ancienne en date, c'est-à-dire sous le nom de *C. scobinula*, Mérian.

Il n'en est pas moins vrai que l'on peut établir plusieurs variétés du jeune âge de cette espèce :

1° VAR. *α*. — Gros tubercules serrés dépassant presque la largeur des côtes qui sont au nombre de 28 à 30, plus larges et plus aplaties sur la partie médiane du dos et séparées par un sillon profond, étroit; rarement des stries sur les côtes.

Provenances : Versailles (coll. Bezançon); Étréchy, Jeures (abondante); Morigny (tr. rare); Frépillon (*fide* Dollfus, *Bull.*, 3ᵉ série, t. VI, p. 266), au niveau de la mollasse C'est à cette variété que Deshayes appliquait exclusivement le nom de *C. scobinula.*

2° VAR. *β*. — Petits tubercules écartés, occupant la partie médiane des côtes qui sont au nombre de 25 à 28, plus larges et plus aplaties sur le dos, anguleuses aux deux extrémités et séparées par de fins sillons. Des stries excessivement ténues, visibles seulement quand l'échantillon est frais et adulte, paraissent couvrir les côtes et leurs intervalles. C'est cette variété que Deshayes, rapportait au *C. Raulini*, Hébert, nom que d'Orbigny avait déjà employé pour une coquille du gault et que Bayan a changé en *C. tongricum.*

Provenances : Jeurs, Étréchy, Morigny, Pierrefitte (abondante).

3° VAR. *γ*. — Par la forme triangulaire des tubercules, cette variété se rapprocherait plutôt du *C. Defrancei*, Desh.; seulement le nombre des côtes est supérieur à 40. Nous ne connaissons cette variété que par 5 valves provenant d'Étréchy et existant dans la collection de M. le docteur Bezançon.

C'est elle qui est figurée pl. II, 1, *a.*

4° VAR. *δ*. — Même ornementation que les deux variétés précédentes; 20 côtes obtuses environ; forme générale plus arrondie, plus convexe, plus haute; angle anal moins accusé et dépression postérieure moins profonde. Cette variété pourrait à la rigueur, former une espèce distincte, si l'on recueillait de nouveaux échantillons qui permissent de constater la constance de ses caractères.

LOCALITÉS. — Étréchy, Morigny; une valve de chacune de ces deux localités, dans la collection de M. le docteur Bezançon.

35. — **Cardium Bezançoni**, Cossmann et Lambert.

Pl. II, fig. 2, *a, b, c.*

T. globulosa cordata, subæquilateralis, subquadrata, posticè truncata, anticè rotundata; costulæ 38, squamis anticè et in medio circonflexis, postice tuberculosis, ornatæ; umbones cordiformes, obliquiter incurvi; cardine bidentato; dentibus lateralibus inæqualibus inæquidistantibus.

Largeur : 7ᵐᵐ5; hauteur : 8 mill.; épaisseur des deux valves : 5ᵐᵐ5.

Coquille globuleuse, gomflée surtout à l'arrière, presque équilatérale, d'une forme générale un peu quadrangulaire, tronquée du côté anal, arrondie du côté buccal, imparfaitement close et légèrement bâillante, sur l'étendue du contour correspondant à la dépression postérieure du dos.

La surface extérieure est ornée d'environ 38 côtes qui, lorsqu'elles ne sont pas usées, portent de nombreuses écailles, très serrées, circonflexes sur le dos et du côté buccal, plus arrondies et même parfois tuberculeuses du côté anal où elles sont, d'ailleurs, plus espacées.

Les crochets, protubérants et cordiformes, sont obliquement inclinés du côté antérieur. Le corselet un peu enfoncé est diminué par un bord déclive qui vient former un angle obtus et arrondi avec le contour de la troncature postérieure.

La charnière est formée de deux dents cardinales et inégales, et de deux dents latérales, dont l'antérieure est plus grosse et plus rapprochée du crochet. Le bord palléal est fortement crénelé, excepté du côté antérieur où les crénelures disparaissent tout à fait.

RAPPORTS ET DIFFÉRENCES. — Cette espèce ne peut être confondue avec le *C. scobinula*, dont elle n'a ni la forme ni l'ornementation. Elle a quelques rapports avec le *C. patrue-linum*, Desh., de l'Éocène inférieur : mais les proportions de la largeur et de la hauteur ne sont pas les mêmes.

LOCALITÉ. — Jeures; une valve dans la collection de M. le docteur Bezançon.

36. — **Cardium stampinense**, Stan. Meunier.

Pl.II, fig. 21, *a, b, c, d.*

(*Nouv. Arch. du Muséum*, 2ᵉ série, 1880, p. 243, pl. XIII, fig. 19-20.)

Cette espèce n'est pas aussi oblique qu'on pourrait le croire, d'après la figure qu'en a donnée l'auteur. Le crochet est placé au tiers de la longueur, du côté antérieur. Les crénelures du bord palléal sont nombreuses; on en compte 12 ou 13 depuis la carène jusqu'au point où elles s'arrêtent, vis-à-vis l'impression du muscle antérieur. L'angle très net qui partage le dos de la coquille est généralement bicaréné par deux côtes plus fortes, et accompagné, du côté antérieur, d'une légère dépression à laquelle correspond une sinuosité du bord palléal.

RAPPORTS ET DIFFÉRENCES. — Cette espèce est beaucoup plus arrondie, du côté antérieur, que ne le sont les coquilles rapportées au groupe *Hemicardium*, et notamment que le *C. carinatum*, Bronn, du Vicentin. Ce dernier a d'ailleurs les crochets plus contournés et les côtes beaucoup plus fortes.

LOCALITÉ. — Pierrefitte; toutes les collections. Types figurés, coll. Cossmann.

37. — **Cardium tenuisulcatum**, Nyst.

(Desh., *An. s. vert.*, Suppl., I, 562, pl. LVII, fig. 18-20.)

M. le docteur von Kœnen affirme (*loc. cit.*, p. 97) que cette espèce est identique au *C. cingulatum*, Goldf., et que les différences indiquées par Deshayes ne sont pas constantes. N'ayant pas à notre disposition des matériaux suffisants pour contrôler cette assimilation, nous nous bornons à l'enregistrer.

38. — **Diplodonta Bezançoni**, Stan. Meunier.

Pl. III, fig. 31, *a, b*.

(*Nouv. Arch. du Muséum*, 2ᵉ série, 1880, p. 244, pl. XIII, fig. 21-22.)

Cette coquille est plus oblique, plus transverse et moins haute qu'on pourrait le penser, d'après la figure qu'en a donnée l'auteur. Le crochet est placé vers le tiers de la longueur, du côté antérieur. L'impression palléale est toujours dédoublée suivant deux lignes qui ne sont pas parallèles. Contrairement à l'indication donnée par l'auteur, la convexité des valves est très médiocre; elle représente à peine le quart de la largeur pour chaque valve.

RAPPORTS ET DIFFÉRENCES. — L'épaisseur de cette coquille ne permet de la confondre avec aucune de ses congénères du bassin de Paris; elle est d'ailleurs plus transverse et moins arrondie que le *D. astartea*, Nyst, qui-se rencontre dans les sables scaldisiens d'Anvers.

LOCALITÉ. — Pierrefitte; toutes les collections. Type figuré, coll. Cossmann.

39. — **Diplodonta fragilis**, Braun.

Pl. III, fig. 24.

D. fragilis, Braun., Sandberger. *Die Conch. des Mainzer Tert.*, p. 324, pl. XXVI, fig. 9.
D. Decaisnei, Stan. Meunier. *Recherches sur les s. mar. de Pierrefitte. Nouv. Arch. du Muséum*, 1880, p. 244, pl. XIII, fig. 23-24.
D. scalaris, Stan. Meunier. *ibid.*, p. 245, pl. XIII, fig. 25-26.

C'est dans ses *Recherches paléontologiques sur les sables marins de Pierrefitte* que M. Stan. Meunier a établi ses *D. Decaisnei* et *D. scalaris*. Il résulte de la lecture du texte comme de l'inspection des figures que les deux espèces ne diffèrent en réalité l'une de l'autre par aucun caractère important. Nous avons sous les yeux une vingtaine de valves de ces diplodontes, et il est facile de voir qu'il y a des échantillons formant passage de la forme subtrigone (*D. Decaisnei*) à la forme circulaire (*D. scalaris*). Dans ces conditions, la réunion des deux espèces s'impose.

M. Stan. Meunier n'ayant pas indiqué en quoi ces espèces diffèrent du *D. fragilis* du Meeressand de Weinheim, nous avons recherché quels pouvaient être les caractères distinctifs de l'espèce de Pierrefitte; mais nous n'en avons pas trouvé de suffisants pour séparer les deux coquilles. Voici en effet la description que donne Sandberger pour le *Diplodonta fragilis*, de Braun :

Testa suborbicularis, superne oblique truncata, modice convexa, tenuissima, sublœvis, costulis transversalibus subtilissimis, densis, ornata. Sub umbonibus minimis, obtusis, fere medianis, in valva dextra dens simplex minor et bifidus latior, nec non paulo longior, in sinistra bifidus, crassus et simplex, obliquus, pertenuis ab illo fossula lata disjunctus exstat.

Cette description s'applique très exactement aux diplodontes de Pierrefitte, qui sont de petites coquilles suborbiculaires, renflées, à test fragile, orné de fines stries concentriques, atténuées, et d'étages de points d'arrêt. En conséquence, nous avons dû réunir les *D. Decaisnei* et *D. scalaris* au *D. fragilis*, Braun.

Nous nous sommes alors aperçus qu'il existait déjà dans le bassin de Paris un *D. fragilis*, Deshayes ayant donné ce nom à une coquille des sables inférieurs, sans remarquer que Braun avait, dès 1846, employé le terme de *D. fragilis* pour une espèce différente. Il y a là un double emploi et une source d'erreur que nous ne pouvons laisser subsister. La création de Braun étant antérieure à la description de Deshayes, nous réservons le nom de *fragilis* au diplodonte de Braun, c'est-à-dire à la coquille oligocène, et nous proposons de donner à celle des sables inférieurs de Châlons-sur-Vesles, le nom de *Diplotonda catalaunensis*, Coss. et Lamb.

Rapports et différences. — Le *D. elliptica*, Deshayes, des sables de Beauchamp est une espèce voisine, mais plus équilatérale, plus déprimée, lisse, et ayant le bord cardinal plus régulièrement arqué.

Localités. — Morigny ; falun à *Pectunculus obovatus* (très rare). Deux valves dans la coll. du docteur Bezançon ; Pierrefitte, couche VI (rare). Muséum, collections Lambert, Cossmann,

40. — **Diplotonda sphæricula**, Cossmann et Lambert.

Pl. II, fig. 4.

T. globulosa, inæquilateralis, orbicularis ; umbones tumidi, ad anteriorem partem incurvi ; striis irregularibus, filiformibus ; cardine bifido ; dentibus duabus quarum una bilobata, altera ad cardinem procumbens.

Largeur : 10 mill. ; hauteur : 8^{mm}7 ; épaisseur des deux valves : 8 mill.

Coquille globuleuse, arrondie, inéquilatérale, plus courte et un peu plus étroite du côté antérieur, un peu plus convexe du côté postérieur, ce qui lui donne une forme générale légèrement oblique. Les crochets gonflés et pointus sont dirigés vers le côté antérieur ; le corselet est très étroit, allongé et limité par une carène. La surface est ornée de stries d'accroissement peu régulières et filiformes.

Le bord cardinal étroit et bifide, porte, au milieu, deux dents inégales et divergentes ; la dent antérieure qui est la plus grosse, est droite et bilobée ; la dent postérieure est, au contraire, très étroite et presque parallèle au bord.

Rapports et différences. — Cette espèce se distingue des *D. aizyensis* et *lucinoides*, Desh., par sa forme plus arrondie et par l'absence de ponctuations ; du *D. fragilis*, Braun, par sa forme convexe et orbiculaire ; du *D. striatina*, Desh., par sa forme plus équilatérale ; du *D. profunda*, Desh., par sa forme plus oblique et par l'absence de granulations sur sa surface.

Localité. — Morigny : une seule valve dans la collection de M. le docteur Bezançon.

41. — **Lucina Chalmasi**, Cossmann et Lambert.

Pl. II, fig. 5, *a*, *b*, *c*.

Testa orbicularis, convexa, tenuis, sublævis, striis concentricis inæquis ornata, umbonibus parvis, cardine angustissimo, indentato.

Longueur : 17 mill.; largeur : 16 mill.; épaisseur des deux valvas : 10 mill.

Coquille orbiculaire, légèrement tronquée du côté des crochets, mince, fragile, composée de valves convexes, simplement ornées de stries d'accroissement inégales, avec traces de stries rayonnantes sur le milieu des flancs. Bord cardinal bifide du côté postérieur. Charnière sans dent. Surface interne rugueuse; impressions musculaires presque égales.

RAPPORTS ET DIFFÉRENCES. — Cette espèce est bien distincte du *L. Heberti*, Desh., que sa forme, ses ornements et les caractères de sa charnière ne permettent pas de confondre avec elle. Extérieurement, notre coquille ressemble à quelques espèces de diplodontes et notamment au *D. sphæricula*, mais elle a une charnière et des impressions musculaires toutes différentes. Il y a dans le bassin de Paris un groupe de quatre espèces de lucines qui se rapprochent du *L. Chalmasi;* ce sont : 1° le *L. sphæricula*, Deshayes, beaucoup plus convexe et plus régulièrement orbiculaire; 2° le *L. parnensis*, Deshayes, beaucoup plus mince, plus équilatéral et un peu plus transverse; 3° le *L. tenuis*, Deshayes, bien moins convexe, plus équilatéral et 4° le *L. Conili*, de Raincourt, plus circulaire et plus régulièrement strié. Toutes ces espèces sont d'ailleurs d'une taille beaucoup moindre que le *L. Chalmasi*.

Dans leur Mémoire sur les fossiles des environs de Gap (1854), MM. Hébert et Renevier ont cité et figuré (p. 65, pl. I, fig 12), sous le nom de *L. globulosa*, Desh., une espèce du terrain nummulitique de Saint-Bonnet qui, d'après la figure, paraît être moins équilatérale que notre espèce et bien plus oblique dans sa forme générale. M. Tournouër (*Bull. Soc. Géol.*, 2ᵉ série, t. XXIX, p. 497) émet des doutes au sujet de cette détermination et, en tous cas, sépare nettement l'espèce de Saint-Bonnet de celle de Gaas, nommée *L. pomma* par Desmoulins. Nous ne connaissons pas celle-ci; mais si, comme le dit M. Tournouër, elle est encore plus oblique que celle de Saint-Bonnet, l'espèce de Pierrefitte peut encore moins être confondue avec elle. Nous regrettons de n'avoir pas sous les yeux les types des deux espèces, ce qui nous eût permis d'être plus affirmatif.

LOCALITÉ. — Pierrefitte (assez rare). Collections Lambert (type figuré), Cossmann, etc.

42. — **Lucina Thierensi**, Hébert.

Pl. II, fig. 6.

L. Thierensi, Hébert (Deshayes, supplément, *t.* I, p. 664, pl. XLII, fig. 13-16).
L. acuminata, Stan. Meunier (*Rech. pal. sur les sables marins de Pierrefitte. —* Nouv. Ar-
   chives du Mus., 1880. p. 245, pl. XIII, fig. 27-28.
? *L. solitaria*, Mayer, 1864 (*Journ. du Conchyl.*, t. XII, p. 172, pl. IX, fig. 3).

Nous réunissons au *L. Thierensi*, Hébert, le *L. acuminata* de M. Stanislas Meunier. La
description sommaire qui a été donnée du *L. acuminata*, ne permet guère de reconnaître
cette coquille d'une manière exacte. D'après les figures, l'on pourrait croire qu'il s'agit
simplement d'une variété extrême du *L. Heberti*, et d'après le texte du *L. tenuistriata*. Le
L. Heberti a en réalité une forme et une charnière tout à fait différentes. Le *L. tenuistriata*
a une dent cardinale bifide et ses dents latérales plus rapprochées; il est plus orbiculaire
et ses crochets sont moins saillants. Quant au type du *L. Thierensi* tel qu'on le trouve
dans le Falun supérieur de Jeures, il est ordinairement de plus petite taille, plus inéquilatéral, orné de stries concentriques régulières plus apparentes ; surtout ses crochets
sont moins volumineux. Mais ces caractères nous semblent insuffisants pour maintenir
une espèce distincte, et nous croyons préférable de réunir la coquille de Pierrefitte au
L. Thierensi sous le nom de variété *acuminata*, de grande taille, à crochets très saillants,
à surface interne, rugueuse et rayonnée, à lunule très enfoncée et circulaire.

Enfin nous devons mentionner l'identité de la figure donnée par M. Mayer dans le
Journal de Conchyliologie (1864, t. XII, 3° sér., vol. IV, p. 172, pl. IX, fig. 3), sous le nom
de *L. solitaria*, avec notre variété *acuminata*. N'ayant pas sous les yeux l'échantillon recueilli à Jeures par M. Mayer, nous ne pouvons toutefois affirmer qu'il y ait réellement
identité entre son espèce et celle de M. Meunier. Si cette identité était complètement
constatée, la variété du *L. Thierensi* que nous signalons, devrait porter le nom antérieur
de *solitaria*.

Nous avons remarqué, dans la collection Bezançon, une autre variété du *L. Thierensi*.
C'est une coquille de Morigny, plus globuleuse, à charnière plus forte, plus déjetée en
arrière ; à côté de celle-ci, un échantillon de Versailles, également globuleux, est moins
déjeté en arrière.

43. — **Lucina Laureti**, Cossmann et Lambert.

Pl. V, fig. 24.

Testa minima, globulosa, rotundata, striata ; margine palliali crenato; umbonibus acutis,
oppositis ; lunula profunda circumcincta ; dentibus cardinalibus, duobus crassiusculis,
lateralibus prominulis.

Diamètre maximum : 5ᵐᵐ ; échantillon figuré : 3ᵐᵐ.

Petite coquille globuleuse, arrondie, régulièrement striée, dont le bord palléal est nettement crénelé. L'extrémité postérieure est un peu tronquée, et cette troncature correspond à un pli net et décurrent, sur la surface extérieure. Les crochets pointus et opposés font une saillie accusée par le creux de la lunule, qui est profonde et nettement circonscrite par une arête vive. La charnière est étroite ; elle comprend deux dents cardinales épaissies, et deux fortes dents latérales, qui sont un peu allongées. L'impression musculaire antérieure est à peine plus allongée que l'autre. La surface interne est lisse et n'offre aucune trace de rugosités.

RAPPORTS ET DIFFÉRENCES. — Nous avons hésité à séparer cette espèce du *L. Thierensi*, Hébert. Elle est trop abondante aux environs d'Étampes pour avoir échappé aux recherches antérieures, et elle a dû être confondue avec l'espèce de M. Hébert. Elle s'en distingue toutefois par quelques caractères d'une constance absolue. Elle est un peu plus globuleuse que le *L. Thierensi*, toujours bien plus petite, et invariablement crénelée, tandis que les échantillons de *L. Thierensi*, même dans le jeune âge, ont toujours les bords simples ; les stries de notre espèce s'effacent sur les crochets, quelques individus, non adultes, en sont même tout à fait dépourvus ; enfin sa surface interne n'est jamais calleuse comme l'est souvent celle du *L. Thierensi*.

LOCALITÉ. — Étréchy (niveau de Jeures), coll. Bezançon, type figuré ; Jeures, échantillons lisses, coll. Bezançon, Lambert ; Morigny, coll. Bezançon, Cossmann. Elle ne paraît pas remonter au-dessus de ce dernier niveau, tandis qu'on trouve assez fréquemment le *L. Thierensi* à Pierrefitte.

44. — Scintilla jeurensis, Cossmann et Lambert.

Pl. II, fig. 3, *a*, *b*.

T. ovata, transversa, æquilateralis, striis nonnullis rugulosis ornata, internè subradiata ; umbones prominentes ; cardine subplano bifido, dentem unicam digitatam et fossulam ferente.

Largeur : 9 ^{mm} 5 ; hauteur : 7 ^{mm}.

Coquille ovale, transverse, médiocrement convexe, à peu près équilatérale, un peu moins élargie du côté antérieur ; surface extérieure marquée de stries d'accroissement dont quelques-unes sont plus rugueuses ; crochets proéminents, obliquement dirigés vers le côté antérieur. Le bord cardinal aplati et bifide est muni, au-dessous du crochet, d'une dent projetée perpendiculairement au bord, comme un doigt triangulaire, et d'une fossette également triangulaire, dans le sens transversal. On distingue vaguement la trace obtuse d'une dent latérale postérieure, qui forme comme un très léger renflement sur la surface plane du bord cardinal.

La surface intérieure est assez nettement rayonnée, et les plis de la surface extérieure s'y reproduisent obtusément. Les impressions musculaires assez grandes, sont égales et placées très haut. L'impression palléale, sur laquelle les rayons sont plus accusés, est éloignée du bord.

Rapports et différences. — Cette espèce est beaucoup moins allongée et plus équilatérale que celles décrites par Deshayes dans l'étage des sables de Beauchamp.

Localité. — Jeures, deux valves dans la collection de M. le docteur Bezançon.

45. — Erycina Bezançoni, Cossmann et Lambert.

Pl. II, fig. 7, *a, b.*

T. subovalis, depressiuscula, antice attenuata, posticè elatior et rotundata; umbones minuti, declives; cardine angustissimo, fossulis lateralibus indistinctis.

Il existe, dans la collection de M. le docteur Bezançon, deux valves d'érycines, qui ont une forme différente de celle de l'*E. rauliniana*, Desh., et qui se distinguent surtout de cette espèce par les caractères de la charnière. Ces deux valves ne sont pas absolument pareilles entre elles; mais nous hésitons à en faire deux espèces nouvelles, et il nous paraît plus prudent de créer seulement deux variétés d'une même espèce, que nous proposons d'appeler *Erycina Bezançoni.*

Var. α (fig. 7, *a*). Coquille déprimée, presque quadrangulaire, élargie du côté postérieur, atténuée du côté antérieur, ovale et arrondie sur le bord pallial; le bord supérieur forme un angle adouci en rejoignant le bord anal, c'est ce qui donne à cette valve une forme un peu quadrangulaire.

Le crochet légèrement proéminent est situé un peu en avant; il domine un bord cardinal très étroit qui porte deux petites dents, en arrière desquelles se trouve une dent latérale un peu plus grosse; la dent latérale antérieure est à peine visible, même avec un fort grossissement. On distingue, à l'intérieur de la coquille, du côté anal, quelques traces de plis rayonnants et assez écartés. La surface extérieure est lisse et brillante.

Var. β (fig. 7, *b*). La charnière de cette variété est semblable à celle de la variété α, sauf qu'elle paraît être un peu plus étroite encore. La forme générale de la coquille est plus ovale et plus équilatérale, le crochet plus petit est placé plus au milieu, et l'on ne distingue aucune trace de plis rayonnants du côté postérieur. La surface est lisse et brillante.

Rapports et différences. — Ces deux variétés se distinguent nettement de l'*E. rauliniana*, Desh., et de l'*E. Bouryi*, nobis. Elles sont beaucoup moins convexes, plus équilatérales et plus allongées que la seconde de ces deux espèces, bien moins triangulaires que la première. Leur charnière est surtout très différente, et ne présente pas, comme l'*E. rauliniana*, sous les crochets, cette interruption de la lame cardinale, avec une fossette interne, qui rappelle un peu la charnière des *Kellia*. D'autre part, l'*E. Bouryi* a une charnière plus épaisse et deux larges fossettes latérales que l'on n'aperçoit pas dans l'*E. Bezançoni.*

Si l'on recueillait ultérieurement un plus grand nombre de valves de ces deux variétés, et si l'on était amené à en faire deux espèces, c'est à la variété α qu'il conviendrait de conserver le nom d'*E. Bezançoni.*

Localité. — Jeures, collection Bezançon, une valve de chaque variété.

46. — **Erycina Bouryi**, Cossmann et Lambert.

Pl. I, fig. 19 et pl. II, fig. 18.

T. mediocriter convexa, triangularis,¡*inæquilateralis, posticè angustior, anticè semi circularis, ad marginem pallialem paulô rectilinearis, subtilissime striata ; umbones prominentes ; cardine elato ; dentibus tribus cardinalibus ; fossulis lateralibus latissimis elongatis.*

Longueur : 7 millimètres ; largeur : 6 millimètres.

Coquille médiocrement convexe, inéquilatérale, dont le côté antérieur arrondi est un peu plus court que le côté postérieur qui est plus étroit. Le bord inférieur est presque rectiligne ; le bord supérieur est déclive du côté anal. La surface extérieure est ornée de stries très fines, visibles avec un fort grossissement.

Le crochet, proéminent et recourbé, est incliné du côté antérieur ; il domine un bord cardinal assez large, qui porte trois fortes dents ; les deux premières sont serrées l'une contre l'autre, du côté antérieur, et la troisième en arrière, est encore plus saillante et allongée. De part et d'autre de cette charnière, se voient des fossettes latérales larges, profondes, allongées, qui paraissent destinées à recevoir les dents latérales de la ¸valve opposée.

L'impression palléale suit les bords de la coquille à une faible distance, et les impressions musculaires sont très rapprochées du crochet. La surface interne est obscurément rayonnée.

RAPPORTS ET DIFFÉRENCES. — La charnière de cette coquille est bien différente de celle de l'*E. rauliniana*, Desh., dont la forme est d'ailleurs, bien moins triangulaire. Il n'est même ¡pas certain que cette espèce appartienne réellement au genre érycine, dans lequel nous ne la plaçons qu'avec doute ; mais en tous cas, si elle devait, comme l'*E. rauliniana* elle-même, changer de genre, elle ne serait pas classée dans le même genre que cette dernière espèce.

LOCALITÉ. — Jeures, une valve dans la collection de M. le docteur Bezançon.

47. — **Erycina Kœneni**, Cossmann et Lambert.

Pl. II. fig. 9 *a, b.*

T. transversa, depressa, inæquilateralis, subquadrata, lamellis tenuissimis ornata : umbones prominentes, acuti ; dentibus cardinalibus duabus divergentibus, et lateralibus elongatis.

Largeur : 3 millimètres ; hauteur : 2^{mm}25.

Coquille plate, d'une forme allongée dans le sens transversal, assez inéquilatérale, le côté antérieur étant plus long et plus arrondi que le côté postérieur qui est subtronqué.

Les crochets très pointus forment une saillie sur le bord supérieur. La surface extérieure est ornée de courtes et fines lamelles, peu rapprochées, régulières, visibles quand les échantillons n'ont pas leur test usé par le frottement.

La charnière se compose de deux dents cardinales divergentes et de deux dents latérales et aplaties ; la dent postérieure est la plus forte des deux.

RAPPORTS ET DIFFÉRENCES. — Cette espèce a les mêmes proportions et à peu près la même ornementation que l'*E. squamma*, Desh., des sables d'Hérouval ; mais elle est moins équilatérale et la saillie de ses crochets est beaucoup plus accusée.

LOCALITÉ. — Jeures, deux valves dans la collection de M. le docteur Bezançon.

48. — **Erycina goodalliopsis**, Cossmann et Lambert.

Pl. II, fig. 8.

T. minima, obliqua, paulò convexa, inæquilateralis, subovalis, extùs radiata, cardine bidentato.

Largeur : $1^{mm}25$; hauteur : 1 millimètre.

L'*E. goodalliopsis* est une très petite coquille, d'une forme oblique, ovale et équilatérale, médiocrement convexe, ornée extérieurement de quelques rayons divergents qui s'effacent du côté postérieur.

Les crochets peu proéminents et pointus dominent un bord cardinal étroit et échancré au-dessous d'eux ; on distingue, à la charnière, deux dents triangulaires, écartées, dont l'antérieure est la plus saillante. Les impressions musculaires sont petites et placées très haut à l'intérieur de la coquille.

RAPPORTS ET DIFFÉRENCES. — Cette espèce est très voisine de l'*E. modiolina*, Desh., du calcaire grossier de Parnes ; mais elle est moins oblique, un peu moins convexe et la charnière est tout à fait différente.

LOCALITÉS. — Morigny, 3 paires de valves dans la collection de M. le docteur Bezançon (type figuré) ; Jeures, une valve de la même collection.

49. — **Cardita omaliana**, Nyst.

C. Kickxii, Deshayes (non Nyst.), Suppl., t. I, p. 773, pl. LX, fig. 21-24.

On trouve assez fréquemment à Pierrefitte une petite cardite que nous avions autrefois rapportée au *C. Kickxii*, tel que l'a compris Deshayes. Malheureusement, dans son assimilation de la coquille d'Étampes à l'une des espèces créées par Nyst, Deshayes paraît avoir commis une erreur. L'espèce oligocène de Nyst serait son *C. omaliana* (Nyst, 1843, p. 212, pl. XVI, f. 8), tandis que le véritable *C. Kickxii* serait une espèce différente du Crag d'Anvers (Pliocène) à test plus épais, à côtes moins nombreuses séparées par de plus larges sillons. Le professeur Sandberger (*Conchyl. Mainzer Tert.*, p. 338) a pensé comme nous que la cardite oligocène était le *Cardita omaliana* de Nyst. Nous avons sous les yeux des échantillons de cette cardite provenant de Weinheim ; ils sont absolument identiques à ceux de Pierrefitte ; ceux de Jeures sont un peu différents, proportionnellement moins larges, ornés de côtes moins nombreuses, moins saillantes, à peine granuleuses, et constituent tout au moins une variété spéciale. Nous ne croyons cependant pas devoir les séparer du type. .

Nous nous bornerons à enregistrer, sans la discuter, l'opinion de M. von Kœnen (*loc. cit.*, p. 10), d'après lequel les différences signalées par Sandberger entre les *C. omaliana*, Nyst, et *C. tuberculata*, Munster, ne seraient pas constantes ; il réunit donc sous le nom de *Cardita (Venericardia) tuberculata*, Munster :

1° *C. omaliana*, Nyst.

2° *C. Kickxii*, Deshayes (non Nyst).

3° *C. scalaris*, Goldfuss (non Sowerby).

4° *C. chamæformis*, Goldfuss (non Sowerby).

Ces deux dernières espèces se rencontrent à Anvers.

50. — **Lutetia oligocœnica**, Cossmann et Lambert.

Pl. II, fig. 10, *a*, *b*.

T. obliqua, paulò convexa, anticè angustior, extùs sublævigata; umbones tumiduli, prominentes; cardine crassiusculo, tres dentes, quarum posterior est bifida, ferente.

Largeur : $2^{mm}5$; hauteur : $2^{mm}5$.

Petite coquille obronde, oblique, inéquilatérale, peu convexe, plus étroite du côté antérieur. La surface extérieure est à peu près lisse, on n'y distingue que quelques stries d'accroissement irrégulières. Les crochets saillants et gonflés donnent à la partie supérieure de la coquille un aspect triangulaire.

La charnière est épaisse : elle se compose de trois dents divergentes ; les deux dents antérieures sont presque parallèles et un peu courbées ; la dent postérieure est large et bifide. Le bord cardinal se termine brusquement au delà de la nymphe.

RAPPORTS ET DIFFÉRENCES. — Cette espèce ne peut être confondue ni avec le *L. parisiensis*, ni avec le *L. burdigalensis*, Desh. qui sont beaucoup plus régulières et plus bombées. Notre espèce a, d'ailleurs, un crochet plus saillant et le bord supérieur est plus déclive de part et d'autre de ce crochet.

LOCALITÉ. — Étréchy ; deux valves droites dans la collection de M. le docteur Bezançon.

51. — **Pectunculus obliteratus**, Deshayes.

P. angusticostatus, variété B, Deshayes, 1854 (non Lamarck). *Description des coquilles fossiles des environs de Paris*, p. 224.

P. deletus, Nyst, 1843 (non Brander). *Coq. Belg..*, pl. XX, fig. 2.

P. obliteratus, Deshayes, 1860. *Descrip. des an. s. vert.* Supp., t. I, p. 848, pl. LXX, fig. 21-23.

P. angusticostatus, Sandberger, 1862 (pars). *Conch., Mainzer Ter.*, p. 348, pl. XXX, fig. 2.

P. Philippii, von Kœnen, 1867 (non Deshayes), *Mar. M. Noddeuts. Moll. Fau.*, p. 92.

Avant 1860, époque à laquelle Deshayes créa son *P. obliteratus*, l'on rapportait tous les
pectoncles de nos sables d'Étampes à deux types, l'un lisse, et l'autre orné de côtes divergentes. Le type orné de côtes, le seul dont nous nous occupions ici, était généralement
rapporté au *P. angusticostatus*, Lk. Nous ne pouvons nous faire une meilleure idée de
cette espèce, qu'en nous reportant aux figures originales de Lamarck et de Deshayes. Or
la figure de Deshayes (*Anim. s. vert.* 1824, t. I, p. 224, pl. XXXIV, fig. 20-21) représente
une coquille à côtes larges, arrondies, saillantes, séparées par d'étroits sillons. Cette
forme est rare à Étampes, et reste localisée à la base du falun à *Natica crassatina* de Jeures,
ou dans la molasse d'Étréchy. (Pl. II, fig. 16.)

Une forme voisine, commune à Morigny, abonde dans le falun de Jeures et se retrouve
dans celui de Pierrefitte. C'est un pectoncle à côtes moins saillantes, plus étroites, comme
noyées dans l'épaisseur du test et plus atténuées du côté postérieur; sa forme est plus
inéquilatérale, moins régulièrement orbiculaire; sa charnière proportionnellement moins
étroite, a des dents plus larges et moins nombreuses. Ces différences ne pouvaient échap-
per à un paléontologiste aussi exercé que Deshayes, aussi le voyons-nous dans son supplément, créer son *P. obliteratus* précisément pour une coquille voisine de l'*angusticostatus*,
mais plus inéquilatérale, à côtes moins développées, atténuées, parfois obsolètes, avec
des stries transverses finement ponctuées. (Pl. II, fig. 17.)

Nous avons réuni des séries d'échantillons de l'un et l'autre type sans pouvoir trouver
de véritables passages entre eux et nous croyons qu'ils appartiennent réellement à deux
espèces distinctes.

Cependant Deshayes lui-même qui venait d'établir son *P. obliteratus*, reconnaissait que
son espèce était très voisine de celle de Lamarck. Après lui, plusieurs paléontologistes
ont pensé que le *P. obliteratus* n'était qu'une variété du *P. angusticostatus* et en 1862, le
professeur Sandberger n'a pas hésité à réunir les deux espèces.

Si l'espèce de Deshayes n'a pas été plus généralement admise, nous croyons qu'il faut
en rechercher la cause dans la manière dont fut circonscrit par lui le *P. angusticostatus*.
Nous avons vu ce qu'était le type de cette espèce, mais dès 1824, Deshayes, lui réunissait
une variété *B* sensiblement différente, puis créant plus tard son *P. obliteratus*, l'auteur des
animaux sans vertèbres eut, selon nous, le tort de ne pas rattacher à sa nouvelle espèce
cette variété *B* du *P. angusticostatus*. Nous pensons que cette omission est la véritable
origine d'une confusion qui a trop souvent empêché les paléontologistes de se rendre un
compte exact des caractères propres de chaque coquille. Nous sommes d'avis qu'il est
nécessaire de maintenir la distinction d'espèces établie par Deshayes, mais nous ne la
croyons possible qu'à la condition de limiter encore le type primitif, en rapportant au
P. obliteratus, tous les échantillons à côtes étroites ou atténuées et en circonscrivant le
P. angusticostatus aux échantillons plus déprimés, plus orbiculaires et à larges côtes, de
Jeures et de Brunehaut. Ainsi, d'après notre manière de voir, la fig 1, *a*, pl. XXX de
Sandberger appartient seule au *P. angusticostatus*. Les fig. 1, 1 *b*, 1 *c* et 2, représentent
des *P. obliteratus*.

Dans son ouvrage sur les coquilles de Belgique, Nyst avait de son côté décrit et figuré,
antérieurement à Deshayes, sous le nom de *Pectunculus deletus*, une espèce que l'on pourrait confondre avec le *P. obliteratus*, tel que nous le comprenons. Nous n'aurions même

pas hésité à réintégrer le nom plus ancien, proposé par l'auteur belge s'il avait pu être
conservé, d'autant plus que Nyst, tout en ayant soin de séparer de son espèce le type du
P. angusticostatus, lui rapportait la variété *B*, qui serait pour nous un *P. obliteratus*. Mais
le *P. deletus* de Nyst, est une espèce hétérogène que l'on ne peut maintenir. En effet, la
figure 2 *a*, *b*, de la pl. XX, de l'auteur belge, n'est que la reproduction de la fig. 10,
pl. CXXVI, du *Petref. germ.* de Goldfuss et représente une coquille de Tongres, que Nyst
déclare n'avoir pu retrouver. Cette coquille nous paraît identique au *P. obliteratus*, tel que
nous le comprenons. Mais le pectoncle décrit dans le texte de l'ouvrage (p. 152), est une
espèce d'Anvers, qui serait la même que le *P. costatus*, Sowerby (*Min. conch.* I,
pl. XXVII, fig. 2) et à laquelle Nyst, restitue le nom plus ancien de *deletus* (*Arca deleta*,
Brander. 1766, *foss. hant.*, p. 97, pl. VII, fig. 97).

L'espèce d'Anvers paraît différente de notre *P. obliteratus*, mais ne la connaissant pas,
nous ne pouvons affirmer qu'elle soit également différente de celle de Barton. Quant
à cette dernière, elle se distingue de l'espèce du bassin de Paris par les caractères suivants : ses côtes concentriques sont bien plus marquées et rendent granuleuses les côtes
rayonnantes; ses dents sont plus petites, plus serrées et plus obliques; en outre les
crénelures du bord sont plus serrées.

Enfin M. le docteur von Kœnen, dans son ouvrage sur les mollusques fossiles de l'Oligocène de l'Allemagne du Nord, propose de réunir les *P. obliteratus*, Deshayes et *P. pulvinatus*, Goldfuss, sous le nom de *P. Philippii*, Deshayes. Nous ne pouvons admettre cette
assimilation, du moins en ce qui concerne le *P. obliteratus*. Comme le savant allemand,
nous pensons que Deshayes a réuni avec raison les *P. pulvinatus*, Nyst, de Klein-Spauwen
(Nyst, *loc. cit.*, p. 250, pl. XIX, fig. 8) et le *P. pulvinatus*, Goldfuss de Philippi, provenant
de Cassel, sous le nom nouveau de *P. Philippii*, l'espèce oligocène étant différente du
P. pulvinatus, Lamarck, du calcaire grossier. Mais nous avons sous les yeux, plusieurs
valves du *P. Philippii* de Klein-Spauwen; nous les avons comparées avec de nombreux
P. obliteratus d'Étampes et nous ne pouvons conclure à l'identité des deux espèces. Le
P. Philippii se distinguera toujours facilement de son congénère, par sa taille moindre, sa
forme plus renflée, ses crochets plus obtus, ses valves plus finement crénelées intérieurement, et surtout par l'absence presque absolue de côtes rayonnantes.

<h3 align="center">52. — Arca Sandbergeri, Deshayes.</h3>

Deshayes : Anim. s. vert. Supplément, t. I, p. 868, pl. LXVIII, fig. 1-3.

Lorsque Deshayes décrivait cette espèce, il n'avait à sa disposition que des moules et
empreintes, provenant des grès de Romainville et des calcaires de Château-Landon (voir
Desh., *Supplément*, t. I, p. 868, pl. LXVIII, fig. 1-3).

Nous avons recueilli à Pierrefitte et à Étampes, de nombreuses valves de cette espèce
qui varie beaucoup dans sa taille, même dans sa forme, par suite du plus ou moins de
profondeur de l'échancrure palléale, et aussi dans ses dimensions relatives, certains échantillons étant bien plus allongés que d'autres. Les échantillons les plus allongés sont les
plus régulièrement rectangulaires.

Voici les dimensions de quelques-uns de nos échantillons, comparées à celles du type figuré par Deshayes :

Type figuré par Deshayes, long., 65^{mm}. larg. 27^{mm}.

A.	—	63^{mm}.	—	27^{mm}.	Épaisseur d'une valve, 18^{mm}.
B.	—	16^{mm}.	—	7^{mm}.	—	—	6^{mm}.
C.	—	24^{mm}.	—	9^{mm}.	—	—	6^{mm}.
D.	—	44^{mm}.	—	13^{mm}.	—	—	10^{mm}.

Dans ses coquilles du bassin de Mayence, le professeur Sandberger a figuré (pl. XXIX, fig. 2) sous le nom de *Arca Sandbergeri*, Deshayes, une coquille qui paraît devoir être, en effet, réunie à l'espèce qui nous occupe, bien que ses flancs soient munis d'une dépression médiane profonde, qui fait ressortir davantage l'angle anal et que ce caractère ne se retrouve au même degré chez aucun de nos échantillons du bassin de Paris.

Localités. — Étampes, Vauroux; assise V. Pierrefitte (assez commun), assise VI. Romainville, Château-Landon, probablement dans l'assise correspondant à la molasse d'Étréchy.

<h3 align="center">53. — Arca pretiosa, Desh.</h3>

Arca pretiosa, Sandberger, *Conch. Mainz. Tert.* p. 354, pl. XXIX, fig. 4.
Arca stampinensis, Stan. Meunier, *Nouv. Arch. Mus.*, p. 246, pl. XIII, fig. 29 et 30.

L'espèce décrite par M. Meunier, sous le nom de *A. stampinensis*, est évidemment très voisine de l'*A. pretiosa*, Deshayes, et peut, tout au plus, être considérée comme une variété; les caractères seuls de sa charnière seraient un peu différents. Deshayes dit que, dans le type, les dents sont peu nombreuses et petites, sauf les deux antérieures qui sont plus fortes; en outre, sur la figure, la surface des valves de l'*A. pretiosa* est ornée de côtes rayonnantes, plus développées et plus saillantes. Toutefois, ces caractères ne sont pas aussi accusés sur un échantillon que l'un de nous possède de Jeures et qui se rapproche beaucoup de la variété de Pierrefitte. Dans l'*A. stampinensis*, les dents antérieures ne sont pas plus fortes que les postérieures, la charnière est très étroite, mais les dents en sont nombreuses; les côtes rayonnantes sont remarquablement fines, croisées par des stries concentriques et interrompues par des étages de points d'arrêt. Ces différences nous paraissent trop légères, en présence de la similitude des formes et des proportions, pour séparer les deux coquilles et en faire deux espèces distinctes. L'arche figurée par Sandberger (pl. XXIX, fig. 4), sous le nom d'*Arca pretiosa*, Deshayes, est un peu différente du type de Deshayes et paraît identique à la variété *stampinensis*.

<h3 align="center">54. — Crenella Depontaillieri, Cossmann et Lambert.</h3>

Pl. II, fig. 12 a,b.

T. minima, pellucida, fragilissima, subovalis, paululùm obliqua, mediocriter convexa, radiis subtilissimis et granulosis ornata; cardine indentato, angusto, reflexiusculo.

Largeur : 2^{mm}5 ; hauteur : 2 millimètres.

Petite coquille, plus haute que large, translucide, très fragile, ayant une forme ovale,

13

un peu oblique et médiocrement convexe. Les crochets sont assez gonflés, quoique peu saillants, et leur couleur blanche tranche sur le fond noir du reste de la surface. Celle-ci est élégamment ornée d'un très grand nombre de fines stries rayonnantes, qui séparent de petites côtes rendues granuleuses par le passage des stries d'accroissement.

Le bord cardinal, très étroit et dépourvu de dents, est légèrement réfléchi sur lui-même, au-dessous des crochets.

RAPPORTS ET DIFFÉRENCES. — Cette espèce est beaucoup moins globuleuse et moins équilatérale que les *C. elegans, striatina, cucullata*, Desh., du calcaire grossier parisien.

LOCALITÉ. — Jeures, une valve dans la collection de M. le docteur Bezançon; un autre échantillon bivalve dans la collection Lambert. Nous dédions cette espèce à la mémoire de notre regretté ami Depontaillier, dont la mort a été une perte pour la science paléontologique.

55. — **Modiola stampinensis**, Cossmann et Lambert.

Pl. II, fig. 11.

Testa subcuneiformis, antice acuminata, postice rotundata, margine cardinali recto, antero-palliali arcuatim emarginato. Valvæ angulo flexuoso ab umbone obtuso, parvulo nascenti, usque ad marginem non producto, dimidiatæ et striis radiantibus, æqualibus, aliis striis transversalibus et tenuissimis asperis, in omni testa extus ornatæ. Intûs margo posticus crenulatus.

Longueur : 8 millimètres; largeur : 5 millimètres.

Petite coquille cunéiforme, déprimée et acuminée antérieurement, arrondie et comprimée postérieurement. Bord cardinal à peu près droit; bord palléal formant du côté buccal un léger sinus. Valves un peu inégalement partagées par un angle obtus et flexueux, correspondant à la plus grande convexité de la coquille; la surface est ornée de stries rayonnantes régulières, également réparties, un peu plus fines cependant du côté antérieur, croisées par des stries transverses très atténuées et par quelques plis irréguliers.

RAPPORTS ET DIFFÉRENCES. — Nous connaissons plusieurs espèces voisines de la nôtre : d'abord le *M. fragilis*, Nyst, de Vieux-Jonc, mais celui-ci porte des stries beaucoup moins nombreuses qui cessent du côté postérieur de la coquille; il a, en outre, des sillons transversaux plus marqués. Le *M. Nysti*, Kickx, de Hœsselt, est beaucoup plus convexe, plus anguleux, moins élargi et porte des sillons qui s'arrêtent sur une partie de la surface du test. Le *M. Brauni*, nobis (*angusta*, Braun), est plus allongé, a des stries plus fines et inégalement réparties sur la surface de la coquille. Enfin le *M. analoga*, Deshayes, avec une forme bien plus ovale, a des ornements très différents.

LOCALITÉS. — Brunehaut (très rare); couche à *O. cyathula*, à la base du falun à *Natica crassatina*. Collection Lambert.

56. — **Modiola Brauni**, Cossmann et Lambert.

M. angusta, Braun (Sandb., *Mainzer tertiarb.*, p. 362, pl. XXX, fig. 7), non Rœmer.

Il n'est pas possible de conserver à cette espèce le nom de *M. angusta*, déjà employé par Deshayes, dans son premier ouvrage sur les coquilles du bassin de Paris (1824, t. I, p. 268. pl. XLI, fig. 6), pour une espèce qu'il a, dans son Supplément, classée parmi les solémyes ; et par Rœmer, en 1841 (*Nordd. kreid.*, p. 66, pl. IV, fig. 14), pour une espèce du Néocomien, dont d'Orbigny a fait le *M. subangusta*. L'espèce de Braun, qui vient en troisième lieu, doit donc, de toute façon, changer de nom, tandis que celle de Rœmer conserverait le sien.

Cette espèce a été citée dans le bassin de Paris, par M. Dollfus, qui la signale dans une couche palustre inférieure aux sables de Fontainebleau, dans les marnes à cyrènes de Frépillon (*B. Soc. Géol.*, 3ᵉ série, t. VI, p. 266). Nous laissons à M. Dollfus, la responsabilité de cette citation, en faisant remarquer que, dans le bassin de Mayence, le *M. Brauni* appartient à un niveau beaucoup plus élevé, le Cerithienkalk de Hochheim.

57. — **Modiola Le Meslei**, Cossmann et Lambert

Pl. II, fig. 14 *a, b*.

M. testa obliquo-elliptica, fragilis, umbonibus parvis, obliquis, obtusis, fere terminalibus, striis transversalibus tenuissimis ornata; cardine indentato; marginibus simplicibus. Ita subtilissimæ sunt striæ ut testa lævigata videatur.

Longueur : 3ᵐᵐ5 ; largeur : 2ᵐᵐ5.

Petite coquille elliptique, peu convexe, un peu acuminée et déclive du côté antérieur, comprimée postérieurement, simplement ornée de stries concentriques, si fines que la coquille paraît lisse.

RAPPORTS ET DIFFÉRENCES. — Cette petite Modiole se distingue nettement de ses congénères. Le *M. micans*, Braun, est relativement plus large, plus arrondi, orné de stries longitudinales et transversales, constituant un treillis ondulé, très différent. L'absence de côtes rayonnantes, la forme générale et la taille du *M. Le Meslei*, le rapprocheraient plutôt du *Mytilus socialis*, Braun, des Cerithienkalk de Hochheim ; mais cette dernière espèce appartient à un genre différent et il est inutile d'insister sur les caractères qui la distinguent.

LOCALITÉ. — Jeures (très rare) ; niveau à *N. crassatina*. Collection Lambert.

58. — **Modiola delicatula**, Desh.

Cette espèce est citée par l'auteur, comme ayant été recueillie par lui, à l'état d'échantillon unique, à Morigny. Elle descend, en réalité, au-dessous de ce niveau, car elle se trouve à Brunehaut au niveau de Jeures. Coll. Lambert, une valve de 3 millimètres de longueur sur 1 millimètre de largeur, d'une forme demi-cylindrique.

59. — **Pinna Deshayesi**, Mayer.

P. Deshayesi, Mayer 1864, *Jour. de Conchyl.*, t. XII (3ᵉ série, vol. IV), p. 173, non figuré.

Dimensions probables d'après les fragments : long : 120 mil. ; larg. : 47.

Nous ne possédons de cette espèce, que des fragments bien incomplets pour servir à une description, et nous aurions hésité à lui donner un nom, si elle n'avait été distinguée par M. Mayer, sous celui de *P. Deshayesi.* Cette pinne devait atteindre au moins 120 mil. de longueur et 47 de largeur, en se développant sous un angle de 22°. Elle est régulièrement cunéiforme et ses valves, médiocrement convexes, sont formées de deux surfaces planes, réunies par un angle obtus, de manière à donner à la coupe de la coquille, la forme d'un losange régulier. Le test est nacré, brillant, mince et fragile ; il se brise très facilement, suivant l'angle qui partage les valves, par suite d'une moindre résistance de la coquille sur ce point. Les ornements consistent seulement en dix côtes rayonnantes, larges, peu nombreuses, onduleuses, très atténuées et en plis transverses très obliques.

Le professeur Sandberger a figuré (*Conch. Mainzer Tert.*, pl. XXI, fig. 3) sans oser la décrire, ni lui donner de nom, une pinne, dont la forme rappelle celle du *P. Deshayesi.* La coquille des Cerithienkalk paraît plus comprimée et ornée de côtes longitudinales plus nombreuses que celle d'Étampes. De son côté, le docteur von Kœnen (*Ueber die Tertiar. von Kiew. Deutschen geol. Gesell. Jahrg.*, 1869, p. 587) a figuré une *Pinna* de Kiew, indiquée sous le nom de *P.* cf. *semiradiata*, qui est bien plus courte, ornée de côtes plus saillantes et appartient très certainement à une espèce différente.

Localités. — Jeures (d'après M. Mayer) ; Brunehaut, falun à natices (très rare). Collection Lambert.

60. — **Perna Heberti**, Cossmann et Lambert.

Pl. II, fig. 13, *a*, *b*.

P. testa quadrilatera, superne obliquiter truncata, anticè sinu amplo emarginata, extus lævigata, umbonibus acutangulis ; margo cardinalis, canalibus 12 latis, interstitibus angustis disjunctis, excavatus.

Longueur : 50 millimètres ; largeur : 30 millimètres.

Coquille de forme rectangulaire, comprimée, à test médiocrement épais, lisse, tronquée obliquement du côté cardinal, antérieurement échancrée par un large sinus ; crochets saillants, aigus ; charnière composée de douze fossettes ligamentaires, peu profondes, assez larges, elliptiques, séparées par des intervalles étroits. Impressions musculaires peu distinctes sur le moule.

Bien que cette coquille ne nous soit guère connue qu'à l'état de moule ou d'empreinte dans les grès tendres de la molasse d'Étréchy, nous n'hésitons pas à la décrire, tant elle nous paraît distincte des autres formes tertiaires actuellement connues.

Rapports et différences. — L'espèce la plus voisine est le *P. Sandbergeri*, Desh., créée par Deshayes, qui n'en a donné, ni figure, ni description et qui s'est contenté de la mentionner dans son supplément (*Animaux ss. vertèbres*, t. II, p. 56); mais, dans sa description des coquilles du bassin de Mayence, Sandberger a maintenu l'espèce nominale de Deshayes et en a donné une description et une bonne figure (p. 367, pl. XXI, fig. 4). Aux environs de Mayence, cette espèce se rencontre depuis le Meeressand jusqu'au Cerithienkalk inclusivement. Si on la compare à notre espèce, on trouve que le *P. Heberti* a les crochets moins acuminés, le test moins épais et surtout la charnière différente. Nous ne pensons pas que ces différences puissent être attribuées à la taille des échantillons. Celui que figure Sandberger, a 140 millimètres de longueur sur 85 millimètres de largeur, presque trois fois les dimensions de notre individu. Mais la surface extérieure du *P. Sanbergeri* est couverte de lamelles irrégulières, celle du *P. Heberti* est lisse, d'après les fragments de test que nous avons sous les yeux. Enfin l'espèce de Deshayes a une charnière très épaisse et très haute, qui ne porte pas moins de 20 à 24 sillons ligamentaires étroits, séparés par des intervalles plus larges qu'eux-mêmes. Au contraire, le *P. Heberti* a une charnière relativement étroite, creusée de sillons ligamentaires peu nombreux, larges et séparés par des côtes bien plus étroites que les sillons.

Localité. — Étréchy (rare); molasse à *O. cyathula*. Collection Lambert.

61. — **Lima Klipsteini**, Cossmann et Lambert.

Pl. II, fig. 15, *a*, *b*.

L. testa parvula, elliptica, convexa, fragilis, æquilateralis, regione cardinali truncata, auriculis brevibus, æqualibus prædita, costulis longitudinalibus, exilibus, in media valva prominulis et distantioribus ornata. Sub umbonibus minimis, medianis, cardo angustus, fossula obliqua bipartitus videtur.

Dimensions : longueur : **5** millimètres; largeur : 3^{mm} 1/4.

Coquille de très petite taille, régulièrement elliptique en avant, légèrement tronquée du côté de la charnière, convexe, équilatérale, fragile, à oreillettes égales et ornée de côtes rayonnantes fines, inégales, plus saillantes au milieu des valves. Crochets petits; charnière linéaire pourvue d'une fossette oblique.

Rapports et différences. — Par ses ornements et la fragilité de son test, cette petite espèce rappelle le *L. Sandbergeri*, que l'on trouve dans les mêmes couches; en réalité, elle s'en distingue à première vue par ses côtes plus saillantes, développées à la partie médiane des valves et surtout par sa forme régulièrement équilatérale, qui la classe dans un sous-genre différent, parmi les *Limatula*, Wood.

Localité. — Jeures (assez rare), dix valves dans la collection de M. le docteur Bezançon; falun à *Natica crassatina*. Collections Bezançon (types figurés), Lambert.

62. — **Pecten pictus**, Goldf.

Pl. III, fig. 32.

Ainsi que le fait remarquer M. de Kœnen (*Norddeutschlands mitteligocan*, p. 84), cette espèce se rencontre à Morigny et sa présence a échappé à Deshayes, à moins qu'il ne l'ait confondue avec le *P. decussatus*, Münst., dont les côtes sont cependant bien plus fines et qui s'en distingue par des stries d'accroissement fines et serrées.

Lorsque le *P. pictus*, Goldf., est jeune, comme le sont les échantillons que nous avons sous les yeux, les deux bords latéraux, qui circonscrivent le crochet, forment entre eux un angle assez aigu et les côtes, au nombre de 20 à 25, inégales et saillantes, sont séparées par des interstices plus étroits; ces côtes sont granuleuses sur les oreillettes. L'échancrure de l'oreillette antérieure ne devait pas être très profonde, si l'on en juge par les stries d'accroissement.

Localités. — Morigny, quatre valves dans la collection Bezançon; la plus grande a 13 millimètres de hauteur sur 11 millimètres de largeur.

Jeures (coll. Lambert), niveau supérieur, deux valves.

63. — **Pecten inæqualis**, Braun.

P. inæqualis, Braun, *Walch., geogn.*, II Aufl., p. 1121.
— Sandb., *Mainzer tertiarbecken*, p. 369, pl. XXXII, fig. 3, pl. XXXIII, fig. 5.
P. bifidus, Desh. (non Goldf.). Suppl. II, p. 77, pl. XIX, fig. 21-23.

Dans son ouvrage sur l'Oligocène de l'Allemagne du Nord, M. de Kœnen fait remarquer avec raison (p. 82), que Deshayes a commis une erreur en rapportant au *P. bifidus*, de Goldfuss, une espèce des environs d'Étampes qui est identique à la figure, donnée par Sandberger, du *P. inæqualis*, Braun. C'est donc le nom de cette dernière espèce qui doit être donné aux échantillons des sables de Fontainebleau.

Il se rencontre aussi à Pierrefitte (coll. Lambert).

64. — **Spondylus tenuispina**, Sandberger.

Pl. III, fig. 35.

S. tenuispina, Sandberger, 1862. *Couchyl., Mainzer Tert.*, p. 374, pl. XXXII, fig. 1 et XXXV, fig. A.
S. radiatus, Stan. Meunier, 1880. *Nouv. Arch. du Muséum*, p. 245, pl. XIII, fig. 31-32.

M. Stanislas Meunier a donné de cette espèce, sous le nom de *S. radiatus*, une bonne figure, mais une description succincte, insuffisante, n'indiquant aucun des caractères qu devraient distinguer son *S. radiatus* du *S. tenuispina*, Sandberger. Ce dernier aurait un

plus épais et atteindrait une plus grande taille. Évidemment, il n'y a pas là de différences
suffisantes pour séparer deux espèces, aussi proposons-nous de réunir le *S. radiatus* à
l'espèce allemande. Nous croyons cette réunion d'autant plus fondée que le second
échantillon, par nous recueilli à Pierrefitte, se rapproche encore plus du type de Sandberger que celui figuré par M. Meunier.

2° GASTÉROPODES

65. — **Dentalium Sandbergeri**, Bosq.

Desh. Suppl. II, p. 215, pl. III, fig. 8-10.

M. von Kœnen réunit (p. 68), cette espèce au *Dentalium fissura*, Lamk., en affirmant
qu'il ne peut trouver aucune différence constante entre les deux espèces. Mais il avoue
qu'il n'a aucun échantillon assez complet pour comparer ce qui constitue, d'après nous,
le caractère distinctif du *D. Sandbergeri*, à savoir sa forme bien plus cylindrique. Nous
avons sous les yeux, quelques bons échantillons de Jeures qui ont la bouche parfaitement circulaire, tandis que les bons échantillons du *D. fissura* que nous avons de Grignon
ont, comme dimensions à l'ouverture, 3^{mm}5 sur 3 millimètres; ce qui donne à la tranche
un aspect ovalaire tout à fait caractéristique. D'ailleurs, si l'on compare sérieusement la
longueur et la courbure des deux espèces, il nous paraît difficile d'y trouver des passages
intermédiaires qui puissent servir de prétexte à leur réunion. Nous ne parlons pas, bien
entendu, des échantillons de Latdorf, qui nous sont inconnus.

Il y a donc lieu de maintenir la distinction établie par Bosquet et par Deshayes, entre
le *D. fissura*, Lamk. et le *D. Sandbergeri*, Bosquet.

66. — **Emarginula conformis**, Stan. Meunier.

Pl. III, fig. 16.

M. Stanislas Meunier, a rapproché cette espèce de l'*E. auversiensis*, dont il l'a distinguée
seulement par ce motif que la différence du gisement ne peut laisser supposer aucune
identité entre les deux coquilles. Nous ne pouvons admettre, en principe, que la différence de gisements ait la valeur d'un caractère spécifique.

Cette petite coquille est ornée de vingt-deux côtes rayonnantes principales, entre lesquelles il naît en arrière de plus petites côtes qui n'atteignent pas le sommet de la
coquille. Toutes ces côtes sont traversées par des lamelles transverses qui les rendent
granuleuses et qui forment avec elles un treillis régulier.

L'*E. auversiensis*, n'a que seize côtes principales et pas de côtes intermédiaires; mais il
a surtout le sommet situé très près du bord, tandis que, dans l'espèce de Pierrefitte, le
sommet est aux 2/3 de la longueur. Ce sont là des différences suffisantes pour séparer les
deux espèces, quoiqu'elles aient des proportions semblables.

On trouve, dans les sables oligocènes du bassin de Mayence, une émarginule que l'on
peut aussi comparer à celle de Pierrefitte. L'*E. punctulata*, Phil., est ornée d'une vingtaine

de côtes rayonnantes principales ; mais, entre celles-ci, naissent des côtes secondaires fines et nombreuses qui forment avec de petites côtes transverses un treillis onduleux très serré. Dans l'*E. conformis*, il n'existe qu'une seule côte secondaire entre les côtes principales, et les lamelles transverses, bien plus saillantes, ne forment un treillis à larges mailles, qu'en se croisant avec les côtes principales elles-mêmes.

L'*E. oblonga*, Sandb., a une forme différente, proportionnellement moins élevée, des côtes rayonnantes et des lamelles transverses moins saillantes.

Nous croyons utile de figurer à nouveau, l'espèce de Pierrefitte qui a été imparfaitement rendue et trop restaurée dans les fig. 33-34 de la pl. XIII du mémoire de M. Stanislas Meunier.

67. — **Pileopsis Goossensi**, Cossmann et Lambert.

Pl. III, fig. 7, *a*, *b*.

P. parvula lævigata, cornui copiæ similis, compressa, apice terminali spirali, angusto mediano; apertura subquadrata, ad apicem expansa et reflexilabris, marginibus arcuatim inflexis circumcincta.

Largeur : $1^{mm}6$; longueur : 3 millimètres; hauteur : $2^{mm}5$.

Petite coquille enroulée comme une corne d'abondance, comprimée et presque deux fois plus longue que large, à peu près aussi haute qu'elle est longue. Le sommet se compose de deux tours de spire un peu convexes et placés exactement dans l'axe longitudinal de l'ouverture qui est subquadrangulaire, lorsqu'on la voit en plan. Mais ses bords minces sont fortement arqués sans être complètement parallèles, et la partie voisine du sommet est largement réfléchie vers l'intérieur.

Rapports et différences. — Il n'y a, dans l'Oligocène, que deux espèces auxquelles puisse être comparée la nôtre : le *P. navicularis*, Sandb. est beaucoup moins élevé ; les bords de l'ouverture sont réfléchis sur tout le pourtour et bien plus épais; enfin, on aperçoit quelques traces de stries rayonnantes vers la base de la coquille. Le *P. elegantulus*, von Kœnen, a l'ouverture bien plus petite et plus ovale, la spire plus enroulée et la surface élégamment treillissée. Dans l'Éocène du bassin de Paris, le *P. singularis*, Desh., est également une forme voisine du *P. Goossensi;* mais il s'en distingue par la forme et les dimensions de son ouverture, par la distance qui sépare cette ouverture du sommet, par l'existence d'un sillon latéral sur la surface du dos, enfin par ses stries longitudinales.

Localité. — Brunehaut; un échantillon dans la collection Bezançon.

68. — **Vermetus stampinensis**, Cossmann et Lambert.

Pl. III, fig. 9.

V. testa umbilicata, trochiformis, lævigata, apice obtusa; anfractus 4 convexi, suturis profundis disjuncti, striis transversis obliquis, tenuibus ornati, irregulariter crescentes;

apertura rotunda, obliqua, labro simplici, margine columellari crasso, effuso; umbilicus latus, vix profundus.

Longueur : 7 millimètres ; largeur : 8 millimètres.

Coquille trochiforme, ombiliquée, à spire irrégulière, étagée, obtuse au sommet, composée de cinq tours environ (le sommet est décollé), lisses, convexes, séparés par des sutures assez profondes, ornés seulement de stries d'accroissement très fines et très obliques. Ouverture ronde à labre simple ; 'bord columellaire plus épais, réfléchi du côté postérieur ; ombilic large et peu profond.

Les caractères de l'ouverture de notre coquille se retrouvent dans le *Siphonium effusum;* aussi avons-nous pensé qu'il convenait de le rapporter à la famille des Vermétidés.

Localité. — Pierrefitte, très rare, coll. Lambert.

69. — **Scalaria Bezançoni**, de Boury, ms. (17 fév. 1883).

Pl. III, fig. 8, *a, b.*

T. parva, angusta, elongata, turriculata; anfractibus 10 convexis, rotundatis, suturâ obliquâ et profundâ separatis; anfractibus embrionalibus relictis duobus, lævigatis; sequentes lamellis 10-11, crassis, irregularibus, undulatis, vix obliquis ornati; varicibus nonnullis et striis transversis 8-10 capillaribus adjunctis.

Ultimus anfractus basi disco angusto et concentrice striato, proeditus; apertura ovalis obliqua, labro obliquo, intùs tenui, extùs crassissimo et ultimâ varice constituto; callo columellari crasso, angusto; columella imperforata.

Longueur : 5 millimètres (6^{mm}5); diamètre : 1^{mm}5 (1^{mm}7); hauteur du dernier tour :
2^{mm}1 (2^{mm}5).

Les dimensions entre parenthèses sont celles du plus gros fragment supposé entier.

Coquille petite, étroite, allongée, turriculée, formée de 10 tours se décomposant ainsi : 10 = 8 + (2 + ?). Il ne reste, en effet, que deux tours embryonnaires lisses. Les autres tours extrêmement convexes sont séparés par une suture très oblique et profonde ; ils sont ornés de lames épaisses irrégulières, tantôt presque droites, tantôt onduleuses et en forme d'*S.* Ces lames, au nombre de 10 ou 11 pour chaque tour, se suivent d'une façon peu régulière. Elles se transforment quelquefois en varices dont le nombre est variable. Entre ces lames se trouvent 8 ou 10 sillons spiraux très étroits, assez profonds, séparés par des espaces beaucoup plus larges. Le dernier tour, à la base, un disque étroit et oblique, orné de stries concentriques, serrées et onduleuses.

Ouverture ovale, oblique. Le bord droit est oblique et composé de deux parties dont l'intérieure, formée par la coquille proprement dite, est mince ; l'extérieure est épaisse et correspond à une varice. Le bord gauche, formé par la coquille, rejoint le bord droit en formant une sorte de callosité columellaire étroite et épaisse. La columelle est concave et dépourvue d'ombilic.

14

RAPPORTS ET DIFFÉRENCES. — Ce serait avec le *S. Gouldi*, Desh., que cette espèce aurait le plus de rapports, mais elle en diffère :

1° Par la forme de ses tours qui sont très arrondis, bien plus détachés et séparés par une suture beaucoup plus oblique ;

2° Par ses lames plus épaisses et bien moins nombreuses ;

3° Par ses sillons spiraux, plus profonds, plus étroits et moins nombreux.

LOCALITÉ. — Jeures ; très rare, deux exemplaires provenant de la collection de M. le docteur Bezançon.

70. — **Lacuna eburnæformis**, Sandb.

Pl. III, fig, 11, ·a, *b*.

Sandb. (*Mainzer tertiarbecken*), p. 127, pl. XII, fig. 6, 6 *a*, 6 *b*, 5 *b*.

T. umbilicata, globulosa, apice prominula ; anfractibus 4-5 convexis; angustis ; ultimus amplissimus, ceteros omnes altitudine paulò superans ; umbilico lato, arcuato, costulâ latâ et rotundatâ cincto ; apertura magna, supernè canaliculata ; columella compressa, contorta.

Longueur : 3 millimètres; largeur : 2^{mm} 5.

Coquille fortement ombiliquée, globuleuse, pointue au sommet, formée de 4 ou 5 tours étroits et convexes, dont le dernier est beaucoup plus grand que tous les autres réunis et est régulièrement arrondi. L'ombilic, large et arqué, est bordé par une forte côte obtuse et arrondie qui part du bord gauche pour aboutir à une protubérance canaliculée, à l'extrémité antérieure de l'ouverture.

Celle-ci est ronde et un peu anguleuse du côté postérieur ; elle est entourée d'un bord droit peu épais, d'un large bord gauche curviligne, et d'une columelle arquée ou tordue, qui vient se terminer contre la lèvre antérieure. La surface est corrodée, de sorte qu'il nous est impossible de distinguer si notre unique échantillon de Pierrefitte est orné des stries fines que Sandberger signale dans cette espèce.

RAPPORTS ET DIFFÉRENCES. — Ainsi que le fait remarquer Sandberger, le *L. basterotina* Bronn, est beaucoup moins pointu que notre espèce.

LOCALITÉS. — Pierrefitte ; un échantillon, type figuré (Coll. Cossmann), Brunehaut; un échantillon douteux (Coll. Bezançon).

71. — **Lacuna striatula**, von Kœnen.

Pl. III, fig. 10, *a*, *b*.

L. eburnæformis (Desh., suppl. II, p. 372, pl. XXIII, fig. 20, 21, 22, *non* Sandberger).
L. striatula, v. Kœnen (*Oligocæn*, p. 61, pl. II, fig. 10).

Dans son Supplément sur les coquilles des environs de Paris, Deshayes a décrit et figuré sous le nom de *L. eburnæformis*, Sandb., une coquille qui n'a absolument aucun rapport avec l'espèce de Sandberger.

Elle est, en effet, allongée ; les tours sont larges, plus convexes et ornés de fines stries spirales, plus écartées vers l'ombilic et vers la suture, croisées par d'autres stries d'accroissement d'une excessive finesse. L'ouverture porte un léger bourrelet au bord droit ; elle est anguleuse à l'arrière ; son contour est à peine brisé du côté antérieur, et en tous cas, il n'est jamais échancré. La fente ombilicale, étroite et allongée, est bordée d'une carène obtuse. Le bord gauche, appliqué sur l'avant-dernier tour, est rectiligne.

Longueur : 3^{mm} 75 ; largeur : 2^{mm} 25.

D'après cette description, que nous donnons très brève, parce que celle de Deshayes est excellente et détaillée, l'espèce de Jeures se distingue évidemment, à première vue, du *L. eburnæformis*, Sand., reproduit à la figure 11 de notre planche III. Nous la rapportons avec certitude au *L. striatula*, v. Kœnen, provenant de l'Oligocène moyen de Söllingen et que l'auteur allemand rapproche du *L. labiata*, Sandb.

Cette dernière a la bouche très différente et la spire plus courte.

Localités. — Étréchy (niveau de Jeures), rare (Coll. Cossmann). Jeures, assez commune (Coll. Bezançon), type figuré. Pierrefitte, très rare (Coll. Cossmann, Lambert). Brunehaut, rare (Coll. Bourdot, Lambert).

72. — Lacuna labiata, Sandberger.

La figure que le docteur Sandberger a donnée de cette espèce (*Mainzer tertiarbecken*), pl. XII, fig. 8), n'est pas identique à celle de Deshayes (Suppl., pl. XVI, fig. 29, 30, 31, figurée sous le nom inexact de *L. striatissima*). Toutefois les deux descriptions se ressemblent beaucoup et nous avons tout lieu de croire, que l'espèce du bassin de Paris, est bien la même que celle du bassin de Mayence.

On distinguera facilement cette espèce du *L. striatula*, von Kœnen, qui est plus allongé et dont l'ouverture ne présente, à la partie antérieure, aucune trace de la lèvre caractéristique du *L. labiata*. En outre, cette dernière espèce a des stries spirales excessivement fines, et n'offre aucune trace de stries d'accroissement, tandis que le *L. striatula* est nettement treillissé.

Elle se rapproche aussi du *L. Sandbergeri*, Mayer, qui a la spire encore plus courte, le bourrelet ombilical bien plus gros, et dont la bouche n'a pas de lèvre. Enfin, elle se sépare du *L. subeffusa*, Sandb., par la forme conoïde de sa spire dont les tours ne sont pas étagés comme ceux de l'espèce du bassin de Mayence.

Cette espèce est toujours très rare et nous ne la connaissons que de Jeures (coll. Bezançon) ; Deshayes l'a citée aussi à Étréchy et à Morigny.

73. — **Lacuna Sandbergeri**, Mayer.

Pl. III, fig, 13.

. Journal de Conchyliologie, 1864, p. 175, pl. IX, fig. 4.

Dans la description qu'il a donnée de cette espèce, M. Mayer indique que la surface de la coquille est lisse; elle présente cependant, lorsqu'on la soumet à un fort grossissement, des stries excessivement fines, qui sont un peu plus fortes et plus écartées près de l'ombilic.

Cette petite espèce est très voisine du *L. subeffusa*, Sandb. Elle en diffère toutefois par sa spire surbaissée, par ses tours moins étagés; le dernier est bien plus grand, plus embrassant, et n'est pas infléchi vers l'ouverture; l'ouverture n'a pas de bourrelet au péristome et la columelle recouvre une fente ombilicale étroite et profonde.

Elle se rapproche aussi beaucoup du *L. eburnæformis*, Sandb., mais elle a la spire encore plus courte, la base du dernier tour plus déprimée, le bourrelet ombilical moins développé, et elle n'a pas de lèvre canaliculée du côté antérieur.

Ces caractères nous paraissent justifier la séparation proposée par M. Mayer.

Localités. — Jeures, coll. Bezançon (type figuré); Brunehaut (niveau à *N. crassatina*), coll. Lambert; Pierrefitte, très rare (coll. Cossmann).

74. — **Lacuna translucida**, Cosmann et Lambert.

Pl. III, fig. 12, *a, b.*

L. testa rimata, tenuissima, vitrea, subscalaris, apice obtusula ; anfractus quinque convexi, suturis linearibus profundis disjuncti; ultimo ceteris æquo, superne obtusangulo; omnes sublæves, striis transversis pernumerosis, subtilissimis, sub lente tantùm perpicuis, ornati; apertura ovata, labro simplici, margine columellari antice prominulo, postice tenuissimo.

Longueur : 3 millimètres; largeur : 2 millimètres; angle spiral : 80°.

Petite coquille à test très mince, hyalin, brillant, paraissant lisse, à spire un peu obtuse au sommet, composée de cinq tours convexes, séparés par des sutures linéaires profondes, le dernier formant la moitié de l'ensemble. Les ornements de la surface se composent de stries d'accroissement et de stries spirales nombreuses, serrées, très fines, à peine visibles à la loupe. L'ouverture est ovale, le labre est simple, le bord columellaire est saillant, séparé du dernier tour en avant, appliqué contre lui et très mince en arrière.

Rapports et différences. — Par ses proportions, par la convexité de ses tours séparés par de profondes sutures, par son ouverture grande et élargie, par le peu d'épaisseur du test, par la finesse de ses stries, cette espèce se distingue nettement des *L. striatula*, von Kœnen et *L. labiata*, Sandb.

La forme de la bouche et le peu de grosseur du bourrelet ombilical ne permettent pas de la confondre avec les *L. eburnæformis*, Sandb. et *L. subeffusa*, Sandb.; enfin, elle a la spire bien plus longue, plus saillante et plus pointue que le *L. Sandbergeri*, Mayer.

LOCALITÉ. — Pierrefitte (très rare); coll. Lambert.

75. — **Rissoïna cochlearina**, Stanislas Meunier.

Pl. IV, fig. 21, *a, b*.

Nouvelles Archives du Muséum, 2ᵉ série, p. 247, pl. XIV, fig. 1-2.

Cette espèce a été figurée par M. Stanislas Meunier, qui en donne une courte mais exacte description; nous en avons recueilli, à Pierrefitte, une vingtaine d'échantillons parfaitement typiques,

L'auteur n'a pas comparé son espèce avec les espèces voisines des bassins de Paris, de Bordeaux et de Vienne : nous allons combler cette lacune.

Le *R. pusilla*, Br., de Steinabrunn, est plus ventru, pupiforme, a des côtes plus saillantes et moins nombreuses, le bourrelet du bord gauche plus épais, la bouche plus épanouie, moins triangulaire et la columelle plus nettement tordue.

Le *R. decussata*, Mont., de Steinabrunn et de Mérignac, est beaucoup plus ventru, a les tours moins convexes, la bouche plus large et moins canaliculée du côté antérieur.

Le *R. obsoleta*, Partsch, de Mérignac, est beaucoup plus ventru, a le dernier tour plus grand par rapport à la spire, et la bouche plus ronde, moins rétrécie du côté antérieur.

Le *R. discreta*, Desh., du calcaire grossier, a les tours moins larges et se distingue par son canal sutural.

Le *R. subcochlearella* (?), d'Orb., des faluns de Touraine, a la spire moins aiguë, proportionnellement plus large, les tours plus convexes, les stries transverses moins saillantes, le dernier tour plus grand.

76. — **Diastoma Grateloupi**, d'Orb.

Pl. III, fig. 14, *a, b*.

Melania costellata, Grat., non Lk., 1847. Conch. foss., melan. pl. I, n° 4, fig. 1.
Chemnitzia Grateloupi, d'Orb., prod. 26ᵉ étage falunien, t. III, p. 5, n° 66.
Chemnitzia costellata, Hébert et Renevier. *Description des foss. du terr. nummul.*. p. 28.

Coquille de moyenne taille, allongée, à spire aiguë au sommet, composée de tours faiblement convexes, séparés par des sutures assez profondes, ornés de côtes nombreuses, inégales, flexueuses, rendues granuleuses par le passage de cinq à sept cordonnets spiraux, inégaux, entre lesquels on distingue quatre stries beaucoup plus fines; l'une de ces stries est quelquefois plus saillante. Il y a, en outre, de portée en portée, sur la spire, de grosses varices saillantes atténuées sur les derniers tours et que franchissent les cordonnets et les stries spirales. L'ouverture n'est parfaitement intacte dans aucun des échantillons que nous avons recueillis.

Cette coquille a été décrite par Grateloup, qui la rapportait au *Melania costellata*, Lamk. ;

elle provenait de l'Oligocène de Gaas : dans la figure 1 (pl. I), de l'auteur, les côtes sont très rapprochées, égales et peu saillantes, les tours sont très convexes, les stries spirales nombreuses et inégales. D'Orbigny, n'admettant pas la présence d'une coquille du calcaire grossier dans l'Oligocène, a changé le nom de cette espèce. Nous la signalons aujourd'hui dans le bassin de Paris, où elle paraît être très rare. Nous avons sous les yeux un échantillon de Gaas qui est identique à ceux de Pierrefitte.

RAPPORTS ET DIFFÉRENCES. — L'espèce la plus voisine est incontestablement le *D. costellata*, Lk. sp., de l'Éocène; mais ce dernier a l'aspect moins granuleux, les côtes plus espacées, les stries spirales égales entre elles, les tours plus convexes; les varices moins fortes et moins irrégulières. Les derniers tours du *D. Grâteloupi*, ont un aspect cancellé qui manque dans l'espèce de Lamark.

Ces caractères distinctifs ont cependant été contestés. M. Tournouër (Bull. Soc. Géol. t. VII, p. 476) paraissait réunir au type éocène, le *D. Grateloupi*, d'Orb. (var. *roncana*, Brongn.) et rapportait au *D. costellata*, les échantillons recueillis dans l'Oligocène de Rennes. Quant à MM. Hébert et Renevier, ils n'ont pas hésité à réunir à l'espèce de Lamarck, les échantillons des Diablerets, de Ronca, de Gaas, et aussi ceux de l'Eocène de la Manche.

Nous n'avons pas les éléments nécessaires pour trancher la question d'une manière générale; mais en nous bornant aux coquilles de Gaas et de Pierrefitte, il nous paraît impossible d'admettre cette réunion et préférable de conserver, pour ceux-là du moins, le nom de d'Orbigny.

LOCALITÉS. — Pierrefitte, rare ; coll. Cossmann (type figuré); coll. Lambert.

77. — **Bithinia Dubuissoni**, Bouillet (1834).

Les marnes inférieures du calcaire de Beauce sont souvent pétries de coquilles de cette petite espèce que Sandberger a décrit sous le nom de *Littorinella Draparnaudi*, Nyst (1836). Le nom le plus ancien, celui de Bouillet, doit évidemment être conservé.

78. — **Bithinia pygmæa**, Desh.

Cette espèce n'a pas encore été, à notre connaissance, rencontrée dans les dépôts oligocènes marins ; mais Deshayes l'a signalée comme se trouvant dans les meulières supérieures à Herblay, à Montmorency et à Palaiseau. Si nous la mentionnons ici, c'est pour appeler l'attention sur des citations de localités très différentes, auxquelles le *B. pygmæa* a donné lieu. En effet, cette espèce a été citée dans les marnes à Lucines dépendant du gypse (3e masse marine). M. Vasseur l'indique, en outre, à un niveau un peu supérieur dans les marnes supra-gypseuses à *L. strigosa*, avec le *B. Sandbergeri*. Nous laissons, bien entendu, à cet auteur, la responsabilité de ces déterminations.

79. — **Bithinia Sandbergeri**, Desh.

Ce n'est pas sans hésitation que nous maintenons cette espèce comme distincte du
B. Dubuissoni, Bouillet. Elle pourrait bien n'en être qu'une variété un peu plus allongée,
à tours plus convexes. Nous n'avons encore recueilli le *B. Sandbergeri*, qu'à Pierrefitte et
à Ormoy.

80. — **Bithinia jeurensis**, Bezançon.

Pl. III, fig. 28.

Journal de Conchyliologie, 1870, t. XVIII, p. 316, pl. X, fig. 3.

Cette espèce se distinguera toujours facilement de ses congénères par sa spire tronquée, par sa fente ombilicale et par son ouverture munie d'un péristome réfléchi. Elle
vient se placer à côté du *B. microstoma*, Desh., mais elle paraît être moins cylindrique
que cette dernière espèce.

Elle se distingue du *B. Duchasteli*, Nyst, par sa forme un peu plus étroite, ses tours
bien moins convexes, jamais scalariformes, par sa suture linéaire, par l'absence de plis
sur la surface de ces tours, par sa bouche moins surbaissée.

Le type figuré vient de Morigny (coll. Lambert).

81. — **Bithinia Duchasteli**, Nyst.

Cette espèce, caractéristique des dépôts de l'Oligocène inférieur, a été indiquée, avec le
B. pygmæa, Desh., dans les marnes infra-gypseuses. On la trouve aussi dans les marnes
vertes à cyrènes.

82. — **Bithinia stampinensis**, Cosmann et Lambert.

Pl. III, fig. 15.

*B. testa parvula, nitida, rimata, pupoïdea, apice obtusa, subscalaris; anfractus 6 con-
vexi, suturâ lineari disjuncti; ultimus paulò deflexus, vix penultimo major; omnes sub lente
striïs obsoletis ornati, inde testa nitida videtur; apertura subovalis, infernè acuminata;
peristoma continuum, labro simplici, margine columellari incrassato; rima umbilicalis angusta.*

Longueur : 4ᵐᵐ5 ; largeur : 2ᵐᵐ5.

Coquille de petite taille, brillante, ombiliquée, pupoïde, à spire étagée, obtuse au sommet, composée de six tours convexes, ornés seulement de quelques stries transverses
obsolètes, paraissant lisses; le dernier à peine plus grand que le précédent. Les tours sont
séparés par une suture linéaire assez profonde. L'ouverture est presque ovale et acur
minée du côté postérieur. Le péristome continu est formé par un labre simple et pa-
un bord columellaire épaissi. La fente ombilicale est petite et très étroite.

RAPPORTS ET DIFFÉRENCES. — Par sa taille, sa forme pupoïde et ses tours étagés, cette espèce se distingue très nettement des *B. Dubuissoni*, Bouillet et *B. Sandbergeri*, Desh. Le *B. helicella*, Braun, a une spire plus courte, croissant plus rapidement, le dernier tour beaucoup plus grand, plus développé, l'ombilic moins étroit. Le *B. pupa* est plus ventru, a le dernier tour proportionnellement plus grand et l'ouverture plus arrondie. Le *B. obtusa*, Sandb., du Miocène, a la suture moins profonde et les tours moins étagés.

LOCALITÉ. — Pierrefitte (très rare); coll. Lambert.

83. — **Melania Leroii**, Cossmann et Lambert.

Pl. III, fig. 16.

M. testa conica, elongata, apice acuta; anfractus 8 subcomplanati, ad suturam depressi; ultimus major, tertiam partem testæ æquans; omnes striis transversis tenuissimis et costulis spiralibus exilibus, sub lente perspicuis, ornati; apertura ovalis, antice subcanaliculata.

Longueur : 5^{mm}25; largeur : 1^{mm}5; angle spiral : 24°.

Petite coquille allongée, conique, pointue au sommet, composée de huit tours presque plans, déprimés vers la suture ; le dernier tour est assez grand et occupe, à lui seul, le tiers de la longueur totale. Toute la spire est ornée de stries d'accroissement excessivement fines et de petites côtes spirales obsolètes, visibles à la loupe. L'ouverture est ovale, un peu canaliculée du côté antérieur, comme dans la plupart des espèces du groupe des *Chemnitzia*. Il n'y a aucune trace d'ombilic.

RAPPORTS ET DIFFÉRENCES. — Notre espèce se distingue du *M. vetusta*, Desh., des sables de Bracheux, par sa suture qui n'est pas canaliculée, par la finesse de ses stries, par la forme de sa bouche qui est ovale et non pas triangulaire; des *M. canicularis*, Desh. et *M. fibula*, Desh., par la finesse de ses stries obtuses et l'aplatissement des tours.

LOCALITÉS. — Brunehaut (niveau inférieur), très rare, collection Lambert; Jeures, collection Bezançon.

84. — **Melania Nysti**, Desh.

Cette espèce, commune à Kleyn Spauwen et dans les sables de Bergh, a été signalée par M. Dollfus (*Bul. Soc. Géol. de France*, 9° série, t. VI, p. 268), comme existant à Frépillon; nous ne l'avons pas rencontrée aux environs d'Étampes.

85. — **Rhaphium** (1) **Bezançoni**, Cossmann et Lambert.

Pl. III, fig. 18, *a, b*.

T. minima, turriculata, anfractibus 6-7, embryonalibus sinistrosùm dejectis, ceteris con-

---

(1) Le nom de *Rhaphium*, a été proposé, en 1875, par M. Bayan (Etudes faites dans la coll. de l'Ecole des Mines, 2° fascicule, p. 106), pour remplacer le nom d'*Aciculina*, Desh., 1862, déjà employé par Adams en 1851.

vexis, suturâ profundâ et lineari separatis; ultimus ceteris omnibus paulò minor, subglo-
bosus; apertura quadrata, labro tenui et columellâ simplici cincta.

Longueur : 1^{mm}75; largeur : 0^{mm}33.

Petite coquille mince, extrêmement fragile, turriculée, formée de six ou sept tours.
Le sommet de la spire, composé de deux tours embryonnaires, est sénestre et projeté
hors de l'axe de la coquille, sans être cependant dévié horizontalement, comme cela a
lieu pour quelques espèces de ce genre. Les autres tours sont convexes, séparés par une
suture profonde, quoique linéaire.

Le dernier, ventru, subglobuleux, est un peu plus petit que le reste de la spire; il est
arrondi à la base et se termine par une ouverture subquadrangulaire, dont les bords se
rejoignent sans aucune solution de continuité, du côté antérieur. Le labre est mince et
rectiligne, la columelle sans aucune torsion.

RAPPORTS ET DIFFÉRENCES. — Par ses dimensions, cette coquille se rapproche du
R. emarginatum, du calcaire grossier; mais elle n'a pas l'ouverture échancrée comme cette
dernière espèce et ses tours sont beaucoup plus larges et moins nombreux.

PROVENANCES. — Étréchy, cinq échantillons dans la collection Bezançon (types figurés);
Jeures (très rare), collection Bezançon; Brunehaut, collection Bourdot.

86. — **Eulima acicula**, Sandberger.

Pl. III, fig. 5, *a, b*.

E. acicula, Sandb., 1862. *Conchyl. Mainzer Tert.,* p. 175, pl. XV, fig. 6.
E. subulata, St. Meunier (non Risso). *Sables mar. de Pierrefitte. Nouv. Arch. du Mus.,* 2e sér.
    t. III, p. 247, pl. XIV, fig. 3-4.

E. testa subulata, polita, anfractibus 7 subcomplanatis, suturis linearibus junctis consti-
tuta; ultimus tertia parte omnis testæ major. Apertura compressa, posticè lanceolata, mar-
gine columellari vix reflexo.

Longueur : 4 mill.; largeur : 1 mill.; angle spir. : 17°.

Petite coquille polie, à spire aiguë, composée de sept tours presque plans, séparés par
une suture linéaire distincte; le dernier tour forme plus du tiers de l'ensemble. L'ouverture est comprimée, lancéolée en arrière, arrondie en avant; le labre simple est légèrement curviligne, le bord columellaire à peine réfléchi en avant.

M. Stanislas Meunier, dans ses recherches sur les sables de Pierrefitte, a signalé dans
cette localité, l'*Eulima subulata,* Risso. Nous n'avons malheureusement pas sous les yeux,
le type qui a servi à sa description et nous ne pouvons affirmer que celle-ci s'applique
exactement à la coquille figurée. Si la figure est exacte, l'eulime de Pierrefitte n'est
évidemment pas l'*E. subulata,* Risso, mais une espèce différente. D'autre part, la description donnée par M. Meunier, s'applique beaucoup mieux à l'*E. acicula,* Sandb., qu'à
l'*E. subulata* du Pliocène. Aussi sommes-nous persuadés que la coquille décrite et figurée
dans les *Nouvelles Archives* sous le nom erroné de l'*E. subulata,* n'est autre chose que

15

l'*E. acicula*, dont nous avons recueilli à Pierrefitte de bons échantillons. Les deux espèces ne sauraient d'ailleurs être confondues : l'*E. subulata*, du Pliocène, a les tours parfaitement plans et la suture invisible ; notre espèce a les tours légèrement convexes et bien distincts. L'*E. subulata* a une ouverture très étroite ; celle de la nôtre est moins haute et plus dilatée par suite de la légère courbure du bord droit. Dans l'*E. subulata*, le labre est droit et oblique, les tours sont plus larges et plus nombreux.

L'*E. acicula* de Pierrefitte, diffère un peu du type mayençais, par la proportion relativement plus grande de son dernier tour, par son bord droit moins coudé, ses tours plus larges et moins nombreux.

RAPPORTS ET DIFFÉRENCES. — Parmi les espèces voisines, citons les *E. munda* et *E. angystoma*, Desh.. La première a des tours plus nombreux et absolument plans ; la seconde a, au contraire, des tours plus convexes, une ouverture moins allongée en arrière, etc.

LOCALITÉS. — Jeures (très rare), collection Bezançon ; Pierrefitte, type figuré (très rare collections Lambert, Amouy.

87. — **Eulima Lamberti**, Cossmann.

Pl. III, fig. 17, *a, b*.

Journal de Conchyliologie, avril 1882, pl. VI, fig. 3.

Cette coquille, précédemment décrite par l'un de nous, dans le Journal de Conchyliologie, a été comparée à deux espèces du calcaire grossier, les *E. distorta*, Desh. et *turgidula*, Desh., dont elle se sépare nettement.

Il reste à faire ressortir les caractères qui permettent de la distinguer de l'*E. similis*, d'Orb., espèce des faluns des environs de Bordeaux, avec laquelle l'*E. Lamberti* a la plus grande analogie.

L'*Eulima similis* est plus large à la base, ses tours sont séparés par une suture moins grande ; la courbure du bord droit est beaucoup moins accusée ; enfin l'ouverture est bien moins étroite et plus ronde que celle de notre coquille. Il y a donc lieu de maintenir la séparation des deux espèces.

LOCALITÉS. — Pierrefitte (très rare), collection Cossmann (type figuré).

88. — **Eulima Naumanni**, von Kœnen.

Pl. III, fig. 21.

Norddeutschlands mitteloligocän, p. 52, pl. II, fig. 19, *a, b, c*.

Nous n'avons qu'un seul échantillon incomplet de cette espèce ; mais son aspect, nettement différent de l'*E. Lamberti*, Cossm. et de l'*E. acicula*, Sandb., est bien voisin de la figure donnée par M. von Kœnen, pour une espèce de l'Oligocène de Söllingen. La bouche de notre échantillon étant mutilée, le dernier tour paraît être subanguleux ; mais il est facile de voir que cet angle n'existait pas quand la coquille était complète.

Notre échantillon devait mesurer 4ᵐᵐ5 de longueur, sur un peu plus de 1 mill. de largeur ; la spire est légèrement arquée, subulée, allongée, épaisse et brillante ; les tours sont plans, lisses, à peine séparés par une suture superficielle qui est peu distincte. L'ouverture est subquadrangulaire, le labre simple et tranchant, le bord columellaire réfléchi sur la columelle qui est droite et sans plis.

Cette espèce ne peut être confondue avec ses congénères de Pierrefitte, qui sont l'une plus étroite, l'autre plus arquée. Il existe dans les faluns de Touraine, une espèce que l'on rapporte à l'*E. lactea* et qui offre avec celle-ci une certaine analogie ; mais elle s'en distingue facilement par les caractères de son ouverture et la convexité de ses tours.

Localité. — Jeures (très rare), collection Lambert. (Falun à *N. crassatina*).

89. — **Raulinia alligata**, Mayer (Desh. sp.).

Pl. III, fig. 25.

Tornatella alligata, Desh., 1824, II, p. 188, Pl. XXIII, fig. 3-4.
Actæon alligatus, d'Orb., prod., 26ᵉ étage, III, p. 5, n° 74.
Odostomia alligata, Desh., suppl.
Raulinia alligata, Mayer, Journ., de Conchyl., 1864, p. 180, pl. IX, fig. 8.

Cette coquille est toujours très rare ; nous ne l'avons encore recueillie que dans le falun inférieur de Jeures. Elle n'a été qu'imparfaitement reproduite dans le premier ouvrage de Deshayes, et nous croyons utile de la figurer de nouveau, pour éviter toute confusion. L'échantillon figuré provient de la collection Lambert.

90. — **Raulinia petrafixensis**, Cossmann et Lambert.

Pl. III, fig. 24.

Testa rimata, subscalaris, cancellata, apice obtuso ; anfractus 5 convexi, posticè angulati, suturis linearibus disjuncti ; ultimus amplus, ceteris æquus ; omnes costis spiralibus 3 vel 5 inæquis, granosis, et exilibus plicis transversis, obliquis decussati ; tres costæ spirales posticæ majores, inæquæ ; prima granulosior, secunda minor, tertia mediana, aliæ minores simplices subæquæ videntur ; apertura pyriformis, labro simplici intus plicato, margine columellari incrassato, unidentato, posticè tenuissimo ; umbilicus angustus.

Longueur : 5ᵐᵐ5 ; largeur : 3mill. ; angle spiral : 45°.

Coquille de petite taille, ombiliquée, à spire étagée, cancellée, obtuse au sommet, composée de cinq tours convexes, anguleux du côté postérieur, séparés par une suture linéaire, ornés de côtes spirales granuleuses, inégales et de petits plis transverses obliques. Dernier tour formant environ la moitié de l'ensemble. Les côtes spirales sont au nombre de trois à cinq sur les premiers tours ; la première, près de la suture postérieure, est plus développée et plus granuleuse que les autres ; sur le dernier tour, ces côtes spirales, au delà de la troisième, deviennent plus petites, plus nombreuses, égales et simples. Ouverture pyriforme à labre simple, portant à l'intérieur plusieurs plis ; bord columellaire épais, calleux en face de l'ombilic, très mince contre le tour précédent, portant une dent oblique et saillante.

RAPPORTS ET DIFFÉRENCES. — Les caractères de l'ouverture de cette coquille la rapprochent du *R. alligata*, Desh. sp. dont elle se distingue par ses ornements, par sa forme plus allongée, par la moindre grosseur de sa dent columellaire, par la proportion plus courte de son dernier tour par rapport à la spire.

LOCALITÉ. — Pierrefitte (assez rare); collections Cossmann, Lambert (type figuré).

91. — **Odontostomia obesula**, Desh.

Nous ne mentionnons ici cette petite espèce que pour signaler combien elle est variable. La longueur proportionnelle et la régularité de la spire, le nombre et la convexité des tours, la grandeur du dernier et les dimensions de la fente ombilicale sont autant de caractères qui diffèrent selon les individus que l'on examine. Ayant pu étudier deux cents échantillons de cette espèce, nous avons pu nous convaincre qu'il y avait, entre les variétés extrêmes, des intermédiaires formant un passage insensible, de sorte qu'il paraît impossible d'en faire plusieurs espèces. Nous pensons même que l'*O. miliaris*, Desh., pourrait être réunie à l'*O. obesula*, malgré les différences que présentent, à première vue, les types des deux espèces. Si nous n'avons pas opéré cette réunion, c'est surtout par respect pour la grande autorité de Deshayes.

Nous croyons devoir faire remarquer que beaucoup d'auteurs confondent à tort le genre *Odontostoma* (Klein, 1753), établi pour des coquilles de la famille des *Néritacées* avec le genre *Odontostomia*, que Fleming a créé en 1828, en spécifiant que, par son étymologie même (*stomia*, petite bouche, au lieu de *stoma*, bouche), ce nom ne pouvait donner lieu à aucune confusion avec le nom adopté par Klein.

92. — **Odontostomia acuminata**, Desh.

Pl. V, fig. 14, a, b.

Le professeur Sandberger a décrit, sous le nom de *O. acutiuscula*, Braun, une espèce qui a quelques rapports avec l'*O. acuminata*, Desh., mais qui s'en distingue par le peu de hauteur de son dernier tour, par sa forme plus large, bien qu'elle soit plus subulée que l'*O. obesula*, Desh.

Il existe à Jeures (coll. Bezançon), une variété dont les tours sont disposés en gradins, avec une petite rampe à la suture et une fente ombilicale (type figuré).

Nous connaissons également de Jeures (coll. Bezançon), mais par un seul échantillon, une autre variété plus étroite, ayant les tours tout à fait convexes ; il est possible que la découverte de nouveaux individus de cette variété justifie la création d'une espèce distincte.

Enfin une dernière variété, représentée par un seul individu mal conservé de Jeures (coll. Bezançon), a la spire subulée, les tours parfaitement plans, la forme générale régulièrement conique, la base déprimée, l'ouverture peu élevée et le pli placé très bas. Pour cette variété, comme pour la précédente, la prudence commande d'attendre que la constance des caractères signalés ci-dessus, ait été confirmée par un plus grand nombre d'échantillons.

93. — **Turbonilla scalaroïdes**, Desh.

Pl. III, fig. 26.

Lorsqu'il décrivit cette espèce, Deshayes n'avait à sa disposition qu'un échantillon incomplet provenant d'Ormoy. Cette élégante petite coquille, dont l'aspect rappelle certains types des terrains tertiaires supérieurs, a été retrouvée par nous dans les sables d'Étampes (rue Saint-Antoine) et dans le falun de Pierrefitte.

Les plis réguliers qui ornent sa spire, sont souvent interrompus par des varices lisses, correspondant à d'anciens bourrelets de l'ouverture. Celle-ci n'offre la trace d'aucun pli columellaire, ainsi que nous avons pu nous en convaincre par l'examen d'une douzaine d'échantillons. La columelle est simplement tordue sur elle-même à la hauteur de l'ombilic. Les individus adultes ont le labre épaissi et portant, à l'intérieur, trois petites dents écartées.

94. — **Turbonilla Arnaudi**, Cossmann et Lambert.

Pl. III, fig. 27.

Testa pupoides, anfractus 6 subcomplanati, suturis distinctis separati, plicis transversis numerosis, obliquis, prominulis ornati ; apertura subovalis, columella uniplicata.

Longueur : 3^{mm}5; largeur : 1^{mm}2; angle spiral : 11°.

Coquille de petite taille, pupoïde, composée de six tours de spire à peu près plans, séparés par une suture nette, mais peu profonde, ornés de plis obliques un peu onduleux sur le dernier tour. Ces plis, assez saillants, se correspondent presque exactement d'un tour à l'autre et sont plus larges que les intervalles qui les séparent. L'ouverture ovale, anguleuse à l'arrière, porte, à la columelle, un pli oblique, peu saillant, et au labre, cinq ou six plis.

RAPPORTS ET DIFFÉRENCES. — Cette petite espèce vient se placer dans le voisinage des *T. Heberti*, Desh. et *T. scalaroïdes*, Desh. La première s'en distingue par sa spire plus allongée, son sommet plus obtus, son dernier tour bien plus grand, son ouverture presque quadrangulaire.

Le *T. scalaroïdes* a les tours plus convexes, les plis plus espacés, et des varices correspondant aux bourrelets de l'ouverture ; sa columelle ne porte aucune trace de pli.

Le *T. compressicosta*, Saudb., est plus allongé, a les côtes transverses plus espacées, atténuées au haut des tours, un pli columellaire situé plus bas dans l'ouverture, les tours bien plus convexes, la spire obtuse, etc.

Il existe, dans les faluns de Pontlevoy, une espèce voisine de la nôtre et qui s'en distingue par ses plis plus atténués, plus nombreux, ses sutures plus superficielles, etc.

LOCALITÉ. — Pierrefitte, très rare (coll. Lambert).

95. — **Turbonilla subulata**, Mérian sp.

Pyramidella subulata, Mérian (in coll. Basil.), Braun. Walch., gèogn., II, aufl., p. 3123.
Turbonilla subulata, Sandb., p. 172, pl. XV, fig. 4.
—   *Sandbergeri*, Desh., suppl. II, p. 573, pl. XXI, fig. 14-15.
—   *Nysti*, d'Orb., Prod. III, p. 5, n° 70".
—   *Nysti*, Desh., suppl. II, p. 574, pl. XXI, fig. 1F-10.

Si l'on compare la figure du *T. subulata*, Mérian sp., donnée par Sandberger, aux figures des *T. Sandbergeri*, Desh. et *T. Nysti*, d'Orb., données par Deshayes, on aperçoit immédiatement des différences très nettes entre ces espèces :

Le *T. subulata*, a les tours étroits, plans et subulés, la base subanguleuse; le *T. Sandbergeri* a les tours peu nombreux, le dernier allongé, l'ouverture grande et les tours plans; le *T. Nysti* a la bouche petite, les tours convexes. Le seul caractère commun à toutes ces espèces, serait le rapport de la longueur à la largeur, qui est de 5 environ.

Lorsqu'on examine ensuite les échantillons de Jeures, on éprouve aussitôt un extrême embarras à les séparer pour les rapporter à ces trois espèces; on ne tarde pas à trouver des formes intermédiaires qui appartiennent aussi peu à un type qu'à l'autre.

Nous avons sous les yeux un très grand nombre d'individus provenant de Jeures et communiqués par M. le docteur Bezançon; en les alignant les uns à la suite des autres, nous affirmons qu'il est impossible de fixer exactement où finit l'espèce de Sandberger, où commence celle de Deshayes, où se termine celle de d'Orbigny.

Cette confusion nous paraît être la meilleure preuve qu'il n'y a place ici que pour une seule bonne espèce, caractérisée : par ses dimensions (5 millimètres de longueur sur 1 millimètre de largeur); par la forme de la bouche qui est ovale en avant et anguleuse en arrière; par l'obliquité du pli de la columelle. Tous les autres caractères, largeur et convexité des tours, forme plus ou moins anguleuse de la base, rapport du dernier tour à la longueur totale, inclinaison de la suture, etc., sont très variables.

L'espèce doit naturellement conserver le nom le plus ancien de *T. subulata*, Mérian sp., qui remonte à l'année 1845.

96. — **Turbonilla ambigua**, Deshayes.

Pl. III, fig. 27, *a*, *b*.

Deshayes, 1864. *Descrip. des an. s. ver.*, t. II, p. 571, pl. XXI, fig. 22-23 (légende inexacte).
Turbonilla Deshayesi, Mayer, 1864. *Journ. de Conchyl.*, 3ᵉ sér., t. IV, vol. XII, p. 175, pl. IX, fig. 5.

Une fâcheuse confusion semble avoir plané sur cette espèce, par suite probablement de l'interversion des figures de la pl. XXI du Suppl. de Deshayes.

En se reportant à la description ainsi qu'aux échantillons étiquetés par l'auteur lui-même dans la collection de M. le docteur Bezançon, on reconnaît que le nom de *Turbonilla ambigua* doit être réservé aux individus courts, dont la longueur est de trois à

quatre fois égale à la largeur, dont les tours sont plans, disposés en gradins et séparés
par une suture canaliculée. Le pli columellaire est saillant, l'ouverture grande et le
dernier tour représente au moins le tiers de la longueur totale. Enfin l'embryon tordu de
la spire est bien développé.

L'année même où Deshayes créait son *T. ambigua*, M. Mayer, dans le Journal de Conchyliologie, décrivait sous le nom de *T. Deshayesi*, une petite coquille à tours larges, lisses,
séparés par une suture large et profonde, qui nous paraît absolument identique au
T. ambigua de Deshayes. M. Mayer affirme que son espèce est parfaitement distincte des
T. Sandbergeri et *T. Nysti*, ce qui est évident; mais il omet de la comparer avec le
T. ambigua. Il est probable que M. Mayer, trompé par l'inspection de la pl. XXI et la
légende inexacte du texte de Deshayes, n'a pas pensé devoir en rapprocher l'espèce
qu'il établissait et qui fait double emploi avec le *T. ambigua*.

Reste la question de priorité qui pourrait prêter à discussion, les deux créations
d'espèces datant de 1864. Elle ne nous paraît cependant pas douteuse et doit être résolue
en faveur de Deshayes. En effet, la publication du fascicule de l'ouvrage de Deshayes,
devait être antérieure à celle de l'étude donnée par M. Mayer qui connaissait la création
des *T. Sandbergeri* et *T. imbricataria* de Deshayes, discutée dans le Journal de Conchyliologie. Or, les descriptions de ces deux dernières espèces ont paru en même temps que
celle du *T. ambigua*; en conséquence nous réunissons à celle-ci, le *T. Deshayesi*, Mayer.

Localités. — Nous connaissons cette espèce de Jeures (coll. Bezançon, type décrit,
étiqueté par Deshayes), de Morigny (coll. Lambert) et de Pierrefitte (coll. Cossmann).
Elle ne paraît pas aussi rare que l'indique l'auteur.

97. — **Turbonilla Aonis**, d'Orb.

D'Orbigny, Prod. III, p. 5, n° 70'.
Deshayes, Suppl. II, p. 571, pl. XXI, fig. 20-21 (légende inexacte).

Le *T. Aonis*, d'Orb., que Nyst avait d'abord rapporté au *T. acicula*, Lamk. et qui paraît
en être bien distinct, se rapproche beaucoup du *T. ambigua*, Desh.

Il en diffère pourtant par la convexité de ses tours, par la longueur plus grande de la
spire, par la forme du pli columellaire, et par le peu de développement de l'embryon
tordu qui est à l'extrémité de la spire. Nous connaissons cette espèce de Jeures (coll.
Cossmann, type décrit) et de Bergh (coll. Cossmann, type recueilli par M. Vincent).

98. — **Tornatella Mayeri**, Cossmann et Lambert.

Pl. III, fig. 19, *a*, *b*.

Testa ovalis, gradata; anfractus 5 convexi, suturis linearibus disjuncti, cingulis spira-
libus numerosis, inter quos series fossularum interpositæ sunt, ornati, et costulis transversis
tenuioribus decussati; ultimo ceteris omnibus majore; apertura auriformis, infernè acumi-
nata, labro simplici, margine columellari reflexo et columella uniplicata, crassa.

Longueur : 5 mill.; largeur : 2ᵐᵐ5; angle spiral : 58°.

Coquille de petite taille, un peu ventrue, à spire obtuse au sommet, étagée, composée de cinq tours convexes, séparés par une suture linéaire, ornés de nombreux cordonnets spiraux, déprimés, au nombre de quinze à dix-huit sur le dernier tour, disposés deux par deux, bien plus larges que leurs intervalles, entre lesquels existent des séries de petites fossettes et de petites côtes transverses très fines, constituant avec les cordonnets, une sorte de treillis. Le dernier tour très grand, forme à lui seul, plus de la moitié de la coquille ; sa dimension, par rapport à la spire, varie un peu.

Ouverture auriforme, accuminée vers le bas, à labre simple et à bord columellaire réfléchi, au-dessus d'une petite fente ombilicale. Columelle armée d'un seul gros pli, ce qui lui donne la forme d'une *S*.

Rapports et différences. — Cette espèce est très voisine du *T.punctato-sulcata*, Phil. ; mais elle s'en distingue par sa spire étagée, par ses tours plus convexes, par ses stries spirales plus régulièrement disposées deux par deux.

Le *T. simulata*, Brander, qui est plus renflé, se distingue surtout par l'existence de deux plis à la columelle. Il en est de même de l'espèce que M. Mayer a décrite, sans la figurer, dans le Journal de Conchyliologie (1864, p. 176), sous le nom de *T. Meriani*. Cet échantillon, qui vient de Jeures, aurait, d'après l'auteur, deux plis à la columelle. Les autres caractères répondent assez exactement à la description de notre espèce.

Localités. — Jeures, coll. Bezançon; Morigny, coll. Lambert; Pierrefitte, coll. Lambert (type figuré), coll. Cossmann. Assez rare.

99. — **Tornatella simulata**, Brander.

T. Nysti, Duchastel. (Voir Deshayes, supp., t. II, p. 604, pl. XXXVIII, fig. 7-9.)

Nous avons sous les yeux quelques bons exemplaires du *T. Nysti*, du bassin de Mayence et nous n'y pouvons trouver aucun caractère qui permette de les séparer du *T. simulata*, Brander, que nous possédons de l'Éocène supérieur de Wemmel, en Belgique.

Les deux espèces doivent donc être réunies sous la dénomination de la plus ancienne. Le fait du passage d'une coquille de l'étage bartonien dans l'Oligocène n'est, d'ailleurs, pas isolé.

Notons, en terminant, que cette espèce, ainsi que le *T. parisiensis*, Desh., qui a quelques rapports avec elle, n'est pas à sa place dans le genre *Tornatella*. La présence des deux plis de la columelle suffirait, à notre avis, pour justifier la création d'une coupe générique nouvelle et distincte.

100. — **Tornatella punctatosulcata**, Phil.

T. punctato-sulcata, Phil., 1841, *Beitrage*, p. 20, pl. III, fig. 2.
T. limneiformis, Sandb., *Mainzer tert.*, 1863, p. 265, pl. XIV, fig. 9.
T. limneiformis, Sandb., Desh. Suppl. II, p. 598, pl. XXXVIII, fig. 4-6.
T. punctato-sulcata, Phil., von Kœnen, *Nord. Mittelolig.*, p. 70.

Il y a lieu de restituer à cette espèce le nom, primitivement donné par Philippi, qui avait été changé, sous prétexte que le dessin et la figure donnés par cet auteur étaient insuffisants et que le nom de *punctato-sulcata* peut s'appliquer à presque toutes les espèces du genre.

M. von Kœnen fait remarquer, avec raison, que le nom de *limnæiformis* n'est guère mieux choisi, car cette espèce n'offre pas plus de ressemblance, avec une limnée, que les autres tornatelles. Dès l'instant que la détermination de Philippi s'applique bien à l'espèce dont il s'agit, elle doit être conservée.

101. — **Tornatella Bouryi**, Cossmann et Lambert.

Pl. III, fig. 20.

T. testa exilis, elongata, gradata; anfractus 6 vix convexi, suturis linearibus disjuncti, cingulis spiralibus sulco tenui separatis, numerosis, ornati; ultimus anfractus ceteris omnibus major; apertura elongata, inferne acuta; labro simplici, margine columellari paulo reflexo; columella obliquè torsa, indentata videtur.

Longueur : 8 mill.; largeur : 2 mill.; angle spiral : 30°.

Coquille de petite taille, à test peu épais, à spire allongée, aiguë, étagée, composée de six tours peu convexes, anguleux vers la suture qui est linéaire, mais assez profonde, ornés de cordonnets spiraux qui sont séparés par des sillons étroits, nombreux et réguliers. Dernier tour formant plus de la moitié de l'ensemble, comprimé; ouverture étroite, allongée, anguleuse à la partie inférieure; labre simple et bord columellaire légèrement réfléchi. Columelle obliquement tordue, ce qui lui donne l'apparence d'un véritable pli.

RAPPORTS ET DIFFÉRENCES. — Cette espèce a de grandes analogies avec une coquille dont nous ne connaissons pas le nom, mais que l'on rencontre assez fréquemment dans le falun de Saucats (Moulin de l'Église), près Bordeaux. Celle-ci est plus étroite, a le dernier tour plus court et des stries beaucoup plus fines que l'espèce du bassin parisien.

LOCALITÉS. — Morigny, coll. de Boury (type figuré) ; Pierrefitte, coll. Lambert. Très rare.

102. — **Bulla conoïdea**, Desh.

Cette espèce, toujours très commune, se retrouve à Pierrefitte. On la distinguera parfaitement des *B. cœlata*, Desh. et *B. pseudo-cœlata*, nob., par les caractères suivants :

Coquille cylindrique, rétrécie, acuminée en arrière ; columelle calleuse, légèrement tordue, sans pli ; spire complètement involvée, présentant en arrière un ombilic étroit, limité par un angle peu accusé et recouvert presque entièrement par une expansion du bord columellaire ; ouverture peu dilatée postérieurement, étroite, linéaire ; surface ornée de stries spirales, égales, plus développées vers le sommet.

103. — **Bulla neglecta**, Stan. Meunier.

Pl. III, fig. 30, *a*, *b*.

Ainsi que l'a indiqué M. Stanislas Meunier, cette espèce, qni n'est pas rare à Pierrefitte, se retrouve aussi à Brunehaut (coll. Bezançon).

La description, donnée par l'auteur, peut être complétée de la manière suivante : forme générale d'un tronc de cône élargi du côté antérieur ; columelle calleuse ; sommet présentant une simple perforation.

Elle se distingue du *B. conoidea*, Desh. par la troncature du sommet et par la forme de son ouverture que le bord droit retrécit surtout au milieu, où elle devient tout à fait capillaire.

Elle présente encore quelques rapports avec le *B. subangystoma*, d'Orb. que l'on rencontre dans l'Aquitanien des environs de Bordeaux : mais elle est beaucoup plus élargie du côté antérieur, et sa columelle est plus nettement tordue.

104. — **Bulla cœlata**, Desh.

SYN. — *B. minima*, Sandb., Mainzer Tert., p. 270.

Cette espèce, que l'on rencontre à Pierrefitte, ne peut être confondue avec le *B. neglecta*, St. Meunier; elle s'en distingue par sa forme régulièrement cylindrique, obliquement tronquée en avant et en arrière, par sa columelle simple et presque droite; elle a, il est vrai, la spire complètement involvée et présentant, au sommet, une simple perforation étroite et profonde; mais les bords de cet ombilic sont arrondis et ornés de plis irréguliers; la bouche est peu dilatée en avant, quoique rétrécie en arrière; enfin, sa surface brillante ne porte que des stries d'accroissement excessivement fines.

Sandberger a décrit (p. 270), sans la figurer, sous le nom de *B. minima*, une espèce qui, autant qu'on peut en juger par les termes de cette description, paraît bien semblable au *B. cœlata*. Ce qui nous confirme dans cette opinion, c'est que nous avons sous les yeux une petite coquille de Weinheim, qui porte le nom de *B. minima* et qu'il serait difficile de séparer du *B. cœlata*.

105. — **Bulla pseudo-cœlata**, Cossmann et Lambert.

Pl. III, fig. 22, *a*, *b*, *c*.

B. testa cylindrica, conica, lævigata, apice oblique truncata, ibique umbilico angusto penultimi anfractus partem operienti, excavata, apertura inferne angustissima, columella edentula, vix incrassata.

Longueur : 7 mill.; largeur : 3 mill.

Coquille renflée, cylindrique, légèrement atténuée et tronquée en arrière; columelle droite; spire involvée, présentant au sommet un ombilic étroit et profond qui laisse apercevoir une partie du tour précédent. Les bords de cet ombilic sont arrondis, et les stries d'accroissement y laissent parfois quelques plis ; l'ouverture est étroite, linéaire, du côté postérieur ; la surface est lisse et marquée seulement de quelques stries d'accroissements.

RAPPORTS ET DIFFÉRENCES. — Cette petite espèce vient se placer à côté du *B. cœlata*, Desh. ; mais elle s'en distingue par sa taille plus grande, par sa forme plus dilatée en avant, par son ouverture plus étroite en arrière, par son ombilic qui laisse apercevoir une partie de la spire.

Notre espèce se distingue aisément du *B. neglecta*, St. Meunier, par son ouverture moins irrégulière, sa forme moins conique, par l'absence de stries vers le sommet de la spire, enfin par son ombilic moins étroit.

Quant au *B. minuta*, Desh., il est facile à reconnaître par sa forme plus renflée, plus régulièrement cylindrique, par son sommet tronqué laissant voir toute la spire.

Sous le nom de *B. declivis*, Sandberger a décrit une espèce lisse et voisine de la nôtre, mais proportionnellement plus large, plus renflée, et dont l'ouverture est moins étroite en arrière.

LOCALITÉS. — Jeures, Brunehaut, couches inférieures ; Pierrefitte, assez commune, coll. Lambert (type figuré); coll. Cossmann.

106. — **Bulla turgidula**, Desh.

M. Mayer a décrit dans le *Journal de Conchyliologie* (1864, p. 177, pl. IX, fig. 6), sous le nom de *B. Tournoueri*, un échantillon qui nous paraît identique au *B. turgidula* Desh., lorsque cette espèce est mutilée. En effet, quand on casse l'ouverture du *B. turgidula*, le bourrelet qui entoure le sommet de la spire paraît plus saillant et offre la plus grande ressemblance avec la figure donnée par M. Mayer.

C'est pour cette raison que nous ne reproduisons pas, dans notre liste générale, le nom de *Bulla Tournoueri*, Mayer, qui nous paraît devoir disparaître de la nomenclature.

107. — **Bulla Pellati**, Cossmann et Lambert.

Pl. III, fig. 23, *a, b, c*.

T. minima, conoidea, ovoidea, imperforata, subtilissimè striata; apertura anticè dilatata, posticè angustissima ; columella intorta ; apice clauso spiram tegente.

Longueur : 1 ᵐᵐ 75 ; largeur : 1 mill.

Petite coquille régulièrement ovoïde et conique, imperforée et pointue au sommet, arrondie du côté antérieur de l'ouverture. La surface est ornée de stries spirales assez écartées et profondes du côté antérieur, très fines sur le reste de la coquille, et croisées de quelques plis d'accroissement.

L'ouverture est dilatée en avant, très rétrécie en arrière ; le bord droit est mince, et la columelle, tordue sur elle-même, simule un pli saillant. Le bord gauche, appliqué sur

l'ouverture, ne laisse voir aucune fente ombilicale. Le sommet de la coquille est entièrement recouvert par le bord droit de l'ouverture qui cache absolument la spire.

RAPPORTS ET DIFFÉRENCES. — Cette espèce se distingue nettement du *B. conoidea*,
Desh., par la forme caractéristique du sommet de la spire, qui n'est pas tronqué. Elle
n'a aucun rapport avec le *B. turgidula*, Desh ; elle est beaucoup plus ovoïde que le
B. cœlata, Desh. Elle offre, au contraire, par sa forme générale et par le sommet de sa
spire, beaucoup d'analogie avec le *B. redacta*, Desh., du Calcaire grossier ; mais cette
dernière espèce est complètement lisse et moins globuleuse.

LOCALITÉ. — Jeures, collection Bezançon ; très rare.

108. — **Scaphander stampinensis**, Cossmann.

Pl. III, fig. 29.

Journal de Conchyl. — 1879, p. 347, pl. XIII, fig. 10-12.

La description de cette espèce, donnée par l'un de nous dans le *Journal de Conchyliologie*, doit être complétée, l'espèce n'ayant été comparée qu'à celles du bassin de Paris.

On la distingue du *S. Gratteloupi*, Mich., assez commun dans les faluns des environs
de Bordeaux, par la dilatation bien plus considérable de son ouverture, par la finesse de
ses stries, et enfin par l'enfoncement moindre du sommet de sa spire.

LOCALITÉ. — Morigny, dans le falun à *Pect. obovatus*, très rare ; coll. Bezançon, 2 exemplaires ; coll. Cossmann, un seul échantillon mesurant 2^{mm}5 de longueur sur 1^{mm}9 de
largeur (type figuré).

109. — **Planorbis inopinatus**, Stanislas Meunier.

Pl. IV, fig. 19, *a b c*.

Nouv. Arch. du Muséum : *loc. cit.*, p. 248 ; pl. XIV, fig. 7-8.

Cette espèce est encore, jusqu'à présent, le seul mollusque pulmoné que nous aient
offert les Sables marins de Pierrefitte ; elle atteint une taille plus grande que celle indiquée par l'auteur ; l'un de nos échantillons a un diamètre de 6 millimètres.

M. Stanislas Meunier a, d'ailleurs, décrit cette espèce en deux lignes, sans indiquer en
quoi elle diffère de ses congénères. Nous comblons ci-après cette lacune :

Les *P. cornu*, Brongn. et *P. solidus*, Thomæ, se distinguent, au premier abord, par l'en-
roulement beaucoup plus rapide de leur spire ;

Le *P. declivis*, Braun a des tours comprimés, tandis que ceux de *P. inopinatus* sont
régulièrement convexes ;

Le *P. lævis*, Klein se distingue par le même caractère et a, en outre, le dernier tour
proportionnellement plus grand ;

Le *P. prevostinus*, Brongn. a aussi le dernier tour bien plus développé et moins régulièrement convexe que le *P. inopinatus* ;

Enfin le *P. cordatus* Sandb. des Cyrenenmergel d'Alzey, rappelle encore l'espèce de

Pierrefitte ; mais ses tours sont plus élevés, son ouverture est moins circulaire et moins profondément échancrée par le retour de la spire.

110. — **Planorbis depressus**, Nyst.

Cette espèce a été citée dans les couches fluvio-marines de la base de notre Oligocène, à la partie inférieure des marnes vertes. Deshayes l'a signalée à un niveau beaucoup plus élevé, dans les couches lacustres de Rambouillet, qui correspondent aux marnes à Potamides d'Étampes.

111. — **Turbo Ramesi**, Stan. Meunier.

Pl. IV, fig. 20.

Nouv. Arch. du Muséum, 2ᵉ série, 1880, p. 248. pl. XIV, fig. 19, 20.

Cette espèce atteint 4 millimètres de diamètre et de hauteur. Les cordonnets qui ornent sa surface sont inégaux ; on en compte trois principaux sur les premiers tours de la spire, cinq sur le dernier ; entre ces cordonnets saillants, s'intercalent deux ou trois autres cordonnets beaucoup plus petits, et entre ces derniers et les cordonnets principaux, de très fines stries visibles à la loupe. La base porte 6 ou 7 cordonnets réguliers, dont l'un, celui du milieu, est un peu plus fort que les autres. Tous ces cordonnets sont traversés par de fines stries d'accroissement. La columelle porte, vers le haut, une dent obsolète correspondant à une légère dépression du bord columellaire qui s'étale, s'aplatit et recouvre l'ombilic, contrairement à ce qu'avance l'auteur, dans sa description, se fondant probablement sur l'examen d'un individu non adulte.

RAPPORTS ET DIFFÉRENCES. — Cette espèce a quelques rapports extérieurs avec le *Delphinula striata*, Lamk, mais elle ne peut être classée dans le même genre, en raison des caractères de son ouverture. Les *T. dulciferus*, Desh., et *T. fraterculus*, Desh. du Calcaire grossier, sont ombiliqués et ont des sillons réguliers, sans intercalaires. Quant au *T. subsulcatus*, d'Orb. des faluns de Mérignac, il est ombiliqué, et l'intervalle compris entre la dernière carène inférieure et la suture est couvert de plis rayonnants, obliques et granuleux.

LOCALITÉ. — Pierrefitte, toutes les collections. Type figuré, coll. Cossmann.

112. — **Turbo cancellato-costatus**, Sandb.

Pl. IV, fig. 7, *a, b.*

Turbo cancellato-costatus, Sandb. Mainzer Tertiærbecken, p. 145, pl. XI, fig. 13.
Turbo Bayani, Bezançon. *Journal de Conchyliologie* 1870, p. 313, pl. X, fig. 2.

Diamètre : 3ᵐᵐ75 ; Hauteur : 4 mill.

Cette élégante coquille du Meeressand de Weinheim se trouve aussi dans le bassin de Paris. Nos échantillons sont absolument identiques aux figures et à la description données par Sandberger.

C'est une petite coquille globuleuse, à spire étagée, dont le sommet est obtus et lisse, composée de 4 tours convexes, déprimés près de la suture; le dernier forme, à lui seul, les deux tiers de l'ensemble. Il est orné de 7 carènes spirales, aiguës, à peu près également espacées; près de la suture existent plusieurs cordonnets très fins, visibles à la loupe ; les carènes sont treillissées par de nombreuses petites côtes transverses qui ne franchissent pas les carènes. L'ouverture est orbiculaire et porte, à l'intérieur du labre, des sillons correspondant aux carènes extérieures. La base est perforée d'une étroite fente ombilicale.

Nous avons le regret d'être obligés de changer le nom de *T. Bayani*, donné à cette coquille en 1870, par M. le docteur Bezançon, dans le *Journal de Conchyliologie;* mais elle est identique à celle que Sandberger avait déjà figurée en 1863.

LOCALITÉS. — Jeures, coll. Besançon ; Brunehaut (niv. à *N. crassatina*); coll. Lambert (type figuré); coll. Bourdot.

113. — **Teinostoma Bezançoni**, Cossmann et Lambert.

Pl. IV, fig. 1, *a, b, c.*

T. minuta, subglobulosa, lævigata; spira depressa, obtusa ; anfractibus 4 rapide crescentibus; ultimus maximus, ad basim mediocriter convexus; umbilicus labro sinistro calloso obtectus; apertura rotundata grandis, labro dextro paululùm obliquo regulariter circumcincta.

Grand diam.: 2 mill.; petit diam.: 1^{mm}75; hauteur : 1^{mm}6.

Petite coquille globuleuse et lisse, dont la spire à peine saillante, déprimée et obtuse, se compose de quatre tours convexes, croissant rapidement. Le dernier tour est très grand et forme, à lui seul, presque toute la coquille; il est arrondi à la circonférence, un peu convexe à la base. L'ombilic est recouvert par une callosité du bord gauche et limité par un renflement de la columelle. L'ouverture est grande, arrondie et régulièrement bordée par un labre mince, un peu incliné par rapport à l'axe vertical de la coquille.

RAPPORTS ET DIFFÉRENCES. — Cette petite coquille lisse ne peut être confondue avec le *T. decussatum*, Sandb, qui est bien plus aplati et régulièrement strié.

LOCALITÉ. — Brunehaut, un seul échantillon dans la collection Bezançon.

114. — **Delphinula oligocœnica**, Cossmann et Lambert.

Pl. IV, fig. 2, *a b c.*

T. minima depressa, late umbilicata, extùs lævigata; anfractibus 5-4 rapidè crescentibus ; ultimus maximus rotundatus ; basi in medio, circà umbilicum, concentricè striata ; apertura integra, circularis ; labro dextro paululùm incrassato, sinistro ad penultimum anfractum applicato, circumcincta.

Grand diam. : 1^{mm}3; petit diam. : 1 mill.; hauteur : 0^{mm}75.

Très petite coquille aplatie, largement ombiliquée, dont la spire lisse est formée de 3 ou 4 tours peu convexes, croissant rapidement. Le dernier est très grand, arrondi à la circonférence, convexe à la base. Celle-ci est marquée, autour de l'ombilic, de 5 ou 6 sillons concentriques et profonds. L'ombilic large et arrondi laisse voir la spire à l'intérieur.

L'ouverture, entière et circulaire, est limitée par un bord droit épaissi et par un bord gauche appliqué sur l'avant-dernier tour ; elle est à peine anguleuse du côté postérieur.

RAPPORTS ET DIFFÉRENCES. — Cette coquille se rapproche du *D. minutissima*, Desh., qui est absolument lisse et dont l'ouverture est détachée, ce qui ne permet pas de le confondre avec notre espèce.

LOCALITÉ. — Brunehaut, cinq échantillons dans la collection Bezançon.

115. — **Trochus subincrassatus**, d'Orb.

Pl. IV, fig. 3.

Deshayes ayant figuré, dans son premier ouvrage, des troques qui ne correspondent pas exactement aux descriptions fort brèves qu'il en donne, et cette source de confusion n'ayant pas été complètement supprimée par lui dans son second ouvrage, il n'est pas facile de nommer les espèces de ce genre qu'on trouve aux environs d'Étampes. Après un examen attentif des figures et de la description du premier ouvrage, nous proposons de conserver le nom de *T. subincrassatus*, D'Orb., aux coquilles qui présentent les caractères suivants :

Les dimensions maxima sont 6 millimètres de diamètre sur 7 millimètres de hauteur ; l'angle spiral est de 70° au plus. La spire est aiguë, composée de 6 tours plans, presque lisses, ornés seulement d'une strie profonde près de la suture supérieure, de 4 ou 5 stries spirales obsolètes vers le milieu de la dépression des tours, et de stries d'accroissement obliques, très fines et très serrées. Le dernier tour qui occupe, à lui seul, la moitié de la longueur de la coquille, a une base un peu convexe, ornée de six ou sept sillons concentriques, écartés et profonds. Dans les individus adultes, l'ombilic est presque entièrement masqué. La coloration rosée, dont il reste souvent des traces, forme des marbrures transverses, irrégulières et sinueuses, et des taches en quinconce sur la base du dernier tour.

Dans certaines localités, par exemple à Versailles, les tours sont marqués de stries écartées et moins obsolètes que celles du type ; ailleurs, à Étréchy, on trouve des individus qui ont les tours légèrement convexes.

RAPPORTS ET DIFFÉRENCES. — Cette espèce se distingue nettement du *T. subcarinatus*, Lamk, par sa forme plus étroite, par ses tours plans et presque lisses, par la persistance d'un sillon profond près de la suture, et par l'écartement des stries de la base du dernier tour, enfin par la pointe mieux accusée du sommet de la spire, où l'on ne découvre point de bouton embryonnaire costellé.

LOCALITÉS. — Versailles, coll. Bezançon (var. signalée) ; Étréchy, au niveau de Jeures, coll. Lambert (type figuré) ; Brunehaut, coll. Bezançon (type décrit).

116. — **Trochus subcarinatus**, Lamk.

Pl. IV, fig. 4, *a, b*.

Cette espèce est une des plus variables parmi celles du genre *Trochus*, et il n'est pas facile de fixer ses caractères. C'est à elle que l'on rapporte habituellement tous les échantillons que l'on recueille aux environs d'Étampes, bien qu'il y ait évidemment plusieurs formes bien distinctes.

Le type de l'espèce a environ 9 à 10 mill. de diamètre, sur 7 à 8 mill. de hauteur; l'angle spiral est, en moyenne, de 78°. La spire est composée de 7 ou 8 tours, dont les deux premiers forment un bouton déprimé, obtus, jamais pointu, et orné seulement de petites costules transverses d'accroissement. Ces costules disparaissent au deuxième tour et sont remplacées, sur le troisième, par des stries spirales, en général assez fines, au nombre de 8 à 10 sur chaque tour. Ces stries persistent jusque sur la base et sont croisées par des stries d'accroissement excessivement fines.

Les tours sont généralement imbriqués en gradins, le tour supérieur étant un peu en retrait par rapport au tour inférieur; leur profil est à peine convexe et simplement anguleux vers la suture supérieure. La base du dernier tour est toujours convexe, perforée au centre d'un petit ombilic, et elle n'est jamais carénée à la circonférence, quand l'individu est adulte.

Cette espèce est très abondante dans les assises inférieures de l'Oligocène parisien; mais elle ne paraît pas exister au-dessus du niveau de Morigny.

A côté du type que nous venons de décrire, viennent se placer plusieurs variétés. D'abord, celle que nous avons reproduite (Pl. IV, fig. 4, *a, b.*), sous le nom de *var. infraoligocænica*. On trouve, en effet, à Étréchy (coll. Lambert), dans la molasse sableuse, des individus de petite taille, régulièrement coniques et ayant des stries moins serrées que le type; nous y remarquons toutefois, le bouton embryonnaire caractéristique du *T. subcarinatus*.

A Brunehaut (coll. Bezançon), on trouve une autre variété, qui se rapproche de la forme que nous avons séparée sous le nom de *T. Vincenti*, et qui a les tours plus convexes que le type, mais toujours anguleux vers la suture supérieure, l'ombilic assez large, les stries plus accusées.

Enfin, à Étréchy, au niveau des faluns de Jeures, c'est-à-dire au-dessus de la molasse sableuse, on trouve des individus (coll. Bezançon), dont les tours sont plans, dépourvus de gradins et ornés de stries écartées.

RAPPORTS ET DIFFÉRENCES. — Le *T. multicingulatus*, Sandb. (Pl. XI, fig. 6, inscrit à tort sous le nom de *T. incrassatus*, Desh.), paraît être plus allongé que le type du *T. subcarinatus*, Lamk., dont il se rapproche par la finesse de ses stries. N'ayant sous les yeux que la figure donnée par l'auteur allemand, et non pas les échantillons originaux, nous ne pouvons affirmer que son espèce soit une simple variété de celle de Lamarck.

Le *T. rhenanus*, Mérian, que nous retrouvons aussi à Versailles et à Jeures, est muni d'un angle médian, qui persiste sur les derniers tours et la base de la coquille est nettement carénée, ce qui distingue cette espèce du *T. subcarinatus*.

Enfin, le *T. trochlearis*, Sandb., paraît n'être aussi qu'une variété, avec des gradins plus accentués, du *T. subcarinatus;* là encore, faute d'échantillons, nous ne pouvons nous prononcer que sous réserves.

LOCALITÉS. — Étréchy, molasse sableuse (var. *infraoligocelnica*), coll. Lambert (type décrit et figuré); Étréchy, niveau de Jeures, coll. Bezançon (type et 3° variété décrite) ; Jeures, coll. Lambert et Cossmann (type ordinaire); Brunehaut, coll. Bezançon (type principal et 2° variété décrite); Morigny, coll. Bezançon (type principal décrit).

117. — **Trochus stampinensis**, Cossmann et Lambert.

Pl. IV, fig. 5, *a, b, c.*

T. elata, conica, apice acuta, sæpe gradata ; anfractibus 6 planis, decussatis ; basi cari-nata, umbilico mediocri perforatâ et concentricè striatâ.

Hauteur : 4^{mm}5; diamètre : 5 mill.

Coquille élargie à la base, pointue au sommet, dont le profil est un peu concave et dont l'angle spiral s'accroît à mesure qu'elle avance en âge. La spire est composée de six tours, souvent disposés en gradins, chacun étant dépassé par le suivant; les premiers sont convexes et lisses : ils ne sont jamais déprimés ni costellés; les suivants sont ornés de 7 stries profondes, croisées par de fines stries d'accroissement.

Le dernier tour est caréné à la circonférence; sa base est plane et ornée de 8 à 10 cordonnets serrés et saillants. L'ombilic médiocre n'est jamais recouvert par la columelle. La bouche est quadrangulaire et surbaissée.

RAPPORTS ET DIFFÉRENCES. — Nous avons séparé cette espèce du *T. subcarinatus,* Lamk., en nous appuyant sur trois caractères :

1° Les gradins, au lieu d'être imbriqués par le retrait successif des tours, sont au contraire en corniche saillante;

2° L'angle spiral croît avec l'âge, au lieu de décroître, ce qui donne à la coquille un profil concave, au lieu d'une forme conoïde;

3° Enfin, le bouton embryonnaire est aigu, au lieu d'être obtus, et il est complètement lisse, au lieu d'être costellé.

En dehors de ces caractères, qui sont très nets, il ne faudrait pas attacher trop d'importance aux différences qui peuvent résulter du nombre et de la finesse des stries, de la forme de l'ombilic et de la convexité plus ou moins grande de la base.

Notre espèce est aussi très voisine du *T. subincrassatus*, d'Orb., elle s'en distingue toutefois par sa forme moins étroite et moins régulièrement conique, par la persistance des stries spirales sur la base, par l'ouverture de l'ombilic, et aussi par la forme de la bouche qui est plus déprimée et moins ouverte en avant.

Dans le bassin de Mayence, Sandberger a décrit, sous le nom de *T. amblyconus*, le fragment d'une espèce encore plus élargie que la nôtre, mais qui ne peut être confondue avec elle, puisque c'est un pleurotomaire, comme le fait, d'ailleurs, remarquer l'auteur, à la fin de son ouvrage.

LOCALITÉS. — Versailles, coll. Bezançon ; Étréchy, coll. Bezançon et coll. Lambert (fig. 5, *b*); Jeures, coll. Lambert (fig. 5, *a, c* ; Brunehaut, coll. Bezançon et coll. Lambert.

118. — **Trochus Vincenti**, Cossmann et Lambert.

Pl. IV, fig. 6, *a, b*. Pl. V, fig. 13.

T. turbinata, rimata ; anfractus convexi, ultimus rotundatus, suturâ profundâ disjuncti. cingulis spiralibus (7 vel 8 in primis) numerosis, inæqualibus, supernè attenuatis, intervallis æquis separatis, ornati ; striæ spirales subtiles in interstitiis et striæ transversæ obsoletæ videntur.

Hauteur : 10 mill. ; diamètre : 7 mill.

Coquille turbinée, probablement composée de 7 ou 8 tours convexes, surtout les derniers qui sont fortement arrondis, quoique légèrement anguleux vers la suture supérieure ; ils sont séparés et comme disjoints par une suture très profonde. Leur ornementation se compose de cordonnets spiraux inégaux, au nombre de 7 ou 8 sur les premiers tours, plus nombreux sur les derniers ; près de la suture supérieure se trouve placé un double cordon qui est plus saillant que les autres et qui coïncide avec l'angle obtus des derniers tours, angle à partir duquel cessent les cordons.

Cet angle et la bordure qui l'accompagne, manquent sur l'échantillon mutilé que nous avons figuré Pl. IV ; il est, au contraire, bien visible sur l'échantillon de la Pl. V. La base du dernier tour est ornée de stries concentriques fines ; entre les cordons des tours et entre les stries de la base, on remarque de très fines stries spirales. Toute la surface est, en outre, ornée de stries d'accroissement obliques et obsolètes. L'ombilic est à peu près nul ; l'ouverture est arrondie et élevée, et la columelle forme une ligne brisée.

RAPPORTS ET DIFFÉRENCES. — Cette espèce est évidemment très voisine du *T. subcarinatus*, Lamk. Elle s'en distingue par la convexité de ses tours, par son ornementation plus accusée, et, dans les individus anguleux, par le double cordon qui accompagne l'angle. L'angle spiral de notre espèce est beaucoup moins ouvert, et l'ouverture est un peu plus haute ; enfin l'ombilic est à peu près entièrement caché.

Il est regrettable que le sommet de la spire manque dans les deux échantillons que nous avons sous les yeux, et qu'il ne soit pas possible de constater les caractères du bouton embryonnaire.

LOCALITÉS. — Étréchy, coll. Bezançon, un échantillon figuré (Pl. V, fig. 13) ; Brunehaut, coll. Lambert, un échantillon figuré (Pl. X, fig. 6).

119. — **Trochus rhenanus**, Mérian.

Pl. V, fig. 17, *a, b*.

T. rhenanus, Mérian (*in litt.*), Braun natur. Versamml. 1842, p. 148.
     —   Sandb., p. 148, pl. XI, fig. 7, 7 *a*, 7 *c* (Exclus. fig. 7 *b*).
T. sexangularis. Sandb., p. 149, pl. XI, fig. 8.

Nous aurions hésité à réunir deux espèces que Sandberger considérait comme distinctes, si nous n'avions sous les yeux des individus du bassin de Paris, très voisins les uns des autres, et dont les uns se rapportent évidemment au *T. sexangularis*, Sandb., tandis les autres ne peuvent être séparés de l'espèce de Mérian.

Lorsque l'angle, dont les tours sont ornés en leur milieu, est très saillant, et que le dernier tour est fortement caréné à la base, comme cela a lieu sur l'échantillon de Versailles que nous figurons, on a tous les caractères du *T. sexangularis.*

Si l'angle des tours est, au contraire, obsolète, comme sur la plupart des individus qui ne sont pas arrivés à l'état adulte, si l'angle spiral de la coquille est un peu plus ouvert, on a tous les caractères du *T. rhenanus*, Mérian, reproduits aux figures 7, 7 *a*, 7 *c*, de la planche XI, dans l'ouvrage de Sandberger. Quant à la figure 7 *b*, de la même planche, elle représente un individu que Sandberger considère comme une variété du *T. rhenanus*, mais qui n'est, à notre avis, qu'une forme du *T. subcarinatus*, Lamk.

Cette coquille est ornée de très fines stries spirales sur toute sa surface ; elle est composée de six à sept tours, dont les trois premiers forment un bouton embryonnaire obtus, déprimé et costulé, comme celui du *T. subcarinatus*. Le dernier tour est à peu près égal à la moitié de la longueur totale. La base est lisse, déclive et perforée d'un petit ombilic.

Longueur : 4 mill. ; largeur : 4 mill.

Rapports et différences. — Les individus très anguleux et étroits ne sauraient être confondus avec aucune autre espèce de l'Oligocène. Ceux qui sont plus élargis et dont l'angle est plus obsolète ont une certaine ressemblance avec le *T. stampinensis*, nobis ; mais l'absence de sillon à la base et la finesse des stries qui ornent les tours, ne permettent pas de confondre ces deux espèces.

Localités. — Versailles, coll. Bezançon, deux échantillons dont l'un très complet est le type figuré ; Jeures, coll. Bezançon, 8 échantillons appartenant à la variété surbaissée et étiquetés *T. rhenanus* par Deshayes.

120. — Xenophora scrutaria, Phil.

Xenophora lyelliana, Bosquet. Desh. suppl. II, 963, pl. XIV, fig. 25-26.

M. von Kœnen (*loc. cit.*, p. 60), réunit l'espèce de Bosquet à celle de Philippi. Nous n'avons pas les éléments nécessaires pour contrôler cette réunion ; mais comme elle était déjà pressentie par Sandberger, Speyer et Semper, nous avons tout lieu de penser qu'elle est justifiée.

121. — Scissurella Depontaillieri, Cossmann.

Pl. IV, fig. 9, *a, b*.

Journal de Conchyliologie, p. 346, pl. XIII, fig. 8-9.

Cette petite coquille, décrite par l'un de nous, en 1879, dans le Journal de Conchyliologie, a été comparée au *S. parisiensis*, Desh, dont elle se distingue aisément (1).

(1) Quant au *Scissurella Deshayesi*, Munier-Chalmas, on sait aujourd'hui que c'est un *Schismope*.

Il reste à la comparer à trois autres espèces de l'Oligocène :

1° Le *S. Beyrichi*, Semper, de Latdorf, a le dernier tour bicaréné, l'ornementation plus accusée, l'ombilic beaucoup plus large ;

2° Le *S. philippiana*, Semper, de Latdorf, a la spire bien plus saillante et conoïde ; l'ornementation de sa surface n'est pas la même en-dessus et au-dessous de la carène qui accompagne le sillon de la perforation ;

3° Le *S. Cossmanni*, Depontaillier, de Gaas, a le dessus de la spire à peu près plan, une carène très saillante à la circonférence du dernier tour et, sur la base, de fortes lamelles qui s'arrêtent à la carène de l'ombilic.

Localité. — Jeures (très rare), coll. Cossmann (type figuré), coll. Bezançon.

122. — **Neritopsis Lorioli**, Cossmann et Lambert.

Pl. IV, fig, 8, *a, b*.

N. testa semiglobosa, spirâ obtusâ, paulò prominulâ ; anfractus 3 vel 4, primi corrosi, suturis distinctis juncti, ultimus maximus, convexus, cingulis spiralibus circiter 15 angustis, attenuatis, latis intervallis sejunctis, supernè densioribus, striisque transversis, subtilibus, flexuosis, densis, ornatus ; apertura semilunaris ; columella dilatata callo, duobus denticulis medianis et infernè duobus sulcis obliquis plicato, obtecta ; margine peristomatis dextro, acuto, intus incrassato et infernè unidentato.

Grand diam. : 19 mill. ; petit diamètre : 14 mill. ; hauteur : 21 mill.

Coquille de moyenne taille, semi-globuleuse, à spire obtuse et peu développée, presque entièrement formée par le dernier tour ; les premiers, au nombre de trois, sont corrodés et séparés du dernier par une suture linéaire distincte. Celui-ci est fortement convexe, orné de stries spirales étroites, atténuées, au nombre de 15 environ, séparées par de larges intervalles, surtout à la partie inférieure du tour ; elles sont moins espacées vers le haut. L'ornementation est complétée par des stries d'accroissement flexueuses, fines et serrées. L'ouverture est semilunaire ; la columelle est revêtue d'un bord épais, calleux, un peu concave, armé, dans sa partie moyenne, de deux petites dents assez saillantes, et portant, vers le bas, deux sillons allongés et obliques. Le labre tranchant offre, à l'intérieur, un bord très épais muni, à la partie inférieure, d'une seule dent saillante et arrondie.

Nous ne connaissons aucune espèce qui puisse être confondue avec celle-ci.

Localité. — Pierrefitte, un seul échantillon (coll. Lambert).

123. — **Nerita decorticata**, Cossmann et Lambert.

Pl. IV, fig. 11, *a, b*.

Testa semiglobosa, crassa, corrosa ; spira brevissima in latere ultimi anfractûs tantùm conspicitur et fere omnis testa hoc ultimo maximo, spiraliter costis numerosis, canalibus tenuioribus sejunctis, transversimque striis subtilibus ornato, constituitur ; apertura magna, dilatata, semicircularis, intùs nitida ; columella incrassata, concava, indentata ; labio in margine acuto, intùs incrassato.

Hauteur : 5ᵐᵐ25 ; petit diam. : 3 mill. ; grand diam. : 4ᵐᵐ6.

Coquille semi-globuleuse, épaisse ; spire corrodée et presque nulle ; dernier tour formant, à lui seul, presque toute la coquille, orné de côtes spirales assez serrées, séparées par des sillons plus étroits, et de stries d'accroissement excessivement fines ; ouverture grande, dilatée, demi-circulaire, luisante à l'intérieur ; columelle épaissie, concave, dépourvue de dents, labre tranchant sur les bords, épaissi à l'intérieur.

Nous ne possédons de cette petite coquille qu'un seul échantillon dont la conservation laisse malheureusement à désirer. Il est fortement corrodé, ¦presque décortiqué ; les cordonnets spiraux et rugueux qui ornaient, au nombre de 15 ou 20, sa surface, ont en partie disparu. Mais les caractères de l'ouverture sont très nets.

Rᴀᴘᴘᴏʀᴛs ᴇᴛ ᴅɪꜰꜰᴇ́ʀᴇɴᴄᴇs. — Notre espèce ne peut être confondue avec le *N. Duchasteli* qui s'en distingue par son test lisse, par son labre mince et par les dents de sa columelle.

Le *N. rhenana*, Thomae, a la spire plus saillante, des côtes spirales moins nombreuses, et porte à la columelle de nombreux plis fins.

Lᴏᴄᴀʟɪᴛᴇ́. — Pierrefitte, très rare ; coll. Lambert.

124. — **Neritina propinqua**, Cossmann et Lambert.

Pl. IV, fig. 10, *a*, *b*.

Testa parvula, ovalis, subglobosa, spirâ brevi, apice obtusâ, superne declivi ; anfractus quinque, primi minimi corrosi, quartus convexus, suturis subtilibus disjunctus, ultimus maximus, ceteris omnibus ter altior ; omnes sublævigati, nitidi transversim flexuosè et subtiliter striati, fasciis nigris et maculis albidis squammiformibus elegantissimè picti ; apertura semicircularis, infernè acutangula ; columella callosa, vix convexa, dentibus pliciformibus 5, minoribus inter majores inclusis, aliis in parte inferâ columellæ obsoletis, ornata.

Longueur : 8ᵐᵐ2 ; largeur : 7 mill. ; angle spiral au sommet : 115°.

Coquille de petite taille, ovale, subglobuleuse, déclive en haut, à spire courte, obtuse au sommet, composée de cinq tours ; les premiers très petits, corrodés, le quatrième plus grand, convexe, séparé des autres par de fines sutures, le dernier très grand, formant les trois quarts de l'ensemble. Tous ces tours sont brillants, ornés de stries transverses fines et flexueuses, colorés de petites lignes grises et brunes, irrégulièrement croisées, et de taches blanches squamiformes. Un autre échantillon présente une couleur d'un brun foncé plus uniforme. Ouverture demi-circulaire, acuminée vers le bas ; columelle calleuse, portant, à la partie moyenne de l'ouverture, cinq dents pliciformes inégales, les externes plus grandes que les trois qui les séparent ; à la base on remarque, en outre, quelques denticulations obsolètes. Labre simple, sans plis et sans épaississement du bord.

RAPPORTS ET DIFFÈRENCES. — Cette espèce est voisine du *N. Duchasteli*, Desh.; mais elle s'en distingue par sa forme plus ovale, sa spire plus développée et par la disposition différente des plis dentiformes du bord columellaire.

Dans le bassin de Mayence, le *N. allæodus*, Sandb., qui a 7 plis à la columelle, est bien plus globuleux ; le *N. fluviatilis* (?), cité par Sandberger, a les tours de spire plus globuleux, le sommet moins corrodé et la columelle dépourvue de dents ; le *N. fulmini-fera*, Sandb.. plus globuleux, n'a que deux dents à la columelle qui est, d'ailleurs, sinueuse ; enfin le *N. callifera*, Sandb. a la spire saillante et les tours convexes.

LOCALITÉ. — Brunehaut, couche inférieure, assez rare; coll. Lambert.

125. — **Natica achatensis**, Recluz, 1837.

N. achatensis, Recluz in de Koninck 1837. Desc. des coq. de l'arg. de Basele, Boom, etc.
N. glaucinoides, Nyst (non Sow.), 1843. Coq. foss. de Belg., p. 442, pl. XXXVII, fig. 32.
N. Nysti, d'Orbigny, 1852. Prod. III° vol., p. 6. — 26° étage, n° 89.
N. Nysti, Sandberger, 1862. Conch. Mainzer Ter. p. 164, pl. XIII, fig. 2-3.
    Var. *micromphalus*, Sandb.
    Var. *conomphalus*, Sandb.
N. Nysti, Deshayes, 1866, t. III, p. 39, pl. LXIX, fig. 1-2.
N. Nysti, von Kœnen, 1867. Mittelolig. Nordd., p. 49 (pars.).

Cette espèce a été l'objet d'une singulière confusion. Dès 1837, de Koninck décrivit, d'après les notes de Recluz, sans malheureusement la figurer sous le nom de *N. acha-tensis*, une coquille de Boom que Nyst, quelques années plus tard, crut devoir rapporter au *N. glaucinoides* de Sowerby. L'espèce, qu'avaient en vue les deux auteurs belges, est une Natice épaisse, ovale, subglobuleuse, à test lisse, ornée de stries d'accroissement fines et inégales, se réunissant en légers plis vers l'ombilic; celui-ci très ouvert, profond, est en partie recouvert par une callosité assez épaisse du bord gauche qui se relève un peu au-dessus de lui, en forme de bourrelet décurrent et oblique.

Plus tard, d'Orbigny, dans son Prodrome, reconnut l'erreur commise par Nyst, qui assimilait à tort cette Natice au *N. glaucinoides*, Sowerby, de l'Éocène, et proposa pour elle le nom de *N. Nysti*, sans tenir aucun compte de la création de Recluz, publiée par de Koninck.

Le professeur Sandberger, ayant ensuite retrouvé cette espèce dans le bassin de Mayence, établit pour elle le nom de *N. micromphalus*, sous lequel elle est figurée (Pl. XIII, fig. 2.); puis, croyant devoir interpréter comme d'Orbigny le *N. glaucinoides* de Nyst, il prit le parti de réunir ses *N. micromphalus* et *N. conomphalus* au *N. Nysti*, d'Orbi-gny, et ce dernier nom est le seul mentionné au texte de l'ouvrage publié en 1862.

Pendant ce temps, Deshayes qui était en relations avec le savant professeur badois, appliquait le nom de *N. micromphalus*, Sandb., à une petite Natice, munie d'une callosité columellaire au-dessus de l'ombilic, très commune dans nos sables de Jeures et de Mo-rigny, et que nous croyons différente de la coquille décrite sous le même nom par Sand-berger, tandis qu'il réservait le nom de *N. Nysti* pour une Natice plus grande, identique à celle que d'Orbigny avait en vue, lorsqu'il créa l'espèce, c'est-à-dire au *N. glaucinoides* de Nyst. De là, une confusion regrettable, le *N. micromphalus* étant synonyme pour Sandberger du *N. Nysti*, tandis que pour Deshayes les deux espèces sont différentes.

Enfin en 1867, M. le docteur von Kœnen, dans son « Mitteloligocaen Norddeutschlands » réunit le *N. Nysti*, d'Orbigny (in Sandb.) au *N. micromphalus*, Sandb. (in Desh.) et au *N. Picteti*, Desh. (non Hébert). Cet auteur nous paraît être allé trop loin dans ses rapprochements d'espèces, et nous séparons les *N. micromphalus* et *N. Picteti* de Deshayes du *N. Nysti*, d'Orbigny.

Reste maintenant la question de priorité qui ne saurait être douteuse, le nom de Recluz étant plus ancien de quinze ans que celui proposé par d'Orbigny. En conséquence nous proposons de restituer à l'espèce qui nous occupe le nom de *N. achatensis*.

Nous avons sous les yeux des échantillons typiques du *N. achatensis* de l'argile de Boom, que nous devons à la libéralité de M. Vincent et qui sont bien identiques, tant à la description de de Koninck qu'aux figures de Nyst. Ces échantillons sont remarquables par leur test épais, leur ombilic assez large, leurs plis d'accroissement se groupant en forts plis irréguliers près de cet ombilic et leur bord gauche épaissi. Nous les avons comparés à un échantillon de Weinheim dont le test est moins épais, l'ombilic plus étroit, le bord gauche plus mince et dont les plis ombilicaux sont beaucoup moins saillants, mais qu'il nous semble, malgré ces légères différences, impossible de séparer du véritable *N. achatensis*. Enfin nous venons d'étudier des séries considérables, recueillies par nous à Morigny et à Pierrefitte. Les coquilles d'Étampes pourraient au premier abord sembler distinctes des types de Boom ; leur test est moins épais, leurs plis ombilicaux sont rares et peu saillants, leur ouverture présente un bord gauche beaucoup plus mince et plus fragile, caractère déjà signalé par M. de Kœnen. En revanche, il est presque impossible de distinguer nos Natices d'Étampes de celle de Weinheim. Malgré les quelques variations observées, nous ne croyons donc pas devoir séparer du type belge de Boom toutes ces coquilles que nous réunissons sous le nom de *N. achatensis*.

Les deux variétés signalées par le professeur Sandberger dans le bassin de Mayence se retrouvent dans celui de Paris. On recueille, en effet, à Morigny et à Pierrefitte, des individus à spire relativement plus élevée, à ombilic étroit et qui correspondent à la variété *micromphalus*, Sandberger. D'autres, à spire généralement surbaissée, ont un ombilic plus large, laissant voir une partie de l'avant-dernier tour, et nous paraissent correspondre a la fig. 3 de la pl. XIII de Sandberger, c'est-à-dire à sa variété *conomphalus*.

126. — **Natica Combesi**, Bayan.

Pl. IV, fig. 16, *a*, *b*.

N. micromphalus, Desh. (non Sandb.), 1866, t. III, p. 52, pl. LXIX, fig. 3-6.
N. Picteti, Desh. (non Hébert), *ibid.*, p. 48, pl. LXIX, fig. 7-8-13.
N. Combesi, Bayan, 1870. Études sur quelques fossiles de l'École des Mines, p. 24.

Ainsi que l'avait parfaitement compris Deshayes, il existe dans nos sables d'Étampes deux espèces de Natices voisines mais distinctes.

L'une, de moyenne taille, identique à une coquille de Boom que l'auteur de la description des Animaux sans vertèbres rapportait au *N. Nysti* et qui est, comme nous l'expli-

quons, le *N. achatensis*, Recluz ; l'autre, de petite taille, distincte de la première par les
caractères de son ouverture et de son ombilic et à laquelle Deshayes a par erreur donné
le nom de *N. micromphalus*, le *N. micromphalus* de Sandberger n'étant qu'une variété du
N. achatensis. Cette Natice devient pour nous le *N. Combesi*, Bayan. C'est une des
espèces les plus caractéristiques de nos sables oligocènes. Nous en avons recueilli plusieurs centaines d'échantillons à Jeures, Morigny, Vauroux et Pierrefitte sans pouvoir
trouver chez cette espèce un passage au type, même jeune, de son congénère, le *N. acha-*
tensis. Dans le *N. Combesi*, il existe toujours une forte callosité columellaire qui forme
dans l'ombilic une sorte de petit bourrelet spiral, séparé du tour précédent par un sillon.
Ce sillon fait défaut chez le *N. achatensis*, dont l'épaisissement du bord gauche, qui recouvre partiellement et obliquement l'ombilic, vient s'appuyer directement sur le retour de la spire. De plus, en avant du bourrelet columellaire, l'ombilic du *N. Combesi*
présente toujours une assez forte dépression canaliforme spirale que nous n'avons jamais retrouvée dans le *N. achatensis*. Les caractères de l'ombilic du *N. Combesi*, qui rapprochent cette espèce du *N. Noæ*, Desh. de Lizy, en font une coquille, selon nous, nettement distincte du *N. achatensis*.

Parmi les nombreux échantillons recueillis à Étampes, l'on peut reconnaître l'existence de deux variétés : l'une, à spire relativement plus élevée et à ombilic plus étroit ;
l'autre, à spire surbaissée et à ombilic plus large. Nous reproduisons dans notre
pl. IV, fig. 16, une variété de cette dernière variété ; peut-être aurait-on pu en former
une espèce distincte, si l'on en possédait un plus grand nombre d'exemplaires. Le deux
seuls connus proviennent de Morigny (coll. Bezançon).

L'existence de la variété à spire surbaissée n'avait pas échappé à Deshayes, qui en fit
le type d'une espèce particulière, son *N. Picteti*, caractérisée par sa taille moindre, son
ouverture dont l'angle postérieur ne se prolonge pas sur la circonférence, comme
cela a lieu dans son *N. micromphalus*. Toutefois, l'auteur reconnaît que ses deux espèces
sont très voisines et que l'une pourrait bien n'être qu'une forte variété de l'autre. D'ailleurs, les figures données par lui pour les deux coquilles, ne permettent de constater entre
elles aucune différence sérieuse. Nous pensons donc que le *N. Picteti* ne saurait être
conservé dans la nomenclature, et qu'il y a lieu de le réunir au *N. micromphalus* de
Deshayes qui devient pour nous le *N. Combesi*.

En effet, si le nom de *N. micromphalus*, reposant sur une erreur de Deshayes ne peut
être maintenu, celui de *N. Picteti* ne saurait l'être davantage, car en 1854, MM. Hébert
et Renevier avaient déjà décrit sous ce nom une coquille des Diablerets, voisine du *N. co-*
nica des sables de Beauchamps, composée de six tours de spire, régulièrement conique et
très différente de celle de Deshayes. L'erreur de ce dernier a été rectifiée par M. Bayan
qui a proposé de changer le nom de l'espèce d'Étampes et de l'appeler *N. Combesi*. Nous
adoptons cette dénomination nouvelle, mais en l'appliquant à la fois au *N. micromphalus*,
Desh. (non Sandb.) et au *N. Picteti*, Desh., qui n'est qu'une variété de la première.

127. — **Natica stampinensis**, Cossmann et Lambert.

Pl. III, fig. 4.

Testa globulosa, crassa, lævigata, umbilicata, brevi 'spira. Anfractus 6 convexi, lente crescentes, sutura canaliculata distincti; ultimus maximus, aliquibus plicis tenuissimis transversaliter striatus. Apertura falciformis, labro simplici, integro, flexuoso et margine collumellari crasso, infrà expanso. Umbilicus angustus, margine columellari fere coopertus.

Dimensions : long. 19 mill.; larg. 15 mill. ; angle spiral 102°. — Variété : long. 24 mill. ; larg. 21 mill.; ang. sp. 125°.

Coquille de moyenne taille, subglobuleuse, à test épais, à spire courte, composée de six à sept *tours* convexes, croissant lentement, ornés de quelques plis d'accroissement, atténués, séparés par une suture canaliculée ; le dernier tour formant les deux tiers de l'ensemble est renflé. Ouverture falciforme, étroite; labre simple flexueux; bord columellaire épais, recouvrant en partie l'ombilic qui est étroit et peu profond.

Rapports et différences. — Cette Natice appartient au même type que le *N. crassatina* dont elle a la forme générale et les sutures canaliculées, et elle offre, avec son congénère une certaine analogie; cependant une analyse complète de ses caractères ne permet pas de la confondre avec le *N. crassatina*. Le *N. stampinensis* est relativement moins large ; ses tours croissent plus lentement, et le dernier est moins dilaté ; ses sutures sont moins profondes ; sa surface est dépourvue de stries spirales ; son bord columellaire ne recouvre jamais complètement l'ombilic; son ouverture surtout est plus étroite, moins dilatée en avant ; enfin son test est proportionnellement plus épais. Le sillon qui, dans le *N. crassatina*, marque le sommet du dernier tour, depuis la callosité columellaire jusqu'à l'ouverture, ne se remarque pas dans notre espèce. Chez le *N. crassatina*, l'ombilic est presque toujours recouvert par une forte callosité, et il en est ainsi, même chez les jeunes au diamètre de 8 millimètres et au-dessous. Au contraire, chez le *N. stampinensis*, cette callosité n'existe jamais ; l'ombilic reste en partie découvert.

Le *N. augustata* de Gaas a une forme moins épaisse, une spire plus aiguë, une ouverture plus dilatée que notre espèce; ses ornements sont différents. Quelques Natices des sables de Beauchamps offrent avec le *N. stampinensis* une vague analogie ; elles s'en distinguent toutes aisément par les caractères de leur suture et la forme de leur ouverture.

Localités. — Pierrefitte (rare : six échantillons de diverses tailles), collection Lambert.

128. — **Cancellaria Baylei**, Bezançon.

Pl. III, fig. 3.

Journal de Conchyliologie, 1870, t. XVIII (3ᵉ série, vol. X, n° 3, juillet), p. 316, pl. X, fig. 3.

Nous rapportons à l'espèce décrite par M. le docteur Bezançon, l'échantillon trouvé par

18

l'un de nous à Pierrefitte, les différences étant trop peu importantes pour justifier la création d'une espèce nouvelle.

Longueur (d'après un échantillon incomplet de Pierrefitte) : 10 mill.; largeur : 5 mill.; angle spiral : 40°.

Cette coquille est allongée, treillissée, ombiliquée, formée de 6 tours de spire convexes, séparés par une suture très nette, ornés de nombreuses côtes. Le dernier tour, formant un peu moins de la moitié de l'ensemble, est orné de côtes flexueuses, dont trois sont plus saillantes et variciformes. L'ouverture est étroite, dilatée en arrière, canaliculée en avant. Le labre est garni extérieurement d'un fort bourrelet, simple et lisse en dedans; le bord columellaire peu épais porte deux petits plis saillants, et la fente ombilicale est assez ouverte.

RAPPORTS ET DIFFÉRENCES. — Cette espèce se rapproche du *C. minuta*, Braun (*C. subangulosa* Wood); mais le dernier tour de celui-ci, est proportionnellement moins élevé et dépourvu de bourrelets variciformes : ses côtes sont plus larges, moins serrées, moins nombreuses, moins atténuées antérieurement; enfin sa fente ombilicale est beaucoup moins ouverte. C'est probablement un échantillon défectueux du *C. Baylei*, que M. von Kœnen dit avoir trouvé à Morigny, et qu'il rapporte au *C. minuta*.

Le *C. Sandbergeri*, Tournouër, de l'Oligocène de Rennes, se rapproche plutôt du *C. brauniana*, Nyst, que de notre espèce; d'ailleurs, il porte trois plis columellaires saillants qui l'en distinguent nettement.

M. le docteur von Kœnen dit (*loc. cit.*, p. 20) avoir trouvé à Morigny, un cancellaire qu'il rapporte au *C. minuta*, Braun, mais qui n'est probablement qu'un échantillon défectueux du *C. Baylei*.

LOCALITÉS. — Jeures, coll. Bezançon; Morigny, coll. Amouy; Pierrefitte, coll. Lambert (type figuré et décrit); très rare.

129. — Cerithium intradentatum, Desh.

Pl. VI, fig. 12.

Le type de cette espèce, tel qu'on le trouve à Étréchy, à Jeures et à Brunehaut est facilement reconnaissable à sa taille, à ses tours de spire peu convexes, séparés par une suture onduleuse, ornés de côtes variciformes irrégulières, et de stries spirales nombreuses, flexueuses, inégales et très granuleuses.

Cette espèce est très rare dans les sables à Pétoncles de Morigny et nous n'en avons jamais recueilli qu'un échantillon jeune et incomplet dans le falun de Pierrefitte. M. Stanislas Meunier a, il est vrai, signalé à ce dernier niveau, sous le nom de *C. intradentatum*, une assez grande espèce, certainement voisine, mais que nous considérons aujourd'hui comme différente et que nous décrivons sous le nom de *C. petrafixense*.

Nous avons figuré à nouveau le *C. intradentatum*, afin de bien accuser les caractères qui distinguent le type de l'espèce, de ses congénères.

130. — Cerithium petrafixense, Cossmann et Lambert.

Pl. IV, fig. 14, *a*, *b*, *c*.

Testa crassa, elongata, varicosa; anfractus 15, varicibus aliis majoribus, prominulis, gibberulis, aliis minoribus, attenuatis, et striis spiralibus numerosis, inæqualibus, ad varices latioribus, ornati; primi subcomplanati, suturis confusis, flexuosis juncti, varicibus regularioribus polygonales videntur; alteri convexi, suturis distinctis separati; apertura ovata, canali modico contorto terminata; labio simplici, acuto, intus unidentato; margine columellari exili.

Longueur : 53 mill.; largeur : 22 mill.; angle spiral $\begin{cases} \text{au sommet : 40°.} \\ \text{en moyenne : 25°.} \end{cases}$

Coquille épaisse, allongée, irrégulière, composée d'environ 15 tours de spire chargés de varices, les unes plus grosses, saillantes, onduleuses, formant des gibbosités irrégulières, les autres plus petites, parfois atténuées, n'atteignant pas la suture, et ornés de stries spirales, lisses ou subgranuleuses, inégales, saillantes et s'élargissant sur les principales varices, de manière à rendre la surface de celles-ci comme gaufrée. Les premiers tours, presque plans, ont un aspect polygonal particulier, par suite de la disposition plus régulière des varices; ils sont réunis par une suture confuse et onduleuse. Les derniers tours, convexes, sont séparés par une suture toujours flexueuse, mais plus nette et bordée d'un bourrelet plus ou moins apparent. Ouverture ovale, terminée par un canal recourbé. Labre simple, tranchant, portant une seule dent interne; bord columellaire peu épais.

Nous réunissons à cette espèce, à titre de variété, un petite cérithe de 15 millimètres sur 7 millimètres, composé de 8 tours de spire convexes, ornés de côtes tuberculeuses, régulières, et de stries spirales fines, subgranuleuses, inégales, séparés par une suture très nette, bordée d'un bourrelet granuleux. Malgré ces caractères, et bien que son angle spiral soit un peu plus aigu, nous n'avons pas cru devoir séparer ce petit cérithe de notre *C. petrafixense*, car il y a des individus qui paraissent intermédiaires entre le type et la petite variété.

RAPPORTS ET DIFFÉRENCES. — L'espèce la plus voisine du *C. petrafixense*, est certainement le *C. intradentatum*, Desh. Notre espèce s'en distingue par ses côtes variciformes plus nombreuses, plus saillantes, régulières sur les premiers tours, par ses stries spirales plus serrés, plus fines, et par l'absence de gros granules à la surface des tours. Ce dernier caractère, ainsi que la forme polygonale des premiers tours, la gibbosité des derniers, sur les grands individus, donnent au *C. petrafixense*, un aspect bien différent.

Par l'absence de granules, cette espèce se rapproche aussi du *C. subvaricosum*, Braun, mais ce dernier a une spire moins tuberculeuse, dont les tours moins convexes sont ornés de stries spirales encore plus fines et plus régulières.

LOCALITÉ. — Pierrefitte, assez commun ; coll. du Muséum; coll. Lambert (types figurés); coll. Cossmann.

131. — **Cerithium Peroni**, Cossmann et Lambert.

Pl. IV, fig. 13, *a, b.*

Testa elongata, subpupiformis, varicosa; spirâ obtusâ; anfractus 8 subcomplanati, suturis distinctis, flexuosis, separati, costis transversis numerosis, obliquis, in ultimo attenuatis et varicibus etiam striis spiralibus flexuosis, inæqualibus, subgranosis, in costis et varicibus crispulis, ornati; ultimus angustatus, anticè cingulis prominulis ornatus; apertura falciformis, lato et contorto canali terminata; labro simplici, acuto; columella ad extremitatem torsa.

Longueur : 28 mill.; largeur : 9 mill.; angle spiral des premiers tours : 36°.

Coquille de moyenne taille, à spire allongée, obtuse au sommet, irrégulière et presque pupoïde, composée de 8 tours presque plans, réunis par des sutures peu profondes et onduleuses, ornés de côtes nombreuses, obliques, qui ne se correspondent pas d'un tour à l'autre, variqueuses de place en place, et de stries spirales inégales, onduleuses, subgranuleuses, saillantes et s'élargissant sur les varices ou les côtes, dont la surface a l'aspect gaufré. Le dernier tour contracté, orné de côtes plus atténuées et antérieurement de cordonnets spiraux plus saillants que les autres. Ouverture semilunaire, terminée par un canal large et courbe; labre simple et tranchant; bord columellaire peu épais, portant un pli atténué; columelle tordue à son extrémité. On remarque, à l'intérieur de l'ouverture, mais assez profondément, l'existence, sur le bord droit, d'une seule dent assez saillante.

Rapports et différences. — Cette espèce vient se placer dans le même groupe que le *C. intradentatum*, Desh.; elle s'en distingue par sa forme pupoïde, par le sommet de sa spire qui est obtus, par son dernier tour comprimé, par son canal plus large, sa columelle tordue, par la dimension moindre de sa dent interne, et par ses ornements composés de côtes gaufrées plus nombreuses, et de stries spirales moins granuleuses.

Le *C. petrafixense*, Nob., s'en distingue par sa forme générale, par la grandeur de son dernier tour, par la finesse de ses stries spirales qui sont égales entre elles, par la grosseur et la fréquence de ses varices, enfin par les caractères de son ouverture.

Localité. — Pierrefitte, très rare, coll. Lambert.

132. — **Cerithium undulosum**, Stanislas Meunier.

Pl. IV. fig. 22, *a, b, c.*

(Nouv. Arch. du Muséum, 2° série, 1880, p. 249, pl. XIV, fig. 11-12.)

Nous n'avons que peu de chose à ajouter à la description que M. Stanislas Meunier a donnée de cette espèce.

L'espèce la plus voisine, dans l'Oligocène, est le *C. limula*, Desh., qui est de la même taille, orné de stries spirales irrégulières, et qui porte également trois dents internes sur le bord droit de l'ouverture. Malgré ces analogies, il n'est pas douteux un seul instant que le *C. undulosum*, soit distinct; on le sépare à première vue, et on le reconnaît toujours à sa forme plus conique, moins pupoïde, à sa spire plus allongée, plus aiguë au sommet, à ses varices plus nombreuses, surtout à la nature de ses stries spirales qui ne sont jamais granuleuses et qui sont plus écartées.

Le *C. undulosum* peut encore être comparé aux *C. catalaunense* et *C. intangibile*, de Châlons-sur-Vesles; il se distingue de la première de ces deux espèces, par ses varices; des deux, par ses côtes plus écartées et moins granuleuses, par son ouverture plus arrondie et par son canal beaucoup plus court.

Cette coquille n'est pas spéciale au niveau de Pierrefitte; nous en avons en effet, recueilli un échantillon dans le falun inférieur de Brunehaut.

133. — **Cerithium Debrayi**, Cossmann et Lambert.

Pl. V, fig. 7, *a, b*.

T. minima, turrita; anfractus 8-9 convexi, quadricarinati, costulis tuberculosis et varicibus nonnullis ornati; ultimus tertiam partem longitudinis adæquans anticè, ad basim subdepressus; apertura rotundata, excisa, canali breve elatissimo terminata, labro sinuoso intus biplicato et columellâ incurvâ cincta; basi unicarinatâ et concentricè substriatâ.

Longueur : 4 mill.; largeur : 1^{mm}5.

Petite coquille allongée, turriculée, formée de 8 ou 9 tours très convexes, séparés par une profonde suture. Les premiers sont lisses; les tours suivants sont ornés de quatre carènes, dont deux, celles du milieu, sont plus saillantes, de sorte que la suture paraît accompagnée d'une double rampe déclive.

Entre ces carènes, on aperçoit quelques traces d'un cordon intermédiaire; l'ornementation est complétée par des costules transverses, un peu obliques, peu proéminentes, qui forment, à leur point d'intersection avec les carènes, de petits tubercules pointus et comprimés; en outre, quelques varices sont irrégulièrement disposées sur les tours.

Le dernier tour est assez développé; il occupe environ le 1/3 de la longueur totale et est un peu déprimé à la base. L'ouverture arrondie est brusquement tronquée du côté du canal qui est large et court; le labre est sinueux et légèrement proéminent en avant; il est orné, à l'intérieur, de deux plis étroits et saillants, qui correspondent à chaque varice. La columelle concave est recouverte d'un bord gauche peu épais. La base du dernier tour est à peine convexe; elle est ornée d'un cordonnet que les stries d'accroissement rendent granuleux, et de quelques stries concentriques excessivement fines.

RAPPORTS ET DIFFÉRENCES. — Cette petite coquille qui n'a pas, au premier abord, de caractères bien définis, se distingue cependant, lorsqu'on l'examine de près, des *C. undulosum*, Stan. Meunier et *C. limula*, Desh.

Le *C. undulosum* est moins étroit, a les tours à peine convexes, ornés seulement de trois cordonnets moins saillants; les stries intermédiaires sont bien plus accusées et tendent à égaler les cordons principaux; enfin la forme de l'ouverture est bien différente, le canal est plus étroit, et les trois dents internes du bord droit n'ont pas de rapport avec les deux plis de notre espèce.

Le *C. limula* a quatre cordons, il est vrai; mais ceux-ci sont égaux, couverts de granulations bien plus serrées; les tours sont plus convexes; le dernier n'atteint pas le tiers de la longueur totale et la base est ornée de plusieurs cordons granuleux. Notre espèce a beaucoup de rapports avec le *C. Duchasteli*, Desh., du Calcaire grossier; mais son ornetation est différente, et elle s'en distingue par ses varices et sa forme plus étroite.

Localité. — Brunehaut, un échantillon dans la coll. Bezançon.

134. — **Cerithium Changarnieri**, Cossmann et Lambert.

Pl. V, fig. 8, *a, b*.

T. minima, anfractibus 8 angulatis, bicarinatis et costulatis composita; ultimus tertiam partem longitudinis adæquans; basi depressâ, lævigatâ; apertura quadrata, canali brevissimo terminata, labro tenui cincta.

Longueur : $2^{mm}5$; largeur : $0^{mm}8$.

Petite coquille assez allongée, formée de 8 tours anguleux et étroits. Le sommet de la spire est composé d'un bouton embryonnaire lisse, auquel font suite deux tours simplement striés; sur les suivants, naissent deux carènes très rapprochées, situées vers le milieu de leur largeur, traversées par de petites côtes saillantes et espacées, qui sont armées de crêtes à l'intersection des carènes. Le dernier tour représente presque le tiers de la longueur totale; sa base est lisse, plane et limitée par deux carènes simples. L'ouverture est presque carrée; le canal est à peu près nul et le bord droit est mince, tranchant, à peine sinueux.

Rapports et différences. — Cette petite coquille, qui ne nous est connue que par trois échantillons de Jeures, a été séparée par Deshayes comme une espèce nouvelle dans la collection de M. le docteur Bezançon. Nous lui rapportons, avec doute, un individu de Pierrefitte, pour lequel il ne nous a pas paru prudent de créer une espèce nouvelle, bien qu'il diffère du type décrit ci-dessus et qu'il nous soit impossible de le considérer comme un jeune échantillon d'une espèce déjà connue.

Cette coquille (fig. 8*b*) diffère du type du *C. Changarnieri*, par l'existence d'une seule carène très saillante sur les premiers tours, par la présence, au-dessus de la suture, d'un mince cordonnet qui devient granuleux sur le dernier tour, par le nombre plus considérable et par la courbure de ses côtes tranverses. Enfin, on y distingue quelques traces de stries spirales au-dessous de la carène. Ses dimensions sont 4 millimètres de longueur et $1^{mm}5$ de largeur (coll. Cossmann). Cette coquille est bien plus étroite que le *C. dissitum*, Desh.

Localités. — Jeures, coll. Bezançon, Pierrefitte (var. ?), coll. Cossmann.

135. — **Cerithium Boblayei**, Desh.

Pl. V, fig. 2.

Dans la tranchée de Brunehaut où cette espèce est très abondante, il existe une variété allongée que nous croyons utile de figurer parce que l'on n'a représenté, jusqu'ici, que le type court de cette espèce. Cette variété ne diffère, d'ailleurs, du type par aucun caractère sérieux qui justifie une séparation; on peut former une série des formes intermédiaires qui relient entre eux les extrêmes, par un passage graduel.

Dans l'individu le plus allongé que nous ayons sous les yeux (coll. Bezançon, type figuré), le rapport de la largeur à la longueur est de 4 à 9; quelques échantillons trapus (coll. Cossmann) présentent au contraire un rapport de 3 à 5.

136. — **Cerithium Merceyi**, Cossmann et Lambert.

Pl. V, fig. 15, *a, b*.

Testa elongata, crassa, varicosa; anfractus numerosi, lente crescentes, parùm convexi, suturis depressis distincti, transversim costis multis, flexuosis, graniferis et aliquibus varicibus prominulis, spiraliter cingulis 4 vel 5 ornati; in ultimis anfractibus cinguli numerosiores et striis separati videntur; apertura in C. descripto non integra, subquadrata; labro crasso, intùs callositate bidentatâ et duabus minoribus dentibus anticè armato; margine columellari uniplicato.

Longueur probable : 55 mill.; largeur : 16 mill.; angle spiral : 20°.

Coquille allongée, assez épaisse, dont la spire croît lentement; tours presque plans, séparés par de profondes sutures, ornés transversalement de quelques varices qui débordent sur la suture, et de nombreuses côtes égales, flexueuses, rendues granuleuses par le passage de quatre cordonnets spiraux. Sur le dernier tour, ces cordonnets deviennent plus nombreux, en se dédoublant du côté antérieur, et sont séparés par une strie. L'ouverture n'est pas intacte dans l'échantillon unique que nous décrivons; elle paraît avoir été quadrangulaire; le labre est épaissi, brusquement coudé du côté antérieur, et il porte, à l'intérieur, une forte callosité composée de deux plis; on remarque, en outre, plus près du canal, deux dents peu proéminentes. Le bord columellaire porte un pli très accusé.

RAPPORTS ET DIFFÉRENCES. — Cette coquille, dont nous n'avons encore recueilli que quelques échantillons incomplets, diffère nettement de ses congénérés des environs d'Étampes et se rapproche plutôt d'une forme très répandue dans les terrains miocènes et dans l'Oligocène supérieur.

Il existe, dans le bassin de Mayence (Cerithienkalk et couches supérieures des calcaires à Hélices), une espèce nommée *C. Rahtii*, Braun, qui diffère de la nôtre par la régularité de sa spire, qui est moins allongée, et dont les côtes transverses sont un peu moins serrées et moins nombreuses.

On trouve, dans l'Helvétien de la Touraine, une autre espèce dont la nomenclature est assez confuse, le *C. lignitarum*, Eichn. (*C. Duboisi*, Horn, *C. crassum*, Duj.), qui a un angle spiral moins ouvert, des granules plus petits et plus réguliers, des varices moins saillantes que le *C. Merceyi*.

Les *C. bidentatum*, Eichn. et *C. subcorrugatum*, d'Orb., appartiennent aussi au même groupe que notre espèce; mais, ni l'un ni l'autre ne présente le dédoublement des cordonnets spiraux qui caractérise le *C. Merceyi*, sur le dernier tour. Sur les varices notamment, où les cordonnets s'écartent davantage, on ne distingue absolument aucun filet intermédiaire, même lorsqu'on examine attentivement des échantillons non usés.

Localité. — Pierrefitte, très rare, coll. Lambert.

137. — **Cerithium plicatum**, Brug.

Pl. V, fig. 6.

C. Galeottii, Nyst. Coq. et pol. foss., p. 537, pl. XLII, fig 6.

Le *C. plicatum* est une des espèces les plus caractéristiques et les plus abondamment répandues de nos sables oligocènes; il a existé dans les couches les plus anciennes et, résistant même au retrait de la mer, il a continué à vivre jusque dans les dépôts qui servent de base au Calcaire de Beauce, sans que l'influence de ces milieux, cependant si différents, paraisse avoir eu sur son aspect une action sensible.

Nous signalerons une petite variété qui s'éloigne beaucoup, à première vue, du type de l'espèce; nous la rapportons au *C. enodosum*, Sandb. Elle est caractérisée par l'absence absolue de tubercules sur les tours de spire, qui sont simplement ornés de cordonnets transverses lisses et inégaux. Toutefois, sur quelques échantillons, qui forment un passage de la variété au type, les cordonnets deviennent légèrement granuleux. Cette variété est, d'ailleurs, beaucoup plus sujette que le type, à des déformations et à des monstruosités, telles que celles de l'échantillon figuré (Pl. V, fig. 6).

Quelquefois, la spire s'allonge, les tours deviennent convexes et scalariformes, l'ouverture est arrondie, entière, à peine échancrée par un canal linéaire. Dans d'autres échantillons, le dernier tour prend un développement anormal, l'ouverture est rejetée au dehors, circonscrite par un bord gauche peu épais et irrégulier, qui laisse une sorte d'ombilic béant.

Nous avons recueilli le *C. plicatum* (var. *enodosum*), à Brunehaut et à Pierrefitte.

Il existe à Jeures (coll. Bezançon), à Morigny et à Pierrefitte (coll. Lambert), une variété (Pl. V, fig. 3, *a, b*), caractérisée par la présence, sur les tours, de trois carènes tuberculeuses, celle du bas surtout. Les tubercules, au nombre de 24 sur chaque tour, sont écrasés, un peu obliques, et reliés entre eux, notamment ceux de la 2ᵉ à la 3ᵉ carène, par de petites costules qui finissent, sur certains individus, par reproduire le type du *C. plicatum*. La suture est située au fond d'une dépression très creuse.

A côté du type, Sandberger a distingué de nombreuses variétés, sous les noms de *C. pustulatum, papillatum, intermedium, multinodosum*.

Il cite même à Jeures, la seconde, et à Ormoy, la troisième de ces variétés. Nous n'avons pas retrouvé à Ormoy le type figuré à la Pl. IX, fig. 4. Les distinctions à faire entre ces variétés sont d'ailleurs, à peu près impossibles, quand on examine un nombre considérable de bons échantillons.

Nous nous bornons donc à signaler les variétés suivantes :

C. Galeottii, Nyst., de Morigny et d'Étampes; *C. enodosum*, Sandb., de Brunehaut et de Pierrefitte; enfin la belle variété d'Ormoy, à coloration rosée et à labre dilaté, figurée par Deshayes.

138. — **Cerithium lævissimum**, Schlotheim.

Pl. IV, fig. 17, *a, b.*

Nous rapportons à cette espèce, dont la présence n'avait pas encore été signalée dans
le bassin de Paris, une coquille lisse, ayant les tours faiblement convexes; les premiers
seuls sont ornés de trois stries transverses très atténuées, tandis que le reste de la spire
est complètement dépourvu d'ornements.

Nous avons sous les yeux des échantillons de cette espèce provenant de Weinheim, et
nous ne saisissons pas de différences appréciables entre eux et les individus de Pierrefitte.
La description et les figures de cette espèce, données par Sandberger (p. 100, pl. IX, fig. 8),
s'appliquent d'ailleurs exactement à nos échantillons.

La spire est pointue, la base un peu convexe; les tours sont au nombre de 12 : les premiers sont presque plans. L'ouverture ovale est terminée par un canal très court et contourné; le labre est oblique et arqué, le bord columellaire réfléchi.

Quelques-uns des échantillons de Pierrefitte ont les derniers tours plus lisses que ceux
de Weinheim. Les dimensions sont : 21 mill. de longueur sur 6 mill. de largeur;
l'angle spiral est de 20°.

Localité. — Pierrefitte (rare); coll. Lambert (type figuré); coll. Cossmann.

139. — **Cerithium Cotteaui**, Cossmann et Lambert.

Pl. V, fig. 9.

Testa minima, elongata, scalaroides, lævigata, apice obtuso; anfractus 8 convexi;
suturis distinctis separati, antice juxta suturam cingulo exili, ornati; apertura rotundata
antice vix emarginata et canaliculata.

Longueur : 4 mill.; largeur : 1^{mm}25; angle spiral : 16°.

Coquille de petite taille, allongée, à sommet obtus, lisse, scalaroïde, composée de
8 tours très convexes, séparés par une suture distincte, bordée par une seule strie spirale; le dernier tour porte un angle obtus à la circonférence de la base; l'ouverture est
arrondie, à peine échancrée en avant par un canal rudimentaire; le labre est simple et
tranchant.

Rapports et différences. — Notre espèce rappelle, de loin il est vrai, le *C. terebrale,*
Lamk., qui s'en distingue par ses stries et surtout par ses varices.

Localité. — Pierrefitte, très rare, coll. Lambert.

140. — **Cerithium Weinkauffi**, Tournouër.

Cerithium elegans, Desh., 1824, t. II, p. 337, fig. 10-12 (non Blainv.).
Cerithium Weinkauffi, Tournouer, 1872, Bull. Soc. Géol., 2ᵉ série, t. XXIX, p. 523.

Dans son ouvrage sur les Coquilles du bassin de Mayence, Sandberger distingue trois espèces voisines les unes des autres. Ce sont :

> *Cerithium elegans*, Desh.
> *Cerithium submargaritaceum*, Braun.
> *Cerithium margaritaceum*, Brocchi.

Dans le bassin de Paris, Deshayes n'indique qu'une seule espèce, *Cerithium elegans*, et lui réunit, à titre de variété, une coquille qui a plus de rapports avec le *C. margaritaceum* qu'avec le *C. elegans*.

Si, au lieu de nous en rapporter aux figures des auteurs, nous examinons les échantillons que nous possédons (coll. Cossmann), nous trouvons :

1° Sous le nom de *C. elegans*, des individus de :

> *a.* Kleyn Spauwen, donnés par feu M. Colbeau;
> *b.* Morigny, recueillis par M. Lambert.
> *c.* Neuilly (Oise), donnés par M. de Boury.

2° Sous le nom de *C. margaritaceum*, des individus de :

> *a.* Saucats et la Brède, près Bordeaux, donnés par M. Benoist,
> *b.* Alzey, près Mayence, donnés par M. le docteur von Klipstein ;

3° Sous le nom de *C. submargaritaceum*, des échantillons de Brunehaut et de Morigny, communiqués par M. le docteur Bezançon.

Nous allons utiliser ces matériaux pour éclaircir la question.

Les individus de Kleyn Spauwen et un fragment mal conservé de Morigny représentent exactement l'espèce figurée par Deshayes dans son Suppl. (Pl. 80, fig. 20, 21, 22), sous le nom de *C. elegans* (type), et caractérisés : par la présence constante de quatre cordons granuleux, celui du bas orné de 15 ou 16 tubercules plus gros que les granules; par des tours en général peu convexes; par des stries d'accroissement très courbées; par l'existence de deux plis obsolètes à la columelle; par l'apparence peu convexe de la base du dernier tour qui est orné de 6 à 8 cordons fins, granuleux, obsolètes et treillissés par les stries d'accroissement; enfin par la proportion de la largeur à la hauteur, qui est à peu près de 1/3. Nous excluons de cette espèce les échantillons de Neuilly, qui n'ont aucun rapport avec cette description.

Les individus de Saucats et de la Brède, qui appartiennent avec certitude au *C. margaritaceum*, Br., ont deux rangées de perles et une rangée de 10 à 12 tubercules saillants, vers la suture inférieure; sous le rebord qui accompagne la suture supérieure, se cache, en outre, un petit cordon granuleux; sur l'un de nos échantillons qui est très frais, nous remarquons, à l'aide de la loupe, de fines stries spirales, non seulement au fond des sillons très profonds qui séparent les rangées de perles, mais encore sur ces perles elles-mêmes. Lorsque la coquille est adulte, il se forme, au bord droit, un bourrelet très sinueux, strié dans le sens des accroissements. La base du dernier tour est assez convexe et ornée de rangées de perles. Enfin le rapport de la largeur à la hauteur paraît être de 2 à 5.

Nous ne trouvons, parmi les échantillons du bassin de Paris, aucune coquille qui présente exactement ces caractères ; celles qui s'en rapprochent doivent être rapportées au *C. submargaritaceum*, Braun.

Quant aux individus d'Alzey, qui ont été bien déterminés d'après la fig. 4 de la pl. VIII de l'ouvrage de Sandberger, ce sont des *C. conjunctum*, Lamk., ainsi que nous l'indiquons en parlant de cette dernière espèce.

Comme l'a fait remarquer M. Tournouër, on ne peut conserver à cette espèce le nom d'*elegans*, déjà employé antérieurement par Blainville, pour une espèce vivante, désignée à tort sous le nom de *C. lacteum* ; M. Tournouër a proposé de donner à l'espèce fossile le nom de Weinkauff qui a signalé ce double emploi.

141. — **Cerithium submargaritaceum**, Braun.

Pl. V, fig. 1.

In Waichn. Geogn., II *Aufl.* p. 1127.
In Sandb., p. 105, fig. XVII, pl. 3.

Le nom donné par Braun doit, d'après nous, s'appliquer, non pas aux échantillons figurés par Sandberger dans la planche VIII de son ouvrage sur les Coquilles du bassin de Mayence, — car ces figures sont à peu près identiques au *C. Weinkauffi*, Tournouër (*C. elegans*, Desh.), — mais à la fig. 3 de la pl. XVII, qui est au contraire identique à ce que Deshayes, dans son Supplément, considérait comme une variété du *C. elegans*. L'assimilation faite par Sandberger doit évidemment être le résultat d'une erreur matérielle, comme le démontre d'ailleurs l'examen attentif des caractères des deux espèces·

Remarquons, en passant, que d'Orbigny a également donné, dans son Prodrome, le nom de *C. submargaritaceum* à une espèce de l'île de Wight, que Sowerby rapportait (peut-être avec raison) au *C. margaritaceum*, Br. Si cette espèce était réellement distincte de celles du Tertiaire supérieur et de l'Oligocène, son nom devrait être changé, puisque la modification proposée par d'Orbigny est postérieure de quatre années au moins à la publication de Braun.

RAPPORTS ET DIFFÉRENCES. — Le *C. submargaritaceum* se distingue des *C. margaritaceum*, Br., et *C. Weinkauffi*, Tournouër, dont nous avons précédemment fixé les diagnoses, par les caractères suivants :

Le rapport de la largeur à la hauteur est de 4 à 9 environ; il est donc bien plus trapu que le *C. Weinkauffi* et un peu plus que le *C. margaritaceum*. Les tours portent 4 cordons comme le *C. Weinkauffi;* mais l'avant-dernier cordon, vers le bas, est formé d'une simple ligne non granuleuse, qui disparaît même quelquefois, de sorte que l'on n'aperçoit plus que trois cordons, comme sur le *C. margaritaceum*, seulement les granules de ces cordons sont formés par de petites côtes courbes et obliques qui persistent d'un cordon à l'autre, ce qui distingue nettement cette espèce de celle du Tertiaire supérieur dont les perles sont isolées. La rangée de tubercules qui couronne la suture inférieure est formée de

12 grosses nodosités, moins pointues que celles du *C. margaritaceum ;* ces nodosités sont munies d'un angle médian qui leur communique la forme de biseau, tandis que les tubercules du *C. margaritaceum* sont coupés carrément. La columelle ne paraît être ornée que d'un seul pli, et la base du dernier tour est bien moins convexe que celle du *C. margaritaceum* et ornée de cordons concentriques, plus accusés que ceux du *C. Weinkauffi,* moins granuleux que ceux de l'espèce du terrain tertiaire supérieur.

Le bord droit est évasé, épaissi, surtout sur les échantillons de Neuilly, et il laisse, de place en place, des varices marginées, qui indiquent les époques d'arrêt de l'accroissement de la coquille. Enfin la surface des individus bien conservés est ornée de stries spirales très fines et de stries d'accroissement plus visibles, dont les faisceaux forment les côtes transversales que nous avons signalées.

En résumé, cette espèce est intermédiaire entre les *C. Weinkauffi* et *margaritaceum*, et dès l'instant que l'on ne réunit pas les trois formes, on est amené à créer trois espèces distinctes.

Localités. — Neuilly (Oise). — Collection Cossmann ; Morigny et Brunehaut (collection Bezançon ; assez rare).

142. — **Cerithium Bourdoti**, Cossmann et Lambert.

Pl. IV, fig. 18.

T. crassa, turrita ; anfractibus in medio paulò concavis, angustis, suturâ profundâ separatis ; primi anfractus imbricati, tricarinati et costulis granulosis numerosis decussati ; ultimi verò funiculis duobus anticè, tuberculis ad suturam posteriorem et striis transversis flexuosis, ornati ; apertura quadrangularis, depressa, labro tenui cincta ; canali elato, brevi, columellâ intortâ marginato ; basi planâ subtilissime decussatâ.

Longueur, 12 mill. ; largeur, 5 mill.

Coquille épaisse et trapue, turriculée, composée d'un grand nombre de tours étroits, un peu concaves au milieu, et séparés par une profonde suture. Les premiers sont tricarénés et traversés par des costules granuleuses et courbes, qui leur donnent un aspect treillissé, persistant jusqu'au quatrième tour avant le dernier. L'ornementation des derniers tours, mieux accusée, est la suivante : 1° dans le sens spiral, un cordonnet peu visible, voisin de la suture supérieure ; puis un très fort cordon et un beaucoup plus étroit, presque linéaire ; à la suite, vient une dépression profonde qui donne aux tours l'aspect concave que nous avons signalé au début ; enfin un dernier cordon près de la suture inférieure ; 2° Dans le sens transversal, de fines stries d'accroissement flexueuses et serrées, et des côtes, au nombre de 30 environ, qui paraissent être fournies par la réunion de stries fasciculées, et qui produisent, par leur passage sur les trois cordons principaux, des tubercules saillants se correspondant suivant une ligne de même courbure que les stries d'accroissement.

La hauteur du dernier tour, comptée sur le profil du bord droit, est le quart de la longueur totale de la coquille. La bouche est quadrangulaire et déprimée, terminée en avant par un canal large, court et déjeté vers la droite. Le bord droit est mince ; il n'y a pas de trace de bord gauche, et la columelle, fortement tordue sur elle-même, est épaisse et comme plissée. La base du dernier tour est plane, presque concave, bordée par une double carène dépourvue de tubercules; elle est obscurément treillissée par les stries d'accroissement qui y sont très accusées et par quelques cordons concentriques et obsolètes.

Rapports et différences. — Cette espèce vient se placer dans le voisinage du *C. Weinkauffi*, Tourn., dont elle se distingue par son ornementation qui ne comporte que 3 cordons au lieu de 4, par l'absence de bord gauche, par la forme carénée et aplatie de sa base treillissée, enfin par l'absence de tubercules très saillants près de la suture inférieure; elle se rapproche aussi de quelques variétés du *C. Diaboli*, Brong., mais elle a des tubercules beaucoup moins nombreux et toujours allongés dans le sens des cordons spiraux, jamais dans le sens des accroissements. Le *C. trochleare*, Lamk, a également beaucoup de rapports avec notre espèce, mais il est plus large à la base, et ses côtes transverses qui donnent naissance aux tubercules, sont étroites, pincées et plus nombreuses.

Localités. — Brunehaut, un exemplaire (type figuré) dans la collection de M. Bourdot, à qui nous dédions cette remarquable espèce;

Morigny, un échantillon en mauvais état (coll. Cossmann).

Pierrefitte, deux échantillons médiocres (coll. Cossmann).

143. — **Cerithium Barroisi**, Cossmann et Lambert.

Pl. V, fig. 5, *a*, *b*.

C. testa parva, tuberculata; anfractus 10 vix convexi, suturis distinctis separati, duabus seriebus spiralibus tuberculorum inæqualium ornati, minorum juxta suturam positorum, majoribus exili costâ junctorum; apertura quadrata, canali contorto emarginata, in margine columellari plicata, labro simplici, angulato.

Longueur, 7 mil.; largeur, 3 mill.; angle spiral, 23°.

Coquille de petite taille, composée d'environ dix tours de spire, faiblement convexes, séparés par des sutures distinctes, ornés de deux rangées spirales de tubercules inégaux. Les plus petits sont granuliformes, bordent la suture et sont réunis par une petite côte aux plus gros qui occupent la partie convexe des tours. En avant des principaux tubercules, on voit, sur le dernier tour, une double strie spirale, correspondant à l'angle qui le divise. Sur les premiers tours, les granules de la rangée postérieure s'atténuent, et la surface ne semble garnie que d'une seule rangée. Ouverture subquadrangulaire, échancrée par un canal courbe, médiocrement développé; labre simple, brusquement coudé; un pli obtus à la columelle.

Rapports et différences. — Un échantillon appartenant évidemment à notre espèce a été figuré par Sandberger (pl. 8, fig. 5 *f*), qui le rapporte au *C. Lamarcki*, Brongn. Nous ne pouvons admettre ce rapprochement; la figure de l'auteur allemand se rapprocherait plutôt du *C. Diaboli*, Brong. (*C. conjunctum*, Desh). Mais nous ne croyons pas qu'il soit possible de confondre deux espèces si différentes par leur forme et leur ornementation.

Le *L. Lebescontei*, Tournouër est également très voisin du *C. Barroisi;* mais il en diffère par sa forme moins allongée, et par le principe de son ornementation qui est inverse; dans l'espèce de Bretagne, c'est la bandelette spirale antérieure qui est granuleuse, et il paraît d'ailleurs y avoir des bandelettes intermédiaires qui manquent sur les échantillons de Pierrefitte.

Le Cerithe le plus voisin de notre espèce serait le *C. Weinkauffi*, Tourn., qui s'en distingue par son angle spiral plus ouvert, par le nombre et par la disposition de ses rangées de granules.

LOCALITÉ. — Pierrefitte, t. rare, coll. Lambert.

144. — **Cerithium Sandbergeri**, Desh.

A côté du type décrit par Deshayes, on trouve, à Pierrefitte, une variété dans laquelle les cordonnets spiraux et granuleux, qui ornent les tours, sont lisses et saillants, au nombre de trois sur chaque tour. Il est même souvent assez difficile de séparer cette variété du type du *C. trilineatum*, Phil. Ce sont, sans doute, ces individus que M. von Kœnen cite de Morigny et qu'il rapporte en partie au *C. Sandbergeri* (Das Mar. Mittel-Olig. p. 52). Cette opinion est d'ailleurs confirmée par le même auteur dans une note intitulée : « *Ueber das Ober-oligocœn von Wiepke* » et extraite des Nouvelles archives de la Société des amis de l'histoire naturelle de Mecklembourg. (T. XXII, p. 110, 1868).

145. — **Cerithium trinileatum**, Phil.

Pl. V, fig. 10, *a, b, c.*

Coquille de petite taille, subulée, composée d'environ 10 tours plans, séparés par des sutures indistinctes, ornés de trois cordonnets spiraux, qui sont lisses, saillants, égaux; les intervalles sont aussi larges que les cordonnets; l'ornementation est complétée par de fines stries d'accroissement, visibles seulement à la loupe. L'ouverture est subquadrangulaire.

Cette petite espèce, qui appartient à la section des Cérithes multispirés de Deshayes, rappelle certaines variétés allongées et tricarénées du *C. trochleare*, dont elle se distingue toutefois par sa forme subulée, plus étroite, par sa spire beaucoup plus aiguë et ses cordonnets spiraux moins saillants. Elle est encore plus voisine des variétés non granuleuses du *C. Sandbergeri*, dont elle ne se sépare que par ses tours de spire croissant un peu plus rapidement, par la saillie plus grande de ses cordons spiraux et par ses fines stries d'accroissement. M. von Kœnen (loc. cit. p. 52) maintient cette séparation.

L'identité des individus types de Pierrefitte et de ceux de Pontlevoy ou de Bordeaux n'est pas douteuse; les proportions de la coquille, la disposition des cordons et des stries, l'aplatissement de la base, tous ces caractères sont les mêmes.

Mais il y a d'autres échantillons de Pierrefitte qui pourraient donner lieu à la création d'espèces distinctes, si l'on en recueillait un plus grand nombre, en meilleur état de conservation.

Nous signalons et nous figurons, entre autres, deux variétés : l'une (fig. 10 *b*, coll. Lambert) a l'angle spiral plus ouvert, les cordons inégaux; celui du haut est le plus saillant, ce qui donne à la spire un aspect légèrement imbriqué. L'autre (fig. 10 c. coll. Cossmann) est encore plus différente; ses tours sont bien plus larges, un peu convexes; elle est à peu près cylindrique; les cordons bien plus écartés sont plus tranchants, séparés par des intervalles larges et régulièrement concaves; les stries que l'on aperçoit dans ces interstices sont courbées; enfin la base est convexe au lieu d'être aplatie, ce qui fait que la coquille n'appartient probablement pas au groupe des *Potamides*, comme l'autre variété et comme le type.

146. — **Cerithium Davidi**, Cossmann et Lambert.

Pl. V, fig. 11, *a*, *b*, *c*.

T. minuta, fragilis, angusta, subcylindrinca; anfractus plani, subulati, sublævigati, suturâ lineari separati, funiculis 3-4 obsoletis, basi depressâ lævigatâ, ad peripheriam bicarinatâ; columella in medio umbilico perforata.

Petite coquille très fragile, étroite, allongée, presque cylindrique, dont nous ne connaissons que trois fragments. Elle est formée d'un grand nombre de tours étroits, absolument plans, subulés, séparés par une suture linéaire, et presque lisses. Leur ornementation obsolète consiste en trois ou quatre cordonnets effacés qui ne paraissent pas avoir été garnis de tubercules. La base du dernier tour est déprimée, presque concave, lisse, bordée à la circonférence par une double carène. Enfin la columelle est ouverte et perforée, en son milieu, d'un ombilic assez étroit dont on retrouve la trace, à l'autre bout, dans la cassure de nos échantillons.

RAPPORTS ET DIFFÉRENCES. — Cette espèce a de grands rapports avec le *C. Sandbergeri*, Desh., et nous n'aurions pas hésité à l'y rapporter, quoiqu'elle soit plus étroite et plus cylindrique, et que l'on n'y aperçoive aucune trace de tubercules, si elle ne s'en distinguait par la perforation de sa columelle, caractère qui la range dans un tout autre groupe d'espèces du grand genre *Cerithium*. Elle vient s'y placer à côté du *C. deceptor*, Desh., d'Hérouval (Éocène inférieur), qui a les tours un peu plus convexes et la forme générale moins étroite.

LOCALITÉ. — Pierrefitte, trois fragments dont les deux plus complets ont été figurés (fig. 2, *a*, *b*, *c*) (coll. Cossmann).

Un autre échantillon assez complet, mais dont l'ombilic est peu visible (coll. Lambert), fig. 2, *d*.

147. — **Cerithium trochleare**, Lamk.

Cette espèce fut la première et quelque temps la seule connue parmi les Potamides oligocènes du bassin de Paris; Brongniart avait seulement séparé l'espèce des Meulières supérieures sous le nom de *C. Lamarcki*. En 1824, Deshayes décrivit de nouvelles espèces appartenant au même groupe, les *C. elegans* et *C. conjunctum*. M. Hébert (1) protesta

(1) Foss. du terr. sup. des env. de Gap, p. 39, Grenoble, 1854.

contre la création de cette dernière espèce et demanda sa réunion au *C. trochleare* à titre de variété. Mais, dans son Supplément, Deshayes maintint, avec raison selon nous, ses deux espèces et y ajouta encore les *C. insolitum* et *C. contabulatum.*

MM. Hébert et Renevier furent évidemment frappés par les analogies indiscutables qui existent entre tous ces Potamides, et plus particulièrement entre le *C. trochleare* et le *C. conjunctum.* Aussi, par une suite de figures, ont-ils montré que l'on pouvait presque insensiblement passer d'un type à l'autre. Il est impossible de méconnaître cette analogie si l'on fait abstraction complète des considérations stratigraphiques. Cependant, en s'appuyant sur les caractères indiqués par Deshayes, par exemple la nature des côtes spirales plus ou moins granuleuses, on arrive à une distinction souvent délicate, mais possible, pour les individus provenant de la mollasse siliceuse d'Étrechy.

Pour les Cérithes du falun de Jeures, cette séparation des deux espèces s'accentue : le *C. trochleare* y est toujours plus allongé, porte des côtes moins granuleuses et un pli columellaire moins accentué que son congénère.

Dans les sables de Morigny, le *C. conjunctum* est devenu rare; mais le *C. trochleare* abonde et acquiert le maximum de son développement; en même temps, il perd tous ses granules et est simplement orné de fortes carènes ou lamelles saillantes qui lui donnent un aspect parfaitement caractéristique.

Dans les sables d'Étampes comme dans le falun de Pierrefitte, le *C. trochleare* est toujours orné de ses carènes lamelliformes, tandis que le *C. conjunctum,* se multipliant à côté de lui, conserve les caractères qu'il avait au début de la période. Aucune confusion n'est plus possible, dès lors, entre les deux types.

Mais, dans les sables d'Ormoy, semble réapparaître la variété granuleuse du *C. trochleare* des faluns de Jeures. Ce cérithe d'Ormoy serait le *C. Diaboli,* Brongn., sur lequel nous reviendrons plus loin, et tous les auteurs, Hébert et Renevier, Deshayes, Tournouër, (*Bull.* t. VI, p. 674), le rapportent au *C. trochleare.* Malgré l'autorité de ces noms, nous ne pouvons admettre un tel rapprochement, compréhensible de la part de MM. Hébert et Renevier qui ont supprimé le *C. conjunctum,* mais inconcevable de la part de Deshayes qui conservait cette espèce.

Le Cérithe d'Ormoy se rapproche, en effet, bien plus du *C. conjunctum* que du *C. trochleare.* La rangée de granules intermédiaires y est obsolète, il est vrai, mais elle existe sur les échantillons qui ont acquis tout leur développement. Cette variété, qui se rencontre d'ailleurs à Pierrefitte et même à Jeures, se rattache donc, par des passages insensibles, au *C. conjunctum.* Faut-il conclure de ce que cette variété présente quelque analogie avec le *C. trochleare,* à la nécessité de réunir celui-ci avec le *C. conjunctum?* Nous ne le pensons pas, car ces deux espèces ont vécu et ont persisté côte à côte pendant la durée si longue et si nécessaire au dépôt de la masse des sables de Fontainebleau; vers la fin de leur vie, a surgi une forme intermédiaire plus proche de l'une que de l'autre; ce n'est pas là une raison suffisante pour les réunir. Il est incontestable qu'elles ont une souche commune; mais nous ne pouvons aborder incidemment la grande et délicate question de l'origine des espèces qui nous mènerait bien au-delà de l'Oligocène, terrain sur lequel nous voulons nous maintenir exclusivement, d'autant plus que la lacune qui existe, dans le bassin de Paris, à la base de l'Oligocène, s'oppose précisément à ce que l'on puisse suivre, de proche en proche, une espèce jusque dans les sables de Beauchamp, et encore au-dessous.

Ce qui tend, d'ailleurs, à prouver que les deux espèces en question étaient déjà distinctes à une époque antérieure aux couches marines d'Étampes, c'est qu'elles existaient dans les argiles à Corbules du Cotentin.

Enfin, si l'on réunit le *C. trochleare* au *C. conjunctum*, il faut réunir également ce dernier au *C. subcinctum*, qui en est encore plus voisin, ainsi qu'au *C. Lamarcki* qui ne se distingue de celui-ci que par des nuances délicates. Dans ces conditions, du *C. mixtum* et du *C. Cordieri* des sables de Beauchamp, jusqu'au *C. tricinctum* du Pliocène, il ne faudra plus faire qu'une seule espèce, si l'on veut être logique, puis rétablir ensuite des variétés qui viendront précisément occuper la place des espèces que nous demandons à ne pas supprimer. Serait-ce là un progrès? Il est permis d'en douter.

C'est en nous appuyant sur les considérations qui précèdent, que nous sommes amenés à maintenir, à côté du *C. trochleare*, le *C. conjunctum*, comme une espèce distincte.

Ainsi limité, le *C. trochleare* offre encore de nombreuses variétés. Dans les couches inférieures, on voit certains échantillons perdre leur carène; celle qui reste devient plus forte et plus saillante, en même temps que l'angle apical devient plus ouvert. C'est alors le *C. contabulatum*, Desh., qui nous paraît devoir être réuni au *C. trochleare*, à titre de variété, faute de caractères spécifiques suffisamment nets pour l'en séparer.

A Pierrefitte on ne trouve que très rarement des échantillons munis d'une seule carène. D'autres sont nettement tricarénés; la spire est chez eux moins allongée, et les carènes égales, moins saillantes. On a vu plus haut par quels caractères cette variété se distingue du *C. trilineatum*, Phil.

Le *C. trochleare* paraît manquer dans le bassin de Mayence, où Sandberger ne l'a cité qu'en le confondant avec le *C. conjunctum*, à l'exemple de MM. Hébert et Renevier.

148. — **Cerithium Diaboli**, Brongn.

C. Diaboli, Brongn. *Vicentin*, 1823, p. 72, pl. VI, fig. 19.
C. conjunctum, Desh., 1824, II, p. 387, pl. 75, f. 1-3.

Cette espèce a été si bien étudiée, qu'il nous paraît inutile de revenir sur sa description ; mais nous sommes obligés de changer son nom, et de lui restituer celui qu'elle doit porter. En effet, à côté du type du *C. conjunctum* Desh., on trouve à Pierrefitte la même variété qu'à Ormoy, celle qui est ornée de deux rangées de granules, et que M. Hébert regarde comme identique au *C. Diaboli*, créé par Brongniart, en 1823, pour une coquille du Vicentin.

Dans son ouvrage sur les Coquilles du bassin de Mayence, Sandberger a méconnu cette espèce. Ainsi que nous le faisons remarquer à propos du *C. trochleare*, c'est à elle que doit être rapporté le type figuré (pl. VIII, fig. 1) qui, dans le texte, est réuni au *C. trochleare*. C'est encore au *C. Diaboli* que doit être rapporté l'exemplaire figuré (pl. XVII, fig. 3, *c*,) sous le nom de *C. elegans*, tandis que la figure 3 représente évidemment un *C. elegans* (*C. Weinkauffi.*) Enfin l'échantillon indiqué comme *C. margaritaceum*, Br., (var. *moniliferum*) est exactement le *C. Diaboli*.

20

149. — **Cerithium insolitum**, Deshayes.

D'après le texte de l'ouvrage de Deshayes, cette espèce serait représentée à la pl. LXXX, f. 13 de l'atlas; mais l'explication des figures indique, avec raison, cet échantillon comme étant un *C. conjunctum*. L'explication des figures ne mentionne pas le véritable *C. insolitum*, mais elle signale à la pl. LXXX, fig. 15, un *C. dubium*, dont il n'est pas question dans le texte et qui, selon nous, doit être regardé comme le type du *C. insolitum*, Desh.

Cette espèce se distingue nettement du *C. conjunctum* (*C. Diaboli*, Brongn.). Elle est même plus voisine du *C. submargaritaceum*, Braun, mais elle s'en distingue par l'absence d'une couronne de tubercules à la suture.

On peut encore la rapprocher du *C. Weinkauffi*, dont la spire est toutefois plus allongée, dont les sutures sont plus profondes, et dont les cordonnets spiraux sont ornés de granules plus inégaux et plus espacés.

150. — **Cerithium subcinctum**, d'Orbigny.

Pl. V, fig. 4, *a*, *b*.

C. cinctum, Bast. (non Lamk), *Grat. conch. foss.*, pl. II, p. 18, fig. 16.
C. subcinctum, D'Orb., *Prod.* 26e ét. t. III, p. 80, no 1465.

Nous avons recueilli, dans le falun inférieur de Jeures, plusieurs échantillons d'un cérithe, orné de trois rangées spirales de granules égaux, et paraissant identique à l'espèce de Gaas, à laquelle d'Orbigny a donné le nom de *C. subcinctum*. Comme l'a fait remarquer M. Tournouër (*Bull. Soc. géol.*, 3e série, t. VII, p. 475), cette espèce fait partie de la série du *C. cinctum*, Brug., qui se poursuit depuis l'Éocène jusqu'au *C. papaveraceum*, des Faluns et au *C. tricinctum* du Pliocène.

Intermédiaire entre le *C. Diaboli*, Brongn., (var. *conjunctum*, Desh.) et le *C. Lamarcki*, Brongn., cette espèce s'éloigne du premier par ses trois rangées de granules égaux, et du second, par sa base plus anguleuse, son pli columellaire plus saillant et par la forme de ses derniers tours qui restent plans, tandis que ceux du *C. Lamarcki* sont légèrement convexes. Il y a donc autant de raisons de séparer le *C. subcinctum*, du *C. Lamarcki*, que le *C. cinctum* de cette même espèce.

En citant cette espèce, M. Tournouër, qui a, le premier, signalé son existence dans l'Oligocène des environs d'Étampes, dit qu'elle paraît avoir été confondue par Deshayes avec le *C. insolitum*, lequel, ajoute-t-il, ne paraît être qu'une variété du même type. Cette observation est juste, en ce sens que le *C. insolitum*, fait comme le *C. subcinctum*, partie d'un groupe dont le *C. cinctum* peut être considéré comme le type, c'est-à-dire d'une même section des Potamides. Mais, ce que nous n'admettons pas, c'est que le *C. insolitum*, tel que nous le comprenons, puisse être considéré comme une simple variété du *C. subcinctum*. Ces deux espèces nous semblent bien distinctes. En effet, il résulte de la description donnée par Deshayes de son *C. insolitum* que, dans cette espèce voisine du *C. Diaboli*, les tubercules contigus à la suture paraissent se dédoubler, et que ce caractère

donne à la coquille un aspect régulièrement granuleux; elle est d'ailleurs bien plus trapue
que celle de d'Orbigny. Si l'on veut rapprocher le *C. insolitum*, Desh. (*C. dubium*, Desh.,
in fig.) de l'un de ses congénères, c'est plutôt au *C. Weinkauffi*, qu'il convient de le réunir.

L'échantillon de Rennes, figuré par M. Tournouër (*loc. cit.* pl. X, fig. 6), est, à notre
avis, un excellent type du *C. subcinctum*, et il n'est pas possible de le confondre avec le
C. insolitum.

Localités. — Jeures, couche à *N. crassatina*, a. rare; Pierrefitte, rare. Coll. Lambert.

151. — **Triforis tricarinatus,** Stan. Meunier.

Pl. V, fig. 12, *a, b.*

Cette espèce a été établie par M. Stanislas Meunier (*loc. cit.*, p. 249, pl. XIX, fig. 13
et 14) sur un simple fragment. Nous avons recueilli depuis d'autres échantillons de
ce petit *Triforis* et nous figurons l'un d'entre eux qui est complet.

En général, les séries de granulations ne sont pas aussi régulières que le laisserait
croire la description de l'auteur. Le cordonnet spiral intermédiaire est souvent un peu
moins développé que ceux qui bordent les sutures; au sommet de la spire, il disparaît
même complètement. L'ouverture est arrondie et terminée par un canal courbe, largement ouvert; le bord columellaire est lisse.

Rapports et différences. — On trouve, dans les faluns de Touraine, une espèce rapportée au *C. perversum*, L., qui se distingue de celle de Pierrefitte par son dernier tour
comprimé, par son ouverture allongée en arrière, son canal en fente étroite et sinueuse.

Dans sa description trop succincte, M. Meunier a omis d'indiquer les rapports de cette
espèce avec celle du bassin de Mayence que Sandberger rapporte aussi au *C. perversum*, L.

L'espèce de Pierrefitte paraît avoir la spire moins régulière, les derniers tours plus
comprimés, les granulations plus inégales, et souvent deux rangées au lieu de trois. En
tous cas, si les deux espèces devaient être réunies, comme elles sont certainement distinctes du *C. perversum* de Linnée, le nom donné par M. Meunier devrait seul être conservé pour l'espèce de l'Oligocène.

Le *C. inversum*, Grat. (non Desh.) a aussi trois cordonnets granuleux qui quelquefois
se réduisent à deux au sommet de la spire; mais les granules de l'espèce de Pierrefitte
sont arrondis, saillants et très rapprochés, tandis que ceux des échantillons de Gaas sont
déprimés et séparés par de larges intervalles.

Le *T. inversus*, Desh., du Calcaire grossier, a la spire plus aciculée, les tours ornés de
granules égaux et plus serrés, confluents dans le sens transversal, de manière qu'ils forment comme de petites côtes transverses.

Quant au *C. perversum*, L., de la Méditerranée, il diffère de notre espèce par ses tours
plus convexes, croissant plus régulièrement, etc....

152. — **Fusus elongatus**, Nyst.

Pl. V, fig. 16.

F. rugosus, Nyst, 1835 (non Lamarck).
F. porrectus, Nyst, in de Koninck, 1837 (non Sow.).
F. elongatus, Nyst, 1843, *Coq et Pol. foss. de Bel.*, p. 493, pl. XXXVIII, f. 25.
F. subelongatus, d'Orbigny, 1852. *Prod.*, 26ᵉ *Et. Falunien A.*, nᵒ 204.
F. elongatus, Sandberger, 1862. *Conch. Mainz. Ter.*, p. 219, pl. XVII, f. 5.
(?)*F. elongatus*, von Kœnen, 1867. *Mar. mitt. Nordd.*, p. 27
F. elongatus, Stan. Meunier, 1880. *Rech. sur les S. mar. de Pierref. Nouv. Arch. du Mus.*,
   2ᵉ sér., t. III, p. 250, pl. XIV, fig. 15-16.

Cette espèce fut d'abord recueillie dans l'argile de Boom et assimilée par Nyst aux
F. rugosus et *F. porrectus ;* puis l'auteur belge, analysant mieux ses caractères, créa pour
elle, en 1843, le nom de *F. elongatus*. C'est, dit-il, une coquille d'assez grande taille,
allongée, composée de tours faiblement convexes, fortement déprimés à leur partie inférieure, réunis par une suture onduleuse, ornés de 9 à 10 côtes transverses, à peu près
droites, très saillantes, que traversent des cordonnets spiraux nombreux et réguliers,
séparés par une strie plus fine ; le canal est grêle et contourné, l'ouverture ovale et
oblongue, la columelle assez épaisse et le labre est garni intérieurement de quelques
légers sillons qui disparaissent sur les adultes.

Nous avons sous les yeux des échantillons typiques de Boom que nous devons à la
bienveillante communication de M. Vincent. L'un d'eux, d'assez grande taille, est particulièrement conforme à la description et aux figures de Nyst. Nous devons cependant
faire remarquer que cet échantillon porte, sur le bord columellaire, deux plis obliques
dont l'existence avait échappé à l'auteur belge. Ces plis n'atteignent pas l'extrémité du
bord gauche et ne sont pas visibles dans les exemplaires à ouverture intacte ; mais ils se
montrent parfaitement chez ceux dont le labre est plus ou moins brisé.

En 1852, d'Orbigny, dans son Prodrome, remplaça le nom de Nyst par celui de
F. subelongatus, d'Orb., sans donner aucun motif de ce changement qui n'est justifié à
aucun point de vue.

En 1862, le professeur Sandberger a décrit et figuré le *F. elongatus*. Les figures 5, 5ᵃ
et 5ᶜ de sa pl. XVII représentent des débris de grands échantillons identiques au type de
Nyst. Mais ses figures 5ₕ et 5ᵈ reproduisent un Fuseau à tours convexes, ornés de côtes
transverses se correspondant plus obliquement, dépourvus en arrière de la dépression
qui borde la suture chez le type de l'espèce. Les mêmes variations s'observent dans des
échantillons provenant de Boom, et nous pensons comme Sandberger, avec MM. Vincent
et de Kœnen, que ces différences tiennent surtout à l'âge et à la taille des coquilles.

Cependant, Sandberger reproduit (pl. XIX, fig. 1, *Conch. Mainzer Tert.*), sous le nom
de *Fusus Waeli*, une coquille à tours convexes et sutures profondes, ornée de côtes
moins nombreuses et plus saillantes et de stries spirales inégales (une forte et trois
petites), qu'il réunit ensuite au *F. elongatus*, Nyst., à titre de variété. Il nous semble difficile d'admettre ce rapprochement.

En 1867, le docteur von Kœnen, frappé sans doute par les difficultés que l'on rencontre à bien circonscrire le *F. elongatus*, prit le parti de confondre le type de Nyst. avec toutes les espèces plus ou moins voisines et il propose d'y réunir les *F. Speyeri*, Deshayes et *F. retrorsicosta*, Sandberger. Nous indiquons plus loin les motifs qui nous engagent à maintenir ces dernières espèces, à la première desquelles se rapportent les citations faites par d'Orbigny et von Kœnen du *F. elongatus* à Jeures et Morigny.

Le type du *F. elongatus*, Nyst. fut pour la première fois signalé dans les sables d'É-tampes, à Pierrefitte, par M. Stanislas Meunier en 1880. Seulement, la description donnée par cet auteur reproduit l'erreur primitive de Nyst et n'indique pas les deux plis columellaires obliques, si caractéristiques du véritable *F. elongatus ;* les figures don-nées sont, sous ce rapport, également défectueuses, et nous avons cru devoir figurer à nouveau, d'une manière plus exacte, l'unique échantillon recueilli par l'un de nous à Pierrefitte et qui a servi à la description de M. Stanislas Meunier (pl. V, fig. 6). Cet échantillon de Pierrefitte, quoiqu'un peu roulé et ayant ses ornements en partie usés, présente bien tous les caractères des types de Boom auxquels nous l'avons comparé.

Il existe, dans la collection de M. le docteur Bezançon, un fragment d'un individu de grande taille (longueur restaurée : 72 mill.), qui montre comment les côtes transverses s'oblitèrent avec l'âge sur le dernier tour. Ce fragment provient de Morigny, où nous en avons nous-mêmes recueilli un autre, absolument semblable par la forme de ses tours, ses ornements, les plis obliques de sa columelle, aux *F. elongatus* de Boom les mieux caractérisés.

Localités. — Morigny, Pierrefitte (très rare) : collections Bezançon, Lambert.

153. — **Fusus Speyeri**, Deshayes.

Pl. V, fig. 15.

Nous avons figuré un échantillon de cette belle espèce qui n'était représenté dans l'ouvrage de Deshayes que par un individu mutilé.

Ce Fuseau est caractérisé par ses tours de spire convexes, ornés de dix côtes trans-verses qui semblent avoir été tordues autour de l'axe de la coquille ; ces côtes sont tra-versées par huit cordonnets spiraux, alternant avec une strie plus fine et qui sont au nombre de vingt sur le dernier tour et le canal ; les cordonnets et le canal sont rendus granuleux par le passage de nombreuses stries d'accroissement. L'ouverture est ovale, le canal assez développé ; le bord droit offre, à l'intérieur, des traces de plis internes, le bord columellaire est dépourvu de plis.

Le docteur von Kœnen (*Mar. Mittel. Olig. Nordd. Moll. Faun.*, p. 27) réunit cette espèce au *F. elongatus*, Nyst. Nous ne pensons pas que ce rapprochement soit fondé. Le *F. Speyeri* se distingue, croyons-nous, facilement de son congénère, par sa taille moin-dre, son angle spiral plus aigu, ses tours plus convexes, relativement plus nombreux, croissant plus lentement, ornés de côtes plus obliques, plus nombreuses, moins sail-lantes, surtout par l'absence de dépression à la partie postérieure des tours et par son bord columellaire lisse, sans plis. Le *F. undatus*, Stan. Meunier, a des côtes transverses, moins onduleuses, plus obliques, plus saillantes et moins nombreuses ; ses stries spirales sont plus égales ; son canal est bien plus court. Le *F. retrorsicosta*, Sandberger, est plus trapu, orné de côtes plus saillantes, de stries spirales plus inégales et a une ouverture fort différente.

Localités. — Jeures d'après Deshayes ; Morigny (coll. Bezançon), (rare).

154. — **Fusus undatus**, Stan. Meunier.

Pl. VI, fig. 5.

Il est vrai, comme l'a dit M. Stan. Meunier, que, dans cette espèce, le bord droit est simple ; cependant il présente souvent une série de plis internes. Les stries onduleuses spirales de la surfaces sont plus ou moins nombreuses, généralement égales, bien que, sur certains échantillons, une strie fine alterne avec une strie normale.

M. Stan. Meunier n'ayant pas dit en quoi son espèce diffère de ses congénères, nous devons combler cette lacune.

Rapports et différences. — Le *F. undatus* rappelle un peu la forme des jeunes échantillons du *F. elongatus*, Nyst ; mais les deux espèces sont nettement différentes. Le *F. undatus* a une spire allongée, un canal court, renversé et brusquement coudé, le dernier tour peu développé ; ses côtes transverses nombreuses, sont obliques à l'axe de la coquille ; ses stries spirales sont presque toutes égales, son bord columellaire est toujours dépourvu de plis, et sa taille reste inférieure à 20 mill. Le *F. elongatus*, plus grand, a un angle spiral plus ouvert, un canal long, presque droit, à peine contourné, des tours comprimés postérieurement ; il porte des stries inégales, des côtes transverses plus espacées, plus onduleuses, plus droites, s'oblitérant en arrière ; son dernier tour est proportionnellement beaucoup plus développé ; enfin son ouverture présente au bord columellaire deux plis obliques.

Nous indiquons plus loin en quoi notre espèce diffère du *Fusus retrorsicosta*, Sandberger.

Le *F. Speyeri*, Desh. est également voisin du *F. undatus;* il s'en distingue par son canal plus long, son dernier tour plus développé, ses côtes transverses plus onduleuses et moins saillantes, ses stries spirales onduleuses, inégales, plus espacées et au nombre de huit seulement par tour.

155. — **Fusus retrorsicosta**, Sandberger.

Pl. VI, fig. 7, *a*, *b*.

Testa subfusiformi, turrita, apice acuta. Anfractus 7 angusti, impressi, costis 6-7 transversis, nodosis, prominulis, retrorsis, et costulis spiralibus numerosis, inæqualibus, striis separatis ornati.

Apertura elongata, angustata, labro simplici, exili, intus lævigato, canali brevissimo columella, oris in medio, plica unica exigua et prope suturam dente obtuso armata.

Dimensions : long. : 13 mill. ; larg. : 7 mill. ; angle spir. : 40°.

Ce petit Fuseau est très rare à Étampes ; nous n'en n'avons encore recueilli que deux échantillons intacts. C'est une coquille formée de sept tours de spire, garnis de six à sept côtes transverses, régulières, noduleuses, épaisses qui se correspondent obliquement à l'axe de la coquille. La surface est en outre ornée de très petites côtes spirales (3 à 4 sur les premiers tours, un plus grand nombre sur le dernier), inégales, séparées chacune par deux stries plus fines.

Ouverture ovale allongée ; labre simple, aminci, lisse en dedans ; bord columellaire peu épais, montrant une dent peu saillante à la base de l'ouverture et un petit pli oblique à la partie moyenne. Canal très court.

Le type du *F. retrorsicosta*, décrit et figuré par le professeur Sandberger (*Conch. Mainzer Tert.*, p. 221, Pl. XVII, f. 6), est extérieurement identique à l'échantillon de Pierrefitte que nous lui rapportons, mais les caractères de son ouverture sont un peu différents, le type portant deux plis obliques au bord columellaire, tandis que sur l'individu d'Étampes, nous n'en avons vu qu'un seul. Nous ne pensons pas que, sur cette seule différence, quand il y a identité des autres caractères, il soit possible d'établir une distinction spécifique entre le type de Weinheim et nos échantillons de Pierrefitte.

RAPPORTS ET DIFFÉRENCES. — Dans son ouvrage (*Mar. Mittel-olig. Nordd. Moll. faun.*, p. 27), M. le docteur von Kœnen réunit purement et simplement le *F. retrorsicosta*, Sandberger, au *F. elongatus*, Nyst. Dans une lettre que la savant professeur nous a fait l'honneur de nous adresser à ce sujet, il maintient que le *F. elongatus* de Weinheim et le *F. retrorsicosta* appartiennent réellement à la même espèce, dont le type est le Fuseau de Boom décrit par Nyst. Nous avons le regret de ne pouvoir nous ranger sur ce point à l'avis de notre honorable correspondant.

Nous croyons que le *F. retrorsicosta*, malgré des analogies évidentes, comme l'ornementation générale, la présence de plis obliques au bord columellaire, se distingue suffisamment du véritable *F. elongatus*, pour être considéré comme une espèce distincte. L'absence de dépression à l'arrière des tours, l'obliquité plus grande et le nombre moindre des côtes transverses, l'inégalité des bandelettes spirales qui alternent avec plusieurs stries intermédiaires, surtout la brièveté du canal, sont autant de caractères qui nous paraissent suffisants pour légitimer la distinction proposée par Sandberger.

Par son angle spiral plus ouvert, ses côtes plus fortes et moins nombreuses, ses bandelettes spirales moins serrées, plus inégales, son bord droit simple et surtout son bord columellaire présentant une dent à la base de l'ouverture et un pli oblique à la partie moyenne, le *F. retrorsicosta* se distingue facilement du *F. undatus*, Stan. Meunier.

Nous avons indiqué plus haut les caractères qui distinguent notre espèce du *F. Speyeri*, Deshayes.

LOCALITÉ. — Pierrefitte (rare), collection Lambert.

156. — **Fusus Kœneni**, Cossmann et Lambert.

Pl. VI, fig. 8, *a, b.*

Testa elongata minori. Anfractus 8 suturis profundis separati, convexi, costis transversis 11 prominulis, rectis, crenatis, ab anfractu ad alterum continuatis et funiculis spiralibus,

supra costas transeuntibus, ornati. Anfractus ambryonales obtusi, 2 lævigati, tertius cos-
tatus; alii funiculis spiralibus 4, striis minoribus separatis vestiti. In ultimo anfractu, striæ
funiculis vix minores numerosæ videntur. Apertura ovato-elongata, canali brevissimo, pa-
tente; labro simplici; margine columellari exili, nullis plicis ornato.

Dimensions : Longueur, 5 mill.; largeur, 2 mill.; angle spiral, 28°.

Coquille allongée, composée de huit tours régulièrement convexes, ornés de onze côtes transverses droites, saillantes, se correspondant ordinairement d'un tour à l'autre, et de cordonnets spiraux qui donnent aux côtes un aspect crénelé. Le nucléus apical forme une petite spire obtuse, composée de deux tours lisses et d'un troisième qui porte seulement quelques côtes. Le reste de la spire présente à chaque tour quatre cordonnets spiraux, qui franchissent les côtes et sont séparés par des stries intermédiaires presque égales aux cordonnets. Sur le dernier tour qui forme à peu près un tiers de l'ensemble, les stries spirales, saillantes et égales, ne se distinguent presque plus des cordonnets. Ouverture ovale allongée, terminée par un canal très court; labre simple; bord columellaire sans plis.

RAPPORTS ET DIFFÉRENCES. — Le *F. Kœneni* est voisin du *F. excisus*, Lamarck et des jeunes individus des *F. undatus* et *F. retrorsicosta*. L'espèce éocène a une spire bien moins allongée, dont le sommet obtus est formé par un nucléus apical lisse; ses côtes sont plus larges; ses stries spirales plus égales, plus élargies en franchissant les côtes, sont plus espacées; son labre est intérieurement garni de quelques plis. Le *F. undatus*, Stan. Meunier, avec une taille plus grande, est moins étroit, a des côtes obliques et des stries spirales plus fines et plus égales. Le *F. retrorsicosta*, Sandberger, a un angle spiral bien plus ouvert, des côtes obliques, et, surtout une ouverture très différente.

Enfin le *Fusus Speyeri*, Desh. a des tours bien plus convexes et un canal plus long. Ce dernier caractère suffit pour distinguer à première vue notre espèce des *F. Waeli*, Nyst et *F. elongatus*, Nyst, qui sont d'ailleurs de taille bien plus grande.

LOCALITÉS. — Pierrefitte (rare); collections Cossmann, Lambert.

157. — **Fusus filiferus**, Stan. Meunier.

Pl. VI, fig. 6, *a, b*.

M. Stan. Meunier (*loc. cit.*, p. 250, pl. XIX, fig. 17, 18.) a signalé et décrit sous le nom de *F. filiferus*, cette espèce qui n'est pas très rare à Pierrefitte, où elle affecte une forme plus ventrue que ne semble l'indiquer la figure de l'auteur (27 mill. sur 15). En donnant les caractères de son ouverture, il a omis d'indiquer que le bord columellaire porte en arrière, près de la suture, une dent assez saillante, toujours plus développée que celles qui garnissent le bord interne du labre. En avant, apparaît sur le même bord columellaire une callosité dentiforme qui limite la base du canal. Dans ces conditions, cette espèce ne pourra évidemment pas rester dans le genre *Fusus*. Les ornements de la surface du test consistent en côtes transverses onduleuses, nombreuses (15 par tours), recoupées par des stries et des cordonnets spiraux, granuleux, augmentant de nombre

à chaque tour de spire. Sur le dernier, on voit, près de la suture, quelques stries très
atténuées, puis viennent, sur les flancs, des cordonnets plus saillants que sépare un très
mince filet; enfin apparaissent des stries, d'abord irrégulières, puis sensiblement égales
en approchant du canal. Les jeunes, à la taille de 8 mill., offrent les mêmes caractères
et présentent seulement un canal plus droit et plus dilaté.

Les caractères que nous venons d'analyser, rapprochent beaucoup la coquille de Pierrefitte d'un fuseau de Pontlevoy rapporté à tort au *F. marginatus*, Desh. et qui ne porte
aucun nom spécifique dans la collection de l'École des Mines. L'espèce des Faluns, tout
en présentant un aspect identique et une ouverture semblable, diffère peut-être de celle
d'Étampes par ses sutures un peu plus profondes, son nucléus apical moins développé,
ses stries spirales non granuleuses plus espacées et présentant à la loupe des intervalles
treillissés, par suite de l'entrecroisement de petits plis d'accroissement avec des stries
intermédiaires très fines.

M. Meunier a comparé cette espèce au *F. excisus*, Lamarck. Il n'y a en réalité entre les
deux coquilles qu'une analogie de forme assez éloignée. Le *F. filiferus*, a un angle
spiral bien plus ouvert, des côtes transverses plus tuberculeuses, des cordonnets spiraux
moins accentués et moins égaux que son congénère de Grignon.

On trouve dans le bassin de Mayence une forme voisine, le *F. convexus*, Sandberger,
dont la spire bien plus allongée est composée de tours plus convexes, séparés par des
sutures plus profondes et dont le dernier est moins élevé par rapport à l'ensemble. Le
F. convexus a d'ailleurs une ouverture édentée; son labre simple, tranchant, est dépourvu
de bourrelet externe et de plis internes.

158. — **Triton Daubrei**, Stan. Meunier.

Pl. VI, fig. 14.

Recherches sur les sables marins de Pierrefitte. *Nouv. Arch. du Mus.*, 1880, p. 251, pl. XIV,
fig. 22-23.

M. Stan. Meunier a décrit cette espèce, sans indiquer aucun des caractères par lesquels on peut la distinguer du *T. foveolatum*, Sandberger. Le type du *T. foveolatum*,
figuré par le professeur allemand, pl. XVIII, fig. 2 (*Conch. Mainzer Tert.*, p. 90), a une
spire plus courte, plus étagée, dont le dernier tour est plus dilaté; ses bandelettes spirales sont plus saillantes. Ces différences nous engagent à maintenir la distinction des
deux espèces, tout en reconnaissant qu'elles sont extrêmement voisines. Ce qui aug-
mente nos doutes au sujet du *T. Daubrei*, c'est que nous avons sous les yeux deux
petits Tritons de Weinheim, qui nous ont été envoyés sous le nom de *T. foveolatum*, Sandb.
L'un d'eux paraît bien appartenir au type de cette espèce, mais sa spire est moins allongée, et son dernier tour proportionnellement moins développé; l'autre, au contraire, ne
saurait être séparé du *Triton Daubrei*, de Pierrefitte. Il se pourrait donc qu'on fût amené à
supprimer l'espèce de M. Stan. Meunier.

159. — **Murex ornatus**, Grateloup, 1847.

Pl. VI, fig. 15, *a, b*.

Stan. Meunier. *Nouv. Arch. du Muséum*, 1880, p. 252, pl. XIV, fig. 23-24.

Depuis la publication du mémoire de M. Stan. Meunier, nous avons recueilli plusieurs échantillons intacts de cette rare coquille. Nous compléterons donc la description de notre confrère comme il suit : Coquille, longue de 23 mill. sur 11 de largeur; angle spiral : 47°. Ouverture obronde, un peu allongée du côté antérieur, se continuant par une fente étroite, jusqu'à l'extrémité du canal qui est tubuleux et presque entièrement recouvert par une expansion lamelleuse du bord columellaire. Dans le jeune âge, à la longueur de 7 mill., le canal est proportionnellement moins long et plus largement ouvert.

RAPPORTS ET DIFFÉRENCES. — L'espèce la plus voisine est le *M. rhombicus*, Stan. Meunier, que nous connaissons seulement par les figures et la description sommaire du mémoire sur les sables marins de Pierrefitte. Le *M. rhombicus*, paraît avoir une spire moins allongée, dont le dernier tour serait proportionnellement plus large, et porter par tours quatre varices au lieu de trois. Ces varices, se correspondant, dessinent sur la coquille des losanges réguliers que l'on ne remarque pas sur le *M. ornatus*.

LOCALITÉ. — Pierrefitte. Type figuré ; coll. Lambert. Coll. de Boury.

160. — **Murex (Hemifusus) Berti**, Stan. Meunier.

Pl. V, fig. 24.

Stan. Meunier. *Nouv. Arch. du Muséum*, 1880, 2ᵉ sér., t. III, p. 253, pl. XIV, fig. 25-28.

Nous avons recueilli plus de cinquante échantillons de cette coquille, qui, par sa taille et sa conservation, est l'un des plus beaux fossiles jusqu'ici spéciaux à Pierrefitte. Nous ajouterons seulement quelques mots à la description qui en a été donnée, en faisant remarquer que ce Murex nous paraît réellement bien différent du *M. Deshayesi*, Duchastel, par sa spire constamment plus allongée, ses tours plus étagés, son ouverture plus évasée à l'avant, etc.

Les grands échantillons mesurent 51 mill. de longueur sur 28; les petits, à la taille de 7 mill., sont déjà bien typiques et présentent les deux variétés signalées par M. Stan. Meunier. La spire de cette espèce est ordinairement plus allongée que ne pourrait le faire croire l'inspection des figures. Cette différence tient sans doute à l'usure des premiers tours dans les échantillons figurés, et à la chute fréquente, chez les grands individus, du nucléus apical, composé d'un peu plus de deux tours d'une petite spire obtuse, lisse. Les plis dentiformes que présente le bord droit à l'intérieur de l'ouverture, sont plus ou moins accentués et manquent complètement sur certains échantillons. Quelles que soient ces variations, elles n'enlèvent jamais à la coquille sa physionomie et ne permettent pas de la confondre avec ses congénères d'Étampes.

Dans une lettre qu'il nous a fait l'honneur de nous adresser, M. von Kœnen a appelé
notre attention sur l'identité probable de l'espèce de M. Stan. Meunier, avec une coquille
de Gaas, connue sous le nom de *Hemifusus æqualis*, Mich. (*F. subcarinatus* et *F. polygona-
tus*, Grat.). La possibilité de cette assimilation a été signalée, d'après la vue de la figure
donnée par M. Meunier, dans une analyse que M. von Kœnen a faite de la description
des fossiles de Pierrefitte (*Neues Jahrb.*, 1883, I. 3, p. 461). Nous avons donc attentivement comparé des échantillons des deux espèces, qui, en effet, se ressemblent beaucoup, et voici les différences que nous avons constatées : Le *F. æqualis* a les tours moins
nettement anguleux ; l'angle n'y est accusé, sur la convexité des côtes, que par l'existence
d'un cordon spiral plus gros que les autres; les côtes sont plus nombreuses (il y en a
toujours deux de plus, même dans le jeune âge, que sur le *M. Berti*) ; elles sont plus rapprochées et elles se prolongent (caractère essentiel) toujours au delà de l'angle jusqu'à la
suture inférieure, tandis que, même sur les premiers tours, le *M. Berti*, a l'angle séparé
de la suture par une rampe creuse, où les côtes sont peu ou point indiquées. Enfin les
cordonnets spiraux de l'espèce de Pierrefitte sont moins saillants et plus égaux entre eux
sur le dernier tour. Nous croyons donc qu'on peut, à la rigueur, laisser les deux espèces
séparées, mais nous avouerons qu'à la place de M. Stan. Meunier, nous aurions hésité
à créer le *Murex Berti*.

161. — **Murex Deshayesi**, Duchastel.

Nous n'avons pas à revenir sur la description de cette espèce, déjà signalée et parfaitement figurée par Deshayes (Suppl. III, p. 387, pl. LXXXVII, fig. 8-9). Ce *Murex* est
beaucoup moins rare en Allemagne que dans le bassin de Paris. Il se retrouve à Pierrefitte; l'échantillon unique qui y a été recueilli mesurerait, s'il était complet, environ
24 mill. de longueur sur 15 mill. de largeur. Il n'est pas parfaitement adulte; ses côtes
transverses sont moins nombreuses, son ouverture est moins dilatée et son canal est plus
court, que ceux du type figuré par Deshayes. Nous l'avons comparé aussi aux échantillons que nous possédons de Boom et de Cassel. Il a la spire moins allongée que la
coquille de Boom, le dernier tour plus ventru et le canal bien moins grêle que l'échantillon de Cassel. Malgré ces différences, qui prouveraient que l'espèce est assez variable,
nous ne croyons pas pouvoir le séparer du *Murex Deshayesi*.

162. — **Murex (Trophon) tenellus**, Mayer.

Pl. VI, fig. 2.

M. tenellus, Mayer, *Journal de Conchyl.*
M. Cotteaui, Stanislas Meunier, *Nouv. Arch. du Muséum*, 1880, 2ᵉ sér., t. III, p. 253, pl. XIV,
fig. 29, 30.

Nous avons sous les yeux le type, autrefois unique, croyons-nous, du *Murex Cotteaui*,
qu'a figuré **M. Stanislas Meunier**. Cette coquille n'est pas complètement adulte, et l'ou-

verture, dont le labre ne porte pas encore son bourrelet définitif, ne présente pas tous les caractères qu'elle revêt dans les échantillons plus grands.

Ayant, depuis la publication de cette espèce, retrouvé plusieurs individus intacts et bien adultes, nous ajouterons à la description donnée les détails suivants :

Coquille de 16 mill. sur 9 mill. de largeur, régulièrement polygonale, ornée de varices qui se correspondent d'un tour à l'autre, obliques par rapport à l'axe de la spire, et de bandelettes spirales, au nombre de trois sur les premiers tours, et de 4 ou 5 sur le dernier; ces bandelettes s'élargissent en franchissant les varices, et sont interrompues par quelques stries d'accroissement en avant de certaines varices, aux points où la croissance du test a subi des arrêts. Entre ces bandelettes, on distingue, à la loupe, des stries intermédiaires et parallèles beaucoup plus fines. Ouverture ovale oblongue ; bord droit épaissi, portant à l'intérieur, environ huit petites dents ou crénelures peu saillantes. Ces crénelures n'apparaissent que quand le bourrelet péristomal a acquis tout son développement. Canal courbe, en partie recouvert par une légère expansion du bord columellaire.

Cette espèce varie dans ses dimensions relatives; on trouve des individus plus allongés que celui que nous venons de décrire; l'un d'eux, recueilli tout récemment par l'un de nous, mesure 17 mill. de longueur sur 8 mill. de largeur, et son angle spiral est de 48°.

Nous avons attentivement comparé une dizaine d'échantillons du *M. Cotteaui* de Pierrefitte au *M. tenellus*, Mayer, des faluns de Pontlevoy, et nous avons trouvé la plus complète identité entre les coquilles des deux gisements. Peut-être la pire des individus de Touraine serait-elle un peu plus allongée, mais nous avons vu que la forme du *M. Cotteaui* était très variable; les stries spirales sont aussi un peu plus nettes, mais cela peut tenir à un meilleur état de conservation; enfin le canal est un peu plus droit, mais ce caractère ne serait pas suffisant pour séparer l'espèce de Pierrefitte. En conséquence, nous rétablissons, pour l'espèce qui nous occupe, le nom plus ancien de *M. tenellus*, Mayer.

163. — **Murex (Trophon) Margaritæ**, Cossm. et Lambert.

Pl. IV, fig. 1.

Testa subfusiformis, multicostata, canali proboscifero, brevi, patente; anfractus 6 convexi, suturis linearibus separati; ultimus maximus dimidiam partem omnis testæ æquans ; omnes costis variciformibus 7 vel 10 æqualibus, latis, ab anfractu ad alterum continuis, et costulis spiralibus attenuatis, æquis, numerosis, in ultimo praesertim perspicuis, ornati ; apertura perovalis, angulosa, antice canali prolongata; labro incrassato intus dentibus parvis 5 vel 7, prominulis, armato; columellari margine vix calloso.

Longueur : 22 mill.; largeur : 12 mill.; angle spiral de 50° à 67°.

Coquille composée de six tours de spire peu réguliers, le dernier formant la moitié de l'ensemble. Ces tours portent de 7 à 10 varices sensiblement égales, qui se correspondent assez exactement d'un tour à l'autre. Leur surface est ornée de stries spirales atté-

nuées, égales et régulières, surtout visibles sur les derniers tours. Le canal est court et
évasé; l'ouverture ovale allongée, anguleuse et échancrée à la base; le bord droit épaissi
porte de 5 à 7 dents internes bien développées.

RAPPORTS ET DIFFÉRENCES. — Notre espèce a quelques rapports avec le *M. conspicuus*,
Braun; mais elle en diffère par sa forme polygonale, par le nombre et la régularité de ses
varices, par ses stries spirales égales, plus atténuées et plus régulières. M. Stanislas
Meunier avait confondu les deux espèces dans la liste des fossiles qu'il a donnée de Pier-
refitte. Le *M. conspicuus*, dont le type se rencontre à Ormoy, est extrêmement rare à
Pierrefitte, où nous ne l'avons recueilli qu'une fois.

Le *M. Vasseuri*, Tournouër, avec une forme analogue, a des tours plus convexes, des
varices plus étroites, atténuées sur le dernier tour, et des stries spirales moins nombreuses, plus espacées.

Le *M. pereger*, Sandb. a des côtes variciformes lamelleuses et un aspect régulièrement
cancellé qui le distingue nettement de notre espèce.

LOCALITÉ. — Pierrefitte, assez commun, dans toutes les collections de fossiles de cette
localité; types figurés, coll. Lambert.

164. — **Murex (Trophon) pereger**, Beyrich.

M. pereger, Beyr. Zeits. deutsch. Geseil. VI, p. 159, pl. XIV, f. 1.
M. areolifer, Sandb. Mainzer Tertiærbecken, p. 214, pl. XVIII, f. 7 et pl. XXXV, f. 13.
M. pereger, von Kœnen. Nord. Mittel., p. 16, pl. I, fig. 1, a, d.

Cette espèce, assez répandue dans le falun de Pierrefitte, avait probablement été citée
par M. Stanislas Meunier comme une variété du *M. conspicuus*, Braun, auquel il nous
paraît impossible de la rapporter. Ses dimensions sont :

Longueur : 18 mill.; largeur : 9 mill.; angle spiral : 48°.

Elle est allongée, turriculée, formée de 7 tours de spire, ornés chacun de 12 côtes transverses lamelliformes, peu saillantes, ne se correspondant pas régulièrement d'un tour à
l'autre, crénelées par de petites côtes spirales qui donnent à la coquille un aspect treillissé et tout particulier. Ces petites côtes simples, égales, séparées par un intervalle lisse,
sont au nombre de 2 sur les premiers tours, de 3 sur les suivants, de 8 à 10 sur le dernier
qui forme à peu près la moitié de l'ensemble. Dans les grands échantillons d'une taille
de 20 mill., ces côtes variciformes sont moins nombreuses et plus atténuées, quelquefois remplacées, sur le dernier tour, par une ou deux véritables varices qui correspondent au bourrelet des ouvertures successives de la coquille.

Le canal est bien circonscrit, mais peu développé; l'ouverture est ovale oblongue; le
bord droit, assez épais, extérieurement lamelleux, porte, à l'intérieur, ordinairement
trois dents peu saillantes; les grands individus ont quelquefois cinq dents. Le bord
gauche, à peine calleux, s'écarte de la columelle, dans les échantillons adultes, et borde
le canal.

RAPPORTS ET DIFFÉRENCES. — Le *M. areolifer*, tel qu'il a été figuré par Sandberger, présente quelques petites différences avec les échantillons de Pierrefitte : sa spire est moins allongée, moins étagée, ses tours croissent plus rapidement, sont plus convexes et moins anguleux; le dernier est proportionnellement un peu moins grand, les côtes variciformes sont plus larges, plus espacées, moins nombreuses, les côtes spirales sont moins serrées; enfin le labre ne paraît porter, à l'intérieur, que deux plis dentiformes.

Nous aurions peut-être hésité à assimiler nos échantillons à l'espèce qu'a voulu désigner Sandberger; mais M. von Kœnen (*loc. cit.* p. 16) réunit le *M. areolifer* au *M. pereger*, Beyr., et cite l'espèce à Morigny, où elle se trouve en effet; il figure trois échantillons de provenance allemande de cette espèce : la fig. *c* est identique à notre coquille de Pierrefitte; l'ornementation des figures *a*, *b*, est un peu moins accentuée, les tours y paraissent moins anguleux, les varices plus espacées, et l'aspect général moins nettement cancellé, c'est-à-dire qu'ils offrent précisément les caractères de ceux du *M. areolifer* Sandb. Quant à la fig. *d*, qui représente un échantillon de Neustadt-Magdebourg, vu de dos, elle nous paraît s'éloigner beaucoup du type de l'espèce et se rapprocher plutôt des variétés multicostulées du *M. conspicuus.*

En résumé, il nous a paru prudent de rapporter l'espèce de Pierrefitte et de Morigny au *M. pereger*, Beyr., tel du moins qu'il y a été figuré par M. von Kœnen.

Cette espèce se distingue facilement du *M. Margaritæ* nobis, par son ouverture moins anguleuse, par son angle spiral moins ouvert, par le nombre et la disposition de ses dents internes, enfin par son ornementation cancellée.

Le *M. Meunieri* nobis, se distingue par les caractères de son ouverture, par son aspect squameux et crépu, jamais cancellé, etc...

M. Tournouër a décrit, sous le nom de *M. Vasseuri*, une espèce de l'Oligocène de Rennes qui présente une certaine analogie avec celle-ci. Cependant le *M. Vasseuri* a les tours plus régulièrement convexes, moins étagés, croissant plus rapidement, une ouverture moins dilatée, plus allongée, le bord droit garni de dents moins saillantes et plus nombreuses, une ornementation différente; ses côtes transverses sont moins nombreuses, jamais lamelliformes, limitées aux premiers tours; ses costules spirales, beaucoup moins saillantes garnissent seules les derniers tours.

Localités. — Morigny, t. rare, coll. Bezançon; un échantillon excessivement petit dans la coll. Lambert; Pierrefitte, a. commun, coll. du Muséum, coll. Cossmann, coll. Lambert (type figuré); Vauroux (sables d'Étampes), t. rare (coll. Lambert).

165. — **Murex (Trophon) Meunieri**, Cossmann et Lambert.

Pl. VI, fig. 4, *a*, *b*, *c*.

Testa gracili, turbinata, elongata, anfractibus 7 convexis, polygonis et 8-9 varicibus asperatis composita, costulis spiralibus numerosis, scabiosis, ad varices crispulis ornata. Apertura ovalis, canali exiguo, contorto, labro intus dentato, extus costulis canaliculatis cristato, columella incrassata, margine sinistro angusto munita.

Dimensions : long. : 14 mill.; larg. : 7 mill.; angle spir. : 55°.

Coquille allongée, polygonale, relativement peu épaisse, composée de sept tours convexes, séparés par une suture très irrégulière, garnis de huit à neuf varices égales, ornée sur les premiers tours de trois stries spirales principales et de cinq secondaires, dont deux à la base des tours. Le dernier tour formant plus de la moitié de l'ensemble ne porte souvent que sept varices et cinq ou six petites côtes spirales squameuses, admettant entre elles une strie de même nature. Ces petites côtes, en franchissant les varices, y forment une crête gaufrée et parfois tubuleuse. Sur les échantillons frais, les stries intermédiaires sont nettement granuleuses, ce qui contribue à donner à l'ensemble de la coquille un aspect caractéristique. Ouverture arrondie; bord droit peu épais, avec six à sept petites dents internes peu proéminentes. Columelle formant à la base du canal qui est court et courbe une callosité dentiforme, d'où se détache une expansion lamelleuse qui borde et recouvre en partie ce canal.

RAPPORTS ET DIFFÉRENCES. — Notre *M. Meunieri* est voisin du *M. rhombicus*, Stan. Meunier, et de notre *M. Margaritæ*. Il se distingue toutefois très nettement de ce dernier par la convexité de sa spire, les ornements de sa surface, la forme de son ouverture, le moindre épaississement du labre, etc. Ses varices égales, sa spire polygonale ne permettent pas de le confondre avec le *M. rhombicus*.

LOCALITÉ. — Pierrefitte (rare). Collection Cossmann, Lambert.

166. — **Typhis Schlotheimi**, Beyr.

Cette espèce du bassin de Mayence a été citée à Morigny par M. von Kœnen qui dit l'y avoir recueillie. Nous n'avons, pour notre part, jamais trouvé aux environs d'Étampes que le *T. cuniculosus*, Duch. L'espèce de Beyrich a les tours plus anguleux et l'embouchure plus large.

167. — **Pleurotoma belgica**, Goldf.

Dans son ouvrage sur l'Oligocène de l'Allemagne du Nord, M. von Kœnen réunit le *P. belgica*, Goldf., au *P. regularis*, de Koninck, en alléguant que l'absence de plis obliques, sur la convexité des tours, n'est pas un caractère suffisamment constant pour maintenir la séparation des deux espèces.

Nous avons sous les yeux quelques échantillons provenant des argiles de Boom et représentant le véritable *P. regularis* des auteurs belges. Outre que ces individus portent tous des plis très obliques, flexueux, persistant d'une suture à l'autre, plis dont nos échantillons de Weinheim, de Morigny et de Pierrefitte n'offrent pas la moindre trace, la forme de l'espèce de Boom est bien différente; le rapport de la largeur à la hauteur est constamment inférieur à 1/3; au contraire, si l'on prend le même rapport sur des échantillons de *P. belgica*, on trouve constamment plus de 1/3.

Enfin l'échancrure du *P. regularis*, n'est pas, à beaucoup près, aussi profonde et aussi étroite que celle du *P. belgica*, et le labre est bien moins courbé, surtout dans la partie qui avoisine l'échancrure.

Il n'y a donc pas lieu de réunir ces deux espèces, sous peine d'arriver, par des gradations insensibles, à ne plus faire qu'une seule espèce dans tout le genre *Pleurotoma*.

168. — **Pleurotoma Selysi**, de Koninck.

P. Selysi, De Kon. *Coq. fossiles...*, p. 25, pl. I, fig. 4.
   —   Nyst. *Coq. et polyp. foss. belg.*, p. 515, pl. XIII, fig. 11-12.
   —   Sandb. *Mainzer Tertiær Becken*, p. 236, pl. XV, fig. 12, pl. XVI, fig. 4.
P. Sandbergeri, Desh., *Supp.*, t. III, p. 366, pl. XCIX, fig. 31-32.
P. Selysi, von Kœnen, *Mitteloligocæn Norddeutschlands*, p. 37.

Il ne nous paraît pas possible de maintenir la distinction de l'espèce figurée par Deshayes sous le nom de *P. Sandbergeri* et du *P. Selysi*, De Kon. C'est le nom de cette dernière espèce qui est le plus ancien et qui devra subsister.

Les échantillons du bassin de Paris ne ressemblent guère aux figures que Sandberger a données de cette espèce, et à défaut d'autres termes de comparaison, nous concevons que l'on ait conservé le *P. Sandbergeri*, Desh. Mais nous avons sous les yeux un certain nombre d'échantillons de Boom et de Grimmaertingen, en Belgique, et de Weinheim, près de Mayence; ils nous paraissent identiques à ceux de Morigny (coll. Bezançon), au point qu'il serait difficile de séparer de ces derniers, ceux de Mayence qui ont la même couleur.

Cette espèce est, d'ailleurs, assez variable; le rapport de la largeur à la hauteur varie de 2/7 à 1/3; les côtes tuberculeuses qui ornent, au nombre de 12 ou 14, la convexité des tours, sont plus ou moins obliques; elles sont quelquefois droites sur les premiers tours et s'effacent généralement sur le dernier. Elles sont ordinairement arrêtées à la moitié des tours, et la partie concave qui borde la suture inférieure n'est alors couverte que de 3 ou 4 stries spirales; il existe pourtant une variété dans laquelle ces côtes persistent jusque sur la rampe concave, et les tours paraissent alors plus régulièrement convexes.

169. — **Pleurotoma laticlavia**, Beyrich.

Pl. V, fig. 21.

P. laticlavia, Beyr., *Karsten Archiv.*, 1848.
P. Stoppanii, Desh., *Suppl.* III, p. 382, pl. XCIX, fig. 23-24.
P. laticlavia, von Kœnen. *Mitteloligocæn Norddeutschlands*, p. 36.

M. von Kœnen réunit le *P. Stoppanii*, Desh. au *P. laticlavia*, Beyr., contrairement à l'opinion de Deshayes. D'après les échantillons que nous avons reçus de Cassel, la différence est, en effet, assez peu marquée pour qu'on puisse accepter cette réunion, en ne considérant tout au plus l'espèce de Deshayes que comme une variété dont l'ornementation est plus obsolète que celle du type de Beyrich.

Celui-ci se rencontre d'ailleurs, à Brunehaut, où il a été recueilli par un amateur, M. Amouy. Nous croyons utile de figurer cet échantillon et de faire ressortir ses caractères qui consistent : dans la netteté de ses crénelures, situées sur un angle très saillant au tiers supérieur de chaque tour, dans la profondeur de la rampe creuse comprise entre cet angle et le bourrelet inférieur qui accompagne la suture, dans l'existence de cordonnets écartés sur le dernier tour; entre ces cordonnets se voit une fine strie; enfin, sur les parties non usées du test, on distingue de fins plis d'accroissement et, sur les crénelures, deux ou trois stries spirales.

A côté de ce type, existe la variété à laquelle on peut conserver le nom de *P. Stoppanii* et qui est caractérisée par l'effacement des crénelures, par la position plus médiane de la carène, par l'aplatissement de la partie des tours qui surmonte cette carène ; par la grosseur de ses stries spirales. C'est cette variété qu'a figurée Deshayes; on la rencontre aussi à Brunehaut, en même temps que le type, et, au premier abord, on la croit tout à fait distincte, surtout quand on a sous les yeux des échantillons qui, comme celui de la collection Bourdot, sont absolument dépourvus de crénelures, ne portent que des stries spirales et sont presque bianguleux. Entre ces formes extrêmes, il existe des individus intermédiaires qui établissent un passage graduel de l'une à l'autre. Leur réunion est donc parfaitement légitime.

170. — **Pleurotoma Leunisi**, Philippi.

Pl. VI, fig. 12.

A l'exemple de M. Stan. Meunier, nous rapportons au *P. Leunisi*, tel que l'a décrit et figuré Deshayes (Suppl. III, p. 383, pl. XCIX, fig. 18-20), un petit *Pleurotoma* fréquent à Pierrefitte, où nous en avons recueilli plus de quarante individus. Le type de cette espèce est caractérisé par ses tours convexes, crénelés à leur partie moyenne, par une série de petits plis qui persistent jusqu'au dernier tour; la surface des tours est couverte de fines stries égales, dont les deux principales traversent les crénelures; la suture est garnie d'un bourrelet étroit, bordé de trois fines stries spirales.

Les échantillons de Pierrefitte, dont l'angle apical est variable, ont les tours plus anguleux, et la dépression qui existe en avant de la suture porte des stries spirales plus fines que le reste de la surface. Les premiers tours sont seuls crénelés par de petits plis qui s'atténuent sur les tours suivants et disparaissent complètement sur les derniers, lorsque la coquille atteint une longueur de 12 millimètres.

Le *P. Duchasteli*, Nyst, qui est d'ailleurs très rare à Pierrefitte, diffère de cette variété par la moindre convexité de ses tours, par la courbure de ses plis flexueux qui sont très atténués, même sur les premiers tours, par l'égalité de ses stries spirales.

Nous ne pouvons partager l'opinion de M. von Kœnen, qui avance (Mittelog. Nordd. *loc. cit.*, p. 87), que l'espèce rapportée par Deshayes au *P. Leunisi*, Phil., pourrait bien n'être que le jeune âge du *P. laticlavia*, Beyr. Celui-ci s'en distingue par son angle spiral plus ouvert, par la saillie de ses crénelures, par l'angle plus accentué que présentent ses tours, enfin par ses stries spirales inégales.

Nous ne connaissons ni la figure donnée par Philippi, ni les échantillons originaux du *P. Leunisi*, de sorte que nous ne pouvons affirmer que ce soit bien cette espèce que l'on rencontre dans le bassin de Paris; mais nous nous refusons à admettre l'identité du *P. laticlavia*, Beyr. et du *P. Leunisi* (in Desh.). Si cette dernière devait être séparée de l'espèce de Philippi, il y aurait lieu de la rapporter plutôt au *P. Parkinsoni*, Desh, qui ne paraît pas offrir de caractères distinctifs très nets.

22

171. — **Pleurotoma Duchasteli**, Nyst.

Nous avons recueilli, à Pierrefitte, quelques échantillons à spire allongée, à tours
convexes, ornés de côtes atténuées, en chevron, et de filets spiraux fins et égaux. Cette
coquille nous a paru identique au *P. Duchasteli*, figuré par Deshayes. En revanche, elle
est un peu différente de celle figurée, sous ce nom, par Sandberger. Les dimensions sont
14 mill. sur 4 mill.; celles des échantillons de Weinheim, 19 mill. sur 6^{mm}5, soit une largeur
de 5 0/0. Le type allemand a les côtes en chevron plus saillantes, des filets spiraux plus
atténués, mais ces caractères ne nous paraissent pas suffisants pour motiver la séparation
de ces coquilles.

172. — **Pleurotoma Bourdoti**, Cossmann et Lambert.

Pl. VI, fig. 10, *a*, *b*.

Testa elongata, canali brevi, spirâ acutâ; anfractus 8 convexi, suturis profundis sepa-
rati; embryonales 2 lævigati, alii costis transversis 11 prominulis, acutis, ab anfractu
ad alterum non prosecutis, et funiculis spiralibus 4 simplicibus, supra costas transeuntibus,
in ultimo anfractu numerosis, ornati; apertura angusta, elongata, margine columellari
vestita, labro simplici scissurâ latâ parumque profundâ emarginato.

Longueur : $\begin{cases} 7 \text{ mill.;} \\ 9 \text{ mill.;} \end{cases}$ largeur : $\begin{cases} 2 \text{ mill.;} \\ 3 \text{ mill.;} \end{cases}$ angle spiral : 28°.

Coquille allongée, à spire aiguë et scalariforme, composée de huit tours convexes,
quelquefois un peu anguleux, séparés par une suture bien marquée; les deux premiers
sont lisses, les autres sont ornés de côtes transverses élevées, étroites, ne se correspondant pas d'un tour à l'autre, et de cinq cordonnets spiraux, étroits, égaux, onduleux,
franchissant les côtes; trois cordonnets sont situés au-dessus du milieu des tours et
deux plus serrés au-dessous, quelquefois même un seul; leurs intervalles paraissent
lisses, mais, sous un fort grossissement, on y distingue des stries très fines, dont une est
quelquefois plus forte.

Le dernier tour, qui forme environ le tiers de l'ensemble, présente un plus grand
nombre de cordonnets spiraux. L'ouverture est allongée, le canal court, le bord columellaire peu épais; le labre simple, muni postérieurement d'une échancrure sinueuse, relativement très large et peu profonde.

La variété que l'on trouve à Brunehaut (fig. 10, *a*), a les tours un peu anguleux;
quelques échantillons (coll. Bourdot) ont les stries plus serrées et presque égales.

RAPPORTS ET DIFFÉRENCES. — Cette espèce se distingue aisément du *P. Prevosti*, Desh.,
par ses cordonnets spiraux. Le *P. costuosa*, Desh. en diffère également par la position de
l'échancrure qui est bien plus rapprochée de la suture, par ses cordonnets plus réguliers
et séparés par une strie intermédiaire, par sa spire plus courte par rapport au dernier
tour, par ses tours moins convexes et par sa forme générale plus étroite.

Le *P. scalariæformis*, Sandb. est beaucoup plus trapu que notre espèce ; ses tours sont plus régulièrement convexes, ses stries plus serrées.

Enfin, sous le nom de *Borsonia decussata*, Beyrich, M. von Kœnen, qui cite cette espèce à Morigny, figure (pl. **VI**, fig. 11) deux coquilles évidemment différentes, dont l'une, qui ne doit pas être une *Borsonia* (fig. 11, *d*, l'ouverture n'est pas visible), ressemble beaucoup à notre *P. Bourdoti*. Il ne peut y avoir de doute au sujet du genre de notre espèce, dont la columelle ne porte aucune trace de plis. Il est probable que c'est celle-ci que l'auteur allemand rapporte (p. 46), avec doute, d'ailleurs, à l'espèce de Beyrich. Remarquons enfin que la fig. 11, *d*, qu'il donne, montre des stries moins saillantes que celles de nos échantillons.

Localités. — Jeures, très rare, coll. Lambert (fig. 10, *b*); Brunehaut, assez rare, coll. Bourdot et coll. Cossmann (fig. 10, *a*). Couche inférieure à *N. crassatina.*

173. — **Pleurotoma Dollfusi**, Cossmann et Lambert.

Pl. VI, fig. 11.

Testa elongata ; anfractus 8 convexi, subangulati, costis transversis 10 prominulis, ab anfractu ad alterum continuatis, et striis spiralibus inæqualibus ornati, a suturâ ad angulum lævigati, anticè striati ; apertura elongata brevi canali, margine columellari exili ; labro simplici, scissurâ latâ emarginato.

Longueur : 9 mill. ; largeur : 3 mill. ; angle spiral 30°.

Coquille allongée, composée de huit tours de spire très convexes, séparés par une suture profonde onduleuse, divisés en deux parties inégales par un angle obtus et ornés de côtes transverses saillantes, obliques, se correspondant assez exactement d'un tour à l'autre. Ces tours paraissent lisses en avant de la suture, jusqu'à l'angle qui divise leur hauteur ; en réalité, ils présentent, dans cette partie, un fin treillis, formé par l'entrecroisement de plis d'accroissement et de stries spirales à peine visibles à la loupe. En avant de l'angle, ils portent quatre ou cinq stries spirales principales, très fines, atténuées sur les côtes, et d'autres stries intermédiaires, visibles seulement sous un fort grossissement. Les deux premiers tours sont lisses ; le dernier, formant environ les 2/5 de l'ensemble, est médiocrement dilaté et couvert de stries spirales nombreuses, très fines et inégales.

L'ouverture est allongée, un peu dilatée en arrière, terminée en avant par un canal court et largement ouvert ; le bord columellaire est peu épais ; le labre simple, irrégulier, flexueux si l'on en juge par les stries d'accroissement, est échancré en arrière par un sinus peu profond qui n'atteint pas l'angle du dernier tour.

Cette espèce n'est pas commune et nous n'en avons recueilli qu'une douzaine d'échantillons à Pierrefitte. C'est probablement elle que M. Stan. Meunier a signalée dans cette localité, sous le nom de *P. costuosa*, Desh. Cependant, il y a lieu d'observer que le véritable *P. costuosa* existe à Pierrefitte ; mais il doit y être extrêmement rare, et nous n'en avons jamais trouvé qu'un seul échantillon.

Rapports et différences. — Cette petite coquille vient se placer dans le voisinage des

P. costuosa, Desh. et *P. Prevosti*, Desh. Elle se distingue du *P. costuosa*, par sa spire plus allongée, ses sutures plus profondes, ses tours anguleux plus convexes, ornés de stries plus fines qui ne franchissent pas les côtes et par l'existence, entre la suture et l'angle qui divise les tours, d'une rampe paraissant lisse et finement treillissée.

Le *P. Prevosti*, Desh. diffère de notre espèce par son angle spiral plus ouvert, par ses tours régulièrement convexes, jamais anguleux, et par ses stries spirales obsolètes, à peine visibles.

Le *P. Bourdoti*, nobis, se distingue par sa spire plus aiguë, par la convexité régulière de ses tours, par ses stries spirales égales entre elles, par l'échancrure moins profonde du labre et par l'absence d'un angle divisant les tours en deux parties inégales.

Le *P. Rœmeri*, Phil. (von Kœnen, p. 95, pl. VI, fig. 9), se distingue par la proportion plus grande de son dernier tour, par sa forme moins étroite, par ses côtes moins serrées, plus atténuées sur le dernier tour, par la forme du sommet de la spire qui est obtuse.

Le *P. Pfefferi*, von Kœnen (pl. VI, fig. 8), est encore plus trapu que l'espèce précédente; ses côtes sont arrêtées à l'angle des tours; il n'est donc pas possible de lui rapporter notre espèce.

L'espèce la plus voisine de la nôtre est le *P. costellata*, Lamk. du Calcaire grossier, qui est sensiblement carénée, mais dont les stries plus épaisses sont finement granuleuses, et dont la forme est moins élancée.

Localité. — Pierrefitte : coll. du Muséum ; coll. Lambert (type figuré).

174. — **Pleurotoma Bouvieri**, Cossmann et Lambert.

Pl. V, fig. 22.

Testa elongata, scalariformi, costulata, lævigata; anfractus convexi, subangulosi, suturis linearibus separati, costulis 10-11 crassiusculis, simplicibus, incurvatis ornati; ultimus spirâ multô minor, vix anticè attenuatus, canali brevi funiculis nonnullis ornato, terminatus ; apertura elongata, rhomboidea, columella parùm sinuosa, labro simplici, intù subincrassato.

Longueur de l'échantillon mutilé : 10^{mm}5; longueur probable : 12 mill. ; largeur : 4 mill.

Coquille de petite taille, allongée, scalariforme, costulée en travers et entièrement lisse, composée d'un nombre de tours qui devait être de 7 ou 8, dans les échantillons complets. Les tours sont convexes, presque anguleux, séparés par une suture enfoncée, linéaire et onduleuse, ornés de 10 ou 12 côtes simples, un peu épaisses, presque aussi larges que leurs intervalles, courbées brusquement vers le tiers inférieur de la hauteur des tours, et se succédant d'un tour à l'autre. La hauteur du dernier tour est entre le tiers et la moitié de la longueur totale de la coquille; il est cylindrique, et à peine atténué du côté du canal qui est large, court, contourné et orné, sur le dos, de quelques cordons obliques. L'ouverture est étroite et allongée ; elle a à peu près la forme d'un parallélogramme. La columelle peu sinueuse est recouverte d'un bord gauche assez mince. Le labre, tranchant, est un peu épaissi à l'intérieur ; il est coudé à une certaine distance de la suture, de manière à produire une échancrure très ouverte.

RAPPORTS ET DIFFÉRENCES. — Cette espèce est voisine du *P. Prevosti*, Desh., mais elle est plus allongée, d'une taille plus grande ; elle a les tours moins régulièrement convexes, le canal plus large et bien plus court. La surface lisse et la forme de son échancrure ne permettent pas de la confondre avec le *P. costuosa*, Desh., ni avec le *P. Bourdoti*, nobis.

Elle est plutôt voisine du *P. citharella*, Desh. du Calcaire grossier ; mais celle-ci a les côtes plus obliques et plus serrées, son échancrure est disposée d'une tout autre manière, son dernier tour est plus atténué en avant, et son canal est relativement moins large. Le *P. simplex*, Desh. du Calcaire grossier est encore plus proche de notre espèce ; on peut cependant l'en distinguer par sa forme un peu plus ventrue, par ses côtes plus sinueuses, par la forme plus régulièrement arrondie de son dernier tour.

LOCALITÉ. — Brunehaut ; très rare ; un seul individu (coll. Lambert).

175. — **Chenopus speciosus**, Schloth., sp.

Cette espèce, depuis longtemps signalée à Jeures et à Morigny, nous a fourni, à Pierrefitte, de beaux échantillons, bien intacts. Il existe néanmoins, à son sujet, une certaine confusion que nous avons le regret de ne pouvoir faire cesser.

Le type du *Strombites speciosus*, Schl. ne paraît pas avoir été figuré ; la première figure de cette espèce a été donnée par M. de Koninck, sous le nom de *Rostellaria Margerini*.

Les auteurs paraissent être d'accord sur ce point et considèrent comme synonyme du *C. speciosus*, le *R. Sowerbyi*, Nyst.

Cependant, il est certain que le professeur Sandberger n'a pas compris, de la même manière que Deshayes, le *C. speciosus*, Schl., du moins d'après la figure qu'il donne (pl. X, fig. 9), d'un échantillon du Meeressand de Weinheim. L'exemplaire du Septarienthon de Kreuznach (pl. XX, f. 5) se rapproche davantage du type de Deshayes.

Le type du *C. speciosus* d'Étampes paraît d'ailleurs se retrouver dans le bassin de Mayence ; seulement Sandberger en fait son *C. oxydactylus* (pl. X, fig. 7), et il le cite, en effet (p. 417), dans les sables de Fontainebleau.

N'ayant pas entre les mains les éléments nécessaires pour discuter cette question de synonymie, nous nous bornons à appeler sur elle l'attention des paléontologistes, et nous maintenons provisoirement au type d'Étampes, étudié par Deshayes, le nom de *C. speciosus*.

176. — **Cassidaria Buchii**, Boll.

La figure que Deshayes a donnée de cette espèce, a une certaine ressemblance avec les échantillons du Calcaire grossier qu'il a rapportés au *C. nodosa*, Sol. Toutefois, ces derniers sont plus allongés, les deux premières carènes du dernier tour sont seules noduleuses et celles qui font suite à la troisième sont beaucoup plus rapprochées les unes des autres, que ne le sont les premières entre elles ; enfin la rampe du dernier tour est plus accusée.

Il n'est pas impossible que l'espèce de Barton, dont nous n'avons malheureusement pas d'exemplaires sous les yeux, soit bien identique à celle de l'Oligocène, et que l'erreur provienne de l'assimilation faite à tort par Deshayes. S'il en était ainsi, l'espèce du Calcaire grossier qui est manifestement distincte du *C. Buchii* devrait changer de nom.

M. von Kœnen (Mettelolig. Nordd. *loc. cit.*, p. 33) réunit à cette espèce le *C. depressa*, v. Buch.; cependant les échantillons, reproduits par Sandberger (pl. XIX, fig. 7) sous le nom de *C. depressa*, n'ont aucun rapport avec les formes voisines du *C. nodosa*, tandis qu'ils sont identiques à une espèce de Boom, décrite sous le nom de *C. Nysti*, Kickx, et que Sandberger admet d'ailleurs comme synonyme du *C. depressa*. Les séries de tubercules, égaux entre eux, qui ornent le dernier tour du *C. Nysti*, aux lieu et place des carènes noduleuses du *C. nodosa*, ne permettent pas de confondre ces deux espèces. Si on les réunit, il n'y a aucune raison pour conserver toutes les autres du même genre.

M. von Kœnen l'a si bien senti, qu'après avoir fondé les quatre espèces en une seule, il admet à la fin que l'on puisse établir trois variétés : le *C. quadricostata* pour l'Oligocène inférieur, le *C. depressa (an C. Nysti?)* pour l'Oligocène moyen, et le *C. Buchii* pour l'Oligocène supérieur. Ce n'était pas la peine de les réunir comme espèces, pour les séparer ensuite comme variétés.

Nous regrettons de ne pas posséder les éléments nécessaires pour trancher d'une manière certaine et définitive cette obscure question, mais nous pouvons du moins affirmer qu'il n'y a pas moyen de confondre le *C. nodosa* (?) du Calcaire grossier, le *C. Nysti* de Boom et les échantillons de *Cassidaria* trouvés soit à Jeures, soit à Morigny, soit à Pierrefitte, et assimilés, peut-être à tort, au *C. Buchii*.

177. — **Purpura (Cuma) monoplex**, Desh.

Var. *disjuncta*. Pl. V, fig. 18.

Cette espèce, considérée autrefois comme très rare, se trouve assez fréquemment dans le gisement de Brunehaut.

Sandberger a figuré (pl. XVIII, fig. 10), sous ce nom, une coquille de Welschberg, qu'il considère comme identique à l'espèce de Jeures. Nous croyons que ce rapprochement est fondé, bien que le grand échantillon du bassin de Mayence porte deux plis, au lieu d'un seul, à la columelle. Nous avons, en effet, recueilli à Pierrefitte un échantillon qui mesure 39 mill. sur 25 mill. et dont l'ouverture porte, au bord columellaire, une saillie dentiforme composée de deux plis. Mais les échantillons de taille plus petite (25 mill. — 15 mill.), ne portent, comme ceux recueillis à Brunehaut, qu'une seule dent transverse au bord columellaire.

A côté de ce type du *P. monoplex*, on trouve à Pierrefitte une variété qui en diffère par sa forme, par ses dimensions relatives, et par son ornementation. Nous avons figuré cette variété, à laquelle on pourrait donner le nom de *disjuncta*, nob.

Cette coquille est beaucoup plus allongée ; sa spire est étagée, ses tours sont très anguleux et très convexes, ornés de cordonnets spiraux moins nombreux, plus irréguliers et plus larges ; les sutures profondes sont traversées par des lamelles crépues ; l'angle du dernier tour porte des tubercules noduleux beaucoup plus atténués et plus nombreux. L'ouverture paraît manquer du tubercule qui existe ordinairement à l'arrière du bord gauche ; il y a lieu de remarquer toutefois que sur certains échantillons de *P. monoplex*, ce tubercule est peu visible.

Nous hésitons à séparer cette coquille du type de l'espèce qui est assez variable, et nous préférons n'en faire provisoirement qu'une seule variété, jusqu'à ce qu'il soit possible de constater la constance de ses caractères sur un nombre d'échantillons plus considérable.

178. — **Sistrum Baylei**, Cossmann et Lambert.

Pl. V, fig. 19, *a, b.*

Testa ovato-conica, crassa, cancellata, canali brevi, patente; anfractus 5 vel 6 paulo convexi, suturis linearibus, undulatis, disjuncti; ultimus maximus, ceteris omnibus plusquam duplo altior; omnes cingulis spiralibus prominulis, latioribus intervallis separatis (primi tribus, ultimo octo), inferne a suturâ areâ declivi et paulo concavâ disjunctis, nec non costulis transversis numerosis decussati; ita cinguli in punctis intersectionis costulis, crenulati, ut anfractus in areolas rectangulares divisi videantur; apertura ovato elongata, labro reflexo extus valde incrassato, intus dentibus pliciformis 4 dentato; margine columellari exili in medio uniplicato et tuberculo posteriore dentato.

Longueur : 12 mill.; largeur : 7mm5; angle spiral : 55°.

Petite coquille, dont le sommet de la spire n'est pas intact dans l'unique échantillon que nous avons sous les yeux, presque ovale, épaisse, terminée par un canal court et large, composée d'environ 5 ou 6 tours de spire peu convexes, séparés par des sutures linéaires onduleuses, ornés de petites côtes transverses, se correspondant d'un tour à l'autre, presque droites, nombreuses, presque égales. Sur les premiers tours, ces côtes sont traversées par trois cordonnets spiraux; sur le dernier, qui est deux fois plus grand que tous les autres, ces cordonnets sont au nombre de huit, séparés de la suture par une aire large, lisse et concave, bosselée par le passage des côtes. Leurs intervalles sont larges et sont treillissés en mailles presque carrées par ces côtes.

L'ouverture est ovale, allongée, très irrégulière, terminée en haut par un canal court et largement ouvert; labre très épais fortement réfléchi, garni extérieurement d'un bourrelet variciforme, lisse et très large, armé intérieurement de quatre dents arrondies; bord columellaire peu épais, portant un pli transverse vers le milieu de sa hauteur et garni en arrière d'un tubercule oblique.

RAPPORTS ET DIFFÉRENCES. — Cette coquille ne peut se confondre avec le *P. monoplex*, Desh., dont la columelle a la même forme, mais qui s'en distingue par son ornementation et par l'absence d'un bourrelet au bord droit.

D'autre part, elle n'appartient certainement pas au même genre que le *Murex pereger*, Beyr., dont elle se rapproche par son ornementation.

Ce n'est pas non plus un *Triton*, et d'ailleurs *T. foveolatum* est plus allongé, a l'ouverture moins étroite, et garnie de dents plus nombreuses, autrement disposées.

M. Bayle nous a décidés à la classer dans le genre *Sistrum*, voisin des Ricinules.

LOCALITÉ. — Pierrefitte, très rare; coll. Lambert.

179. — **Engina Heberti**, Mayer.

Engina Heberti, Mayer, 1864, *J. de Conch.*, t. XII, 3ᵉ série, vol. IV, nᵒ 2, f. 179, nᵒ 50, pl. IX, fig. 7.

Purpura Heberti, Desh., 1865, *An. ss vertébres, Supp.*, t. III, p. 521, pl. XCIV, fig. 21-22.

La description que M. Mayer a donnée de cette espèce, a précédé de plus de vingt mois celle de Deshayes, et la figure a été publiée onze mois avant celle de l'ouvrage de Deshayes. Dans ces conditions, le nom de Mayer doit être préféré à celui de Deshayes. Nous conservons, d'ailleurs, le genre proposé par le premier de ces auteurs ; les coquilles groupées dans ce genre sont intermédiaires entre les Ricinules et les Columbellines, mais s'écartent tout à fait du type des Pourpres.

180. — **Engina consobrina**, Cossmann et Lambert.

Pl. V, fig. 20.

Testa ovato-conica, crassa, funiculosa, canali brevi patulo anticè terminata ; anfractus 5-6 convexi, angulati suturâ marginata disjuncti, funiculis duobus planis anticè ornati, postice sub angulum concavi et lævigati, costulis transversis 7 vel 8 crassis polygonati ; ultimus ceteris omnibus multo major, funiculis decem ornatus ; apertura spirâ paulò longior, grandis, irregularis, posticè angulosa et canaliculata ; labro incrassato, varicoso, plicis 7 intra dentato ; columella sinuosa ; margine columellari posticè dentibus duobus biplicato.

Longueur : 17 mill. ; largeur : 11 mill.

Coquille de taille moyenne, ovale, épaisse, ventrue, à spire conique, terminée en avant par un canal large et très court, composée de cinq ou six tours convexes, anguleux, séparés par une suture garnie d'un bourrelet lisse et saillant. L'ornementation est formée, sur les premiers tours, de deux larges funicules spiraux, aplatis, séparés l'un de l'autre par un sillon étroit et placés sur l'angle des tours, entre cet angle et la suture supérieure ; au-dessous de l'angle, se trouve une rampe concave et lisse qui le sépare du bourrelet de la suture. Dans le sens transversal, on compte 7 ou 8 côtes épaisses, arrondies, arrêtées à l'angle des tours et se correspondant d'un tour à l'autre, de manière à donner à la coquille un aspect, en quelque sorte, polygonal.

Le dernier tour, beaucoup plus grand que tous les autres, porte 10 funicules ; à partir de l'angle et vers le canal, ces funicules sont séparés par des intervalles plus larges qu'eux-mêmes et au fond desquels on distingue, malgré l'état d'usure de la surface, un cordonnet intermédiaire, ainsi que quelques plis d'accroissement un peu rugueux.

L'ouverture qui est un peu plus longue, à elle seule, que le reste de la spire, est grande, d'une forme irrégulière, anguleuse et canaliculée au point où elle repose sur l'avant-dernier tour ; le labre est épaissi, marginé et presque variqueux ; il porte, à l'intérieur, 7 ou 8 plis écartés.

La columelle, qui a la forme d'une *S* bombée au milieu est malheureusement corrodée dans notre unique échantillon, de sorte qu'il n'est possible d'y distinguer que les deux plis dentiformes de la partie postérieure.

RAPPORTS ET DIFFÉRENCES. — Cette coquille vient se placer à côté de l'*E. Heberti*, Mayer, avec laquelle elle a quelques points de ressemblance ; elle s'en distingue toutefois par sa forme bien plus trapue, par les proportions et les dimensions plus grandes de son ouverture, par le moindre nombre de ses côtes transverses qui sont plus écartées, par la disposition différente de ses funicules spiraux qui sont bien moins serrés, plus larges et plus écrasés, par le bourrelet lisse et saillant qui accompagne sa suture, enfin par la largeur de son canal antérieur.

Elle a une forme analogue à celle du *Sistrum Baylei*, nobis ; mais les caractères de son ouverture et de son ornementation n'ont aucun rapport : elle n'appartient certainement pas au même genre.

On la distingue aussi du *Cuma monoplex*, Desh., par les caractères de son ouverture, par son ornementation et par la forme plus atténuée de son dernier tour, du côté antérieur.

LOCALITÉ. — Pierrefitte, très rare, coll. Lambert.

181. — **Columbella inornata**, Sandb.

Pl. VI, fig. 16, *a, b.*

(Stan. Meunier. *Nouv. Arch. du Muséum*, 2ᵉ série, t. III, 1880, p. 255, pl. XIV, fig. 35, 36).

Cette espèce se rencontre rarement entière ; le labre, qui est très mince, est généralement mutilé. Elle n'est pas lisse, comme l'a cru M. Stanislas Meunier. Sur les échantillons bien conservés, on aperçoit sur la spire, outre les stries d'accroissement, de très fines stries transverses, beaucoup plus visibles à la base du dernier tour. Celui-ci est subanguleux, brusquement rétréci ; le canal est un peu renflé, le bord columellaire recouvre d'ordinaire incomplètement la fente ombilicale, il est concave et porte un pli anguleux.

L'absence de plis à l'intérieur du labre et son peu d'épaisseur nous inspirent quelques doutes au sujet de la classification générique de cette espèce qui est, en tous cas, très différente des Colombelles du terrain tertiaire supérieur.

LOCALITÉ. — Pierrefitte, assez répandue. Type figuré, coll. Lambert.

182. — **Buccinum Archambaulti**, St. Meunier.

Pl. VI, fig, 17, *a, b.*

(*Nouv. Arch. du Muséum*, 2ᵉ série, t. III, 1880, p. 254, pl. XIV, fig. 33, 34).

Cette espèce n'est pas aussi rare que le croyait l'auteur ; mais il est difficile de recueillir des échantillons dont le labre soit entier, car il est très mince. Un caractère très important paraît avoir échappé à M. Stanislas Meunier, c'est l'angle et le méplat qui accompagnent la suture inférieure et qui correspondent à une profonde sinuosité du labre, indiquée seulement par la brusque courbure des stries d'accroissement.

L'échancrure terminale, loin d'être médiocre, est, au contraire, extrêmement profonde, et elle laisse, autour de la callosité columellaire, une trace marquée par une dépression canaliculée qui vient se perdre vers la partie inférieure du dernier tour.

RAPPORTS ET DIFFÉRENCES. — L'un de nos échantillons atteint 32 mill. de hauteur sur 22 mill. de largeur maxima, et sur 16 mill. d'épaisseur, dans le sens perpendiculaire au plan de l'ouverture; cette espèce est, en effet, aplatie comme le *B. patulum*, Desh., dont elle se distingue par la proportion plus longue de la spire et par le méplat canaliculé de la suture.

LOCALITÉ. — Pierrefitte, assez répandue. Type figuré, coll. Lambert.

183. — **Nassa Pellati**, Cossmann et Lambert.

Pl. VI, fig. 9, *a, b.*

Testa ovato-elongata, cancellata. Anfractus 8 subcomplanati, lente crescentes, sutura distincta separati, costulis transversis æquis, numerosis et cingulis spiralibus exilibus ornati; ultimus compressus, propè aperturam gibberosus et lævigatus. Apertura angulosa, anticè brevissimo canali emarginata; labro non regulari, acuto, intùs incrassato et dentibus 4 attenuatis armato, margine columellari anticè duabus plicis prominulis et propè suturam callositate transversa vestito.

Long. : 9 mill.; larg. : 4^{mm}1/2; angle spir. : 50° (pour les premiers tours).

Coquille ovale-allongée, trapue, à spire irrégulière, le dernier tour étant proportionnellement moins développé que les précédents, composée d'une spire de huit tours à peine convexes, croissant lentement, séparés par une suture très nette, cancellés, ornés de côtes transverses nombreuses, plates, plus larges que les intervalles qui les séparent, interrompues par les sutures, et sur les premiers tours, de quatre cordonnets spiraux, simples, atténués. Dernier tour comprimé, devenant gibbeux et lisse à l'approche de l'ouverture. Ouverture anguleuse, irrégulière, échancrée en avant par un canal court; labre irrégulier, tranchant, épaissi intérieurement et portant quatre plis dentiformes, inégaux, peu proéminents; bord columellaire recouvrant en partie la columelle, portant près de la suture une forte callosité interne, transversalement allongée, et présentant, à la base du canal, deux forts plis qui laissent entre eux et la callosité une surface lisse, déprimée.

Un second exemplaire a les dimensions suivantes : long. : 9 mill.; larg. : 3^{mm} 1/2. Sa spire est aiguë; ses tours sont un peu plus convexes et plus réguliers; ses côtes transverses, plus saillantes, sont moins larges que les intervalles qui les séparent. Ses autres caractères, particulièrement ceux de l'ouverture sont identiques dans les deux coquilles.

RAPPORTS ET DIFFÉRENCES. — Cette espèce qui pourrait être envisagée comme le type d'un sous-genre particulier des *Nassa* ne saurait être confondue avec aucune autre.

LOCALITÉS. — Pierrefitte (très rare). Collection Cossmann, Lambert.

184. — **Oliva Prestwichi**, Mayer.

(Journal de Conchyl.)

Nous rapportons à cette espèce des marnes tongriennes de Gaas, un fragment d'*Oliva* qui nous a été communiqué par M. le docteur Bezançon, et qui a été recueilli par lui à Jeures.

L'ouverture de cette espèce est assez étroite, et la columelle porte 3 plis obliques; deux sillons peu inclinés se détachent du bord gauche et aboutissent obliquement, sur le dos de la coquille, à l'échancrure du canal.

185. — **Volvaria multicingulata**, Sandb.

Sandb. *Mainzer Tertiärbecken*, p. 267, pl. XIV, fig. 7.

Le fragment de *Volvaria*, recueilli à Jeures par M. le docteur Bezançon, est trop incomplet pour qu'il soit possible de la décrire et de le figurer utilement.

Le dernier tour porte de fines stries ponctuées par les accroissements, et la columelle est marquée de trois plis très obliques, non compris la troncature antérieure. L'échancrure du canal est large et peu accusée.

Ce sont, à peu de chose près, les caractères du *V. multicingulata* de Sandberger.

186. — **Marginella stampinensis**, Stanislas Meunier.

Pl. III, fig. 1, *a, b.*

Stan. Meunier. *Nouv. Arch. du Muséum*, 2ᵉ sér., t. IIII, 1880, p. 256, pl. XIV, f. 37, 38.

Nous ne reviendrions pas sur la description de cette petite espèce, l'une des plus caractéristiques de notre terrain oligocène, si nous ne voulions indiquer ici une variété plus allongée d'Ormoy qui atteint 6 mill. de longueur sur 3 de largeur. Cette variété à test lisse et brillant comme le type, s'en distingue par sa spire plus saillante, sa forme plus allongée, moins renflée, son ouverture relativement plus étroite. On trouve d'ailleurs des échantillons chez lesquels ces caractères sont moins accentués, et qui forment passage au *M. stampinensis.*

Ajoutons que, contrairement à la description de M. Stan. Meunier, chez le *M. stampinensis* type, le bord droit nous a constamment paru tranchant, et que la columelle porte trois plis principaux et un quatrième atténué; ces plis augmentent de volume d'arrière en avant.

Le *M. stampinensis* a été trouvé par nous dans le falun inférieur de Brunehaut; il n'est pas rare à Pierrefitte et se retrouve fréquent dans les couches supérieures d'Ormoy et de Chalo-Saint-Mars. Sa variété allongée est plus rare; nous ne l'avons encore recueillie qu'à Ormoy.

187. — **Marginella Bezançoni**, Cossmann et Lambert.

Pl. III, fig. 2, *a, b.*

Testa ovata, spira conoidea, brevissima, lævigata. Apertura angusta, columella plicis 4 obliquis, æqualibus anticè vestita, labro simplici, incrassato.

Dimensions : long. : 5 mill. ; larg. : 3 mill.

Cette diagnose de notre Marginelle ne diffère pas beaucoup de la description du *M. stampinensis* de M. Meunier, et cependant les deux espèces nous semblent bien différentes. Le *M. Bezançoni* s'éloigne en effet de son congénère par sa forme plus allongée, sa spire plus proéminente, son ouverture moins échancrée en avant, plus étroite, et dont le bord droit, plus épais, est garni d'un bourrelet plus saillant, surtout par ses quatre plis columellaires égaux, plus obliques et plus étroits. La variété allongée du *M. stampinensis* se distingue elle-même facilement de notre espèce par les mêmes caractères, par ses plis inégaux augmentant de volume d'arrière en avant.

M. Tournouër a décrit (*Bull. Soc. Géol. de Fr.*, 3ᵐᵉ série, t. VII, p. 471), de l'Oligocène de Rennes, mais sans lui donner de nom et sans la figurer, une Marginelle qui est certainement très voisine. N'ayant pas d'échantillons de Rennes sous les yeux, et en l'absence de figure, nous n'osons toutefois conclure à l'identité de la coquille de Rennes et de celle de Pierrefitte.

LOCALITÉ. — Pierrefitte (rare); collections Lambert, Cossmann.

188. — **Cypræa subexcisa**, Braun.

Pl. V, fig. 23.

Nouv. Arch. du Muséum, 2ᵉ série, t. III, p. 256, pl. 14, fig. 39, 40.

Nous n'avons que peu de chose à ajouter au sujet de cette espèce qui a été suffisamment décrite, mais inexactement figurée par M. Stanislas Meunier; elle a l'aspect beaucoup plus ventru, surtout en arrière. Le nombre des plis de l'ouverture n'est pas de 15, mais de 18 à 20 sur le bord droit, et de 13 seulement sur le bord gauche, où ils sont plus écartés du côté postérieur que du côté antérieur. La columelle est fortement tordue à l'entrée de l'ouverture.

Cette espèce est toujours très rare et ne se rencontre que par unités dans les collections (coll. Lambert, coll. Cossmann, coll. de Boury).

189. — **Mitra Cotteaui**, Cossmann et Lambert.

Pl. VI, fig. 13.

Pl. III, fig. 4, (var. *umbilicata.*)

Testa ovato-oblonga, subventricosa, utrinque attenuata, spirâ gradatâ, acutâ; anfractus 8-9 subcomplanati, lævigati, lentè crescentes, suturâ paululum canaliculatâ iuncti

*apertura ovata, labro simplici, acuto, intùs dentato; columella plicis 4 inæqualibus, pro-
minulis anteà vestita; margine columellari ad umbilicum sæpè disjuncto.*

Dimensions variables
{ Longueur : 13 mill.; largeur : 6 mill., *(type figuré)*.
{ Longueur : 17 mill.; largeur : 7 mill.
{ Longueur probable : 19 mill.; largeur : 7 mill., (var. *umbilicata*).

Coquille ovale oblongue, à spire aiguë, formée de huit tours presque plans, lisses,
étagés, croissant lentement, séparés par une suture un peu canaliculée. Le dernier est
égal à la moitié de l'ensemble, il est dilaté et tronqué en avant. Ouverture ovale, plus ou
moins élargie du côté du canal; labre simple, tranchant, portant intérieurement de
petits plis dentiformes. Le bord columellaire porte, vers le tiers antérieur de sa longueur, quatre plis un peu obliques; le pli antérieur est atténué, les trois autres sont très
saillants.

A côté de ce type vient se placer une variété *umbilicata* nob., qui s'y rattache par des
nuances insaisissables dans les échantillons intermédiaires. La forme extrême de la variété se distingue du type par sa longueur plus grande, par ses tours moins étagés, son
canal plus tordu, ses plis moins inégaux, enfin par la disposition de son bord gauche
qui, invisible vers le bas, se détache en face du second pli et laisse entr'ouverte une
fente ombilicale profonde.

RAPPORTS ET DIFFÉRENCES. — Cette espèce est voisine du *M. perminuta*, Braun, qui se
trouve au même niveau; elle s'en distingue par sa taille plus grande, par le nombre de
ses plis qui est de quatre au lieu de cinq, par l'absence de stries obliques à la base du
canal, et de côtes transverses sur les premiers tours.

Sa forme la rapprocherait plutôt du *M. labrosa*, Desh., du Calcaire grossier; mais elle
n'a pas la lèvre épaisse et caractéristique de cette dernière espèce.

LOCALITÉ. — Pierrefitte (rare); coll. Lambert (type figuré), et coll. Cossmann; var.
umbilicata, coll. Cossmann.

TABLE

DES ESPÈCES FOSSILES CITÉES DANS LA DESCRIPTION PALÉONTOLOGIQUE

(Les espéces dont les noms sont en italiques disparaissent de la nomenclature.)

Errata et addenda.

Page 3, ligne 15, *au lieu de* : Montcenis, *lisez* : Monceaux.

Page 13, ligne 7, *au lieu de* : *Pectoncles*, *lisez* : *Pectoncles*.

Page 73, ligne 5, *après* médiane, *ajoutez* : côté postérieur.

Page 83, ligne 17, *ajoutez* : Toutefois, pendant l'impression de ce travail, M. Munier-Chalmas nous a montré, dans la collection de la Sorbonne, une magnifique valve d'Isocarde, recueillie par M. Vasseur à Morigny. Aussi maintenons-nous cette espèce dans la liste générale, en nous réservant d'en donner ultérieurement la figure.

Page 102, dernière ligne, dernier mot, *ajoutez* : test :

Page 122, après la ligne 2, *intercalez* : *Nouv. Arch du Mus.*, 2e série, p. 248, pl. XIV, fig, 5, 6.

Page 129, ligne 4, *au lieu de* : *infra oligocelnica*, *lisez* : *infra oligocænica*..

Page 137, ligne 27, *au lieu de* : *augustata*, *lisez* : *angustata*.

Page 139, ligne 7, *au lieu de* : *labio*, *lisez* : *labro*.

Page 143, ligne 35, *au lieu de* : Eichn, *lisez* : Eichw.

Page 145, ligne, 18, *au lieu de* : **Cotteani**, *lisez* : **Cotteaui**.

Page 148, ligne 22, *au lieu de* : *tenui*, *lisez* : *tenui*.

Page 158, après ligne 6, *ajoutez* : *Nouv. Arch. Mus.*, p. 251, pl. XIV, fig. 19-20.

Page 158, après ligne 20, *ajoutez* : Type figuré, Pierrefitte, coll. Lambert.

LÉGENDE DE LA PLANCHE I

1. **Jouannetia unguiculus**, Cossmann et Lambert. — a, b, *grossie 3 fois*. Pierrefitte (*coll. Lambert*).
2. **Jouannetia Fremyi**, St. Meunier. — a, b, *grossie 3 fois*. Pierrefitte (*coll. Lambert*).
3. **Pholas (Martesia) Peroni**, Cossm. et Lamb. — { a, b. *grossie 2 fois.* / c, *fragment de l'écusson.* } Pierrefitte (*coll. Lambert*).
4. **Cultellus brevis**, Cossm. et Lamb. — a, b, *fragment grossi 3 fois*. Jeures (*coll. Lambert*).
5. **Siliqua Margaritæ**, Cossm. et Lamb. — a, b, c, *grandeur naturelle*. Pierrefitte (*coll. Lambert*).
6. **Sphenia amygdalina**, Cossm. et Lamb. — a, b, *grossie 2 fois*. Brunehaut (*coll. Bezançon*).
7. **Saxicava jeurensis**, Desh. — a, b, *variété grossie 3 fois*. Pierrefitte (*coll. Bezançon*).
8. **Corbula pixidiculoïdes**, Cossm. et Lamb. — a, b, *grossie 3 fois*. Jeures (*coll. Bezançon*).
9. **Nœra Bezançoni**, Cossm. et Lamb. — a, b, *grossie 5 fois*. Étréchy (*coll. Lambert*).
10. **Poromya fragilis**, Cossm. et Lamb. — a, b, *grossie 5 fois*. Jeures (*coll. Bezançon*).
11. **Poromya densestriata**, Cossm. et Lamb. — a, b, *grossie 3 fois*. Jeures (*coll. Bezançon*).
12. **Thracia delicatula**, Cossm. et Lamb. — { a, d, *grossie 4 fois.* / b, c, *grossie 5 fois.* } Étréchy (*coll. Bezançon*).
13. **Tellina inopinata**, Cossm. et Lamb. — a, b, *grossie 3 fois*. Jeures (*coll. Bezançon*).
14. **Tellina Bezançoni**, Cossm. et Lamb. — a, b, c, d, *grossie 1 fois 1/2*. Jeures (*coll. Bezançon*).
15. **Tellina faba**, Sandb. — a, b, *grossie 2 fois*. Jeures (*coll. Bezançon*).
16. **Tellina trigonula**, St. Meunier. — a, b, *grossie 2 fois*. Pierrefitte (*coll. Lambert*).
17. **Capsa oligocœnica**, Cossm. et Lamb. — { a, b, *grossie 5 fois.* / c, *charnière grossie 10 fois.* } Jeures (*coll. Bezançon*).
18. **Cytherea dubia**, St. Meunier. — { a, b, *grossie 3 fois.* / c, *grossie 4 fois.* } Pierrefitte (*coll. Lambert*).
19. **Sphenia stampinensis**, St. Meunier. — a, b, *grossie 2 fois*. Pierrefitte (*coll. Lambert*).
20. **Corbulomya Morleti**, St. Meunier. — a, b, c, d, *grand. naturelle*. Pierrefitte (*coll. Cossmann*).
21. **Mactra angulata**, St. Meunier. — a, b, *grossie une fois et demie*. Pierrefitte (*coll. Cossmann*).
22. **Venus Lœwyi**, St. Meunier. — a, b, *réduite aux 2/3*. Pierrefitte (*coll. Lambert*).

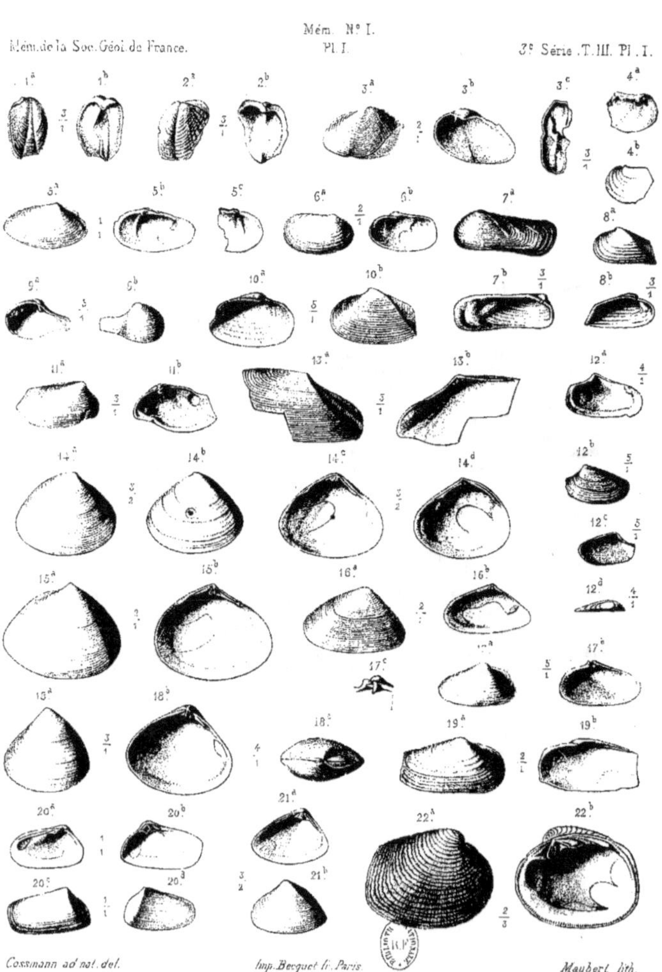

LÉGENDE DE LA PLANCHE II

1. **Cardium scobinula**, Mérian. — a, *variété* γ *grossie* 6 *fois.* Étréchy. / b, *variété* δ *grossie* 4 *fois.* Morigny. (*coll. Bezançon*).
2. **Cardium Bezançoni**, Cossm. et Lamb. — a, b, c, *grossie* 4 *fois.* Jeures (*coll. Bezançon*).
3. **Scintilla jeurensis**, Cossm. et Lamb. — a, b, *grossie* 2 *fois.* Jeures (*coll. Bezançon*).
4. **Diplodonta sphæricula**, Cossm. et Lamb. — a, b, c, *grossie* 2 *fois.* Morigny (*coll. Bezançon*).
5. **Lucina Chalmasi**, Cossm. et Lamb. — a, b, c, *grossie* 1 *fois* 1/2. Pierrefitte (*coll. Lambert*).
6. **Lucina Thierensi**, Hébert. — Var. *acuminata.* — a, *grossie* 2 *fois.* Pierrefitte (*coll. Lambert*).
7. **Erycina Bezançoni**. Cossm. et Lamb. — a, var. α, *grossie* 3 *fois.* Jeures. / b, var. β, *grossie* 4 *fois.* Jeures. (*coll. Bezançon*).
8. **Erycina goodalliopsis,** Cossm. et Lamb. — a, b, *grossie* 8 *fois.* Morigny (*coll. Bezançon*).
9. **Erycina Kœneni**, Cossm. et Lamb. — a, b, *grossie* 6 *fois.* Jeures (*coll. Bezançon*).
10. **Lutetia oligocœnica**, Cossm. et Lamb. — a, b, *grossie* 6 *fois.* Étréchy (*coll. Bezançon*).
11. **Modiola stampinensis**, Cossm. et Lamb. — a, *grossie* 8 *fois.* Brunehaut (*coll. Lambert*).
12. **Crenella Depontaillieri**, Cossm. et Lamb. — a, b, *grossie* 8 *fois.* Jeures (*coll. Bezançon*).
13. **Perna Heberti**, Cossm. et Lamb. — a, *moule de grandeur naturelle.* / b, *fragment de charnière grossi* 3 *fois.* Étréchy (*coll. Lambert*).
14. **Modiola Lemeslei**, Cossm. et Lamb. — a, b, *grossie* 5 *fois.* Jeures (*coll. Lambert*).
15. **Lima Klipsteini**, Cossm. et Lamb. — a, b, *grossie* 4 *fois.* Jeures. (*coll. Bezançon*).
16. **Pectunculus angusticostatus**, Desh. — a, *grossie* 1 *fois* 1/2. Jeures (*coll. Lambert*).
17. **Pectunculus obliteratus**, Desh. — a, *grandeur naturelle.* Jeures (*coll. Lambert*).
18. **Erycina Bouryi**, Cossm. et Lamb. — a, *grossie* 3 *fois.* / b, *détail de la charnière.* Jeures (*coll. Bezançon*).
19. **Tellina asperella**, Cossm. et Lamb. — a, b, *grossie* 5 *fois.* Brunehaut (*coll. Lambert*).
20. **Cytherea subarata**, Sandb. — a, b, *grossie* 1 *fois* 1/4. Pierrefitte (*coll. Lambert*).
21. **Cardium stampinense**, St. Meunier. — a, b, c, d, *grandeur naturelle.* Pierrefitte (*coll. Cossmann*).
22. **Lucina Laureti**, Cossm. et Lamb. — a, b, *grossie* 4 *fois.* Étréchy (*coll. Bezançon*).

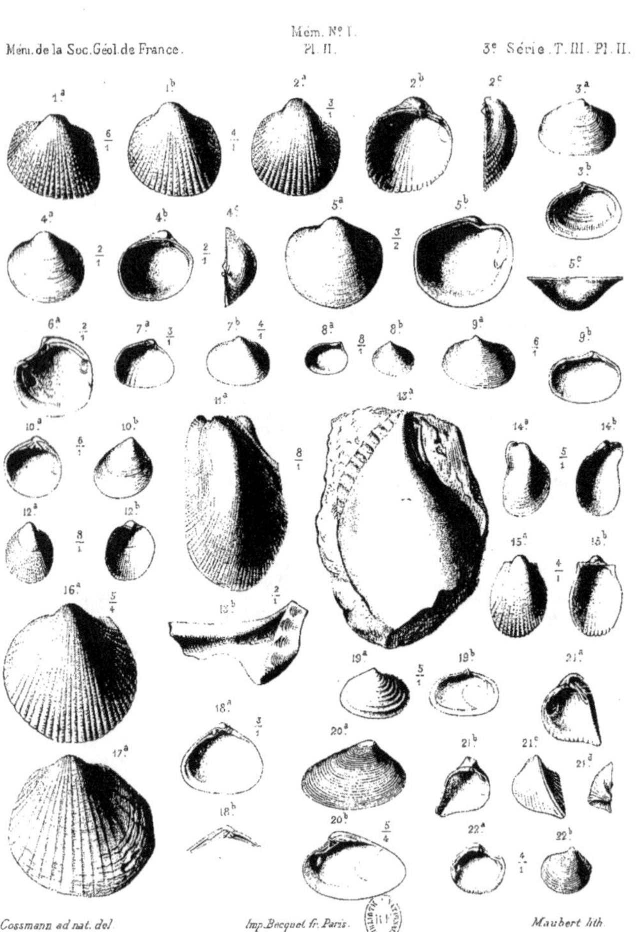

LÉGENDE DE LA PLANCHE IV

1. **Teinostoma Bezançoni**, Cossm. et Lamb. — a, b, c, *grossie 6 fois*. Brunehaut (*coll. Bezançon*).
2. **Delphinula oligocœnica**, Cossm et Lamb. — a, b, c, *grossie 10 fois*. Brunehaut (*coll. Bezançon*),
3. **Trochus subincrassatus**, d'Orb. — a, *grossie 3 fois*. Jeures (*coll. Lambert*).
4. **Trochus subcarinatus**, Lamk. (v. *infra oligocœnica*). { a, b, *grossi 4 fois*.) Étréchy (*coll. Lamb.*). { c, *bouton embryonn*.) Morigny (*coll. Cossm.*).
5. **Trochus stampinensis**, Cossm. et Lamb. — { a, *grossi 3 fois*. Jeures) b, *grossi 4 fois*. Étréchy { (*coll. Lambert*). (c, *grossi 5 fois*. Jeures.)
6. **Trochus Vincenti**, Cossm. et Lamb. — a, b, *grossi 3 fois*. Brunehaut (*coll. Lambert*).
7. **Turbo cancellato-costatus**, Sandb. — a, b, *grossi 4 fois*. Brunehaut (*coll. Lambert*).
8. **Neritopsis Lorioli**, Cossm. et Lamb. — a, b, *grandeur naturelle*. Pierrefitte (*coll. Lambert*).
9. **Scissurella Depontaillieri**, Cossmann. — a, b, *grossie 10 fois*. Jeures (*coll. Cossmann*).
10. **Neritina propinqua**, Cossm. et Lamb. — a, b, *grossie 2 fois*. Brunehaut (*coll. Lambert*).
11. **Nerita decorticata**, Cossm. et Lamb. — a, b, *grossie 3 fois*. Pierrefitte (*coll. Lambert*).
12. **Cerithium infradentatum**, Desh. — { a, *grandeur naturelle*) b, *détail d'un tour*. } Brunehaut (*coll. Lambert*).
13. **Cerithium Peroni**, Cossm. et Lamb. — { a, *grossi une fois et demie*.) b, *détail d'un tour*. } Pierrefitte (*coll. Lamb.*).
14. **Cerithium petrafixense**, Cossm. et Lamb. — { a, b, *grandeur naturelle*.) Pierrefitte { c, *jeune individu grossi 1 fois 1/2*. } (*coll. Lamb.*).
15. **Cerithium Merceyi**, Cossm. et Lamb. — { a, *grandeur naturelle*.) Pierrefitte (*coll.* } b, *détail de l'avant-dernier tour*. } *Lambert*).
16. **Natica Combesi**, Bayan. — a, b, *grossie 2 fois*. Morigny (*coll. Bezançon*).
17. **Cerithium lævissimum**, Schl. — a, b, *grossi une fois et demie*. Pierrefitte (*coll. Lambert*).
18. **Cerithium Bourdoti**, Cossm. et Lamb. — a, *grossi une fois et demie*. Brunehaut (*coll. Bourdot*).
19. **Planorbis inopinatus**, St. Meunier. — a, b, c, *grossi 4 fois*. Pierrefitte (*coll. Cossmann*),
20. **Turbo Ramesi**, St. Meunier. — { a, *grossi 4 fois*.) b, *grossi 3 fois*. } Pierrefitte (*coll. Cossmann*).
21. **Rissoina cochlearina**, St. Meunier. — a, b, *grossie 3 fois*. Pierrefitte (*coll. Cossmann*).
22. **Cerithium undulosum**, St. Meunier. — { a, b, *grossi 3 fois*.) c, *vue de la base*. } Pierrefitte (*coll. Cossmann*). (d, *détail d'un tour*.)

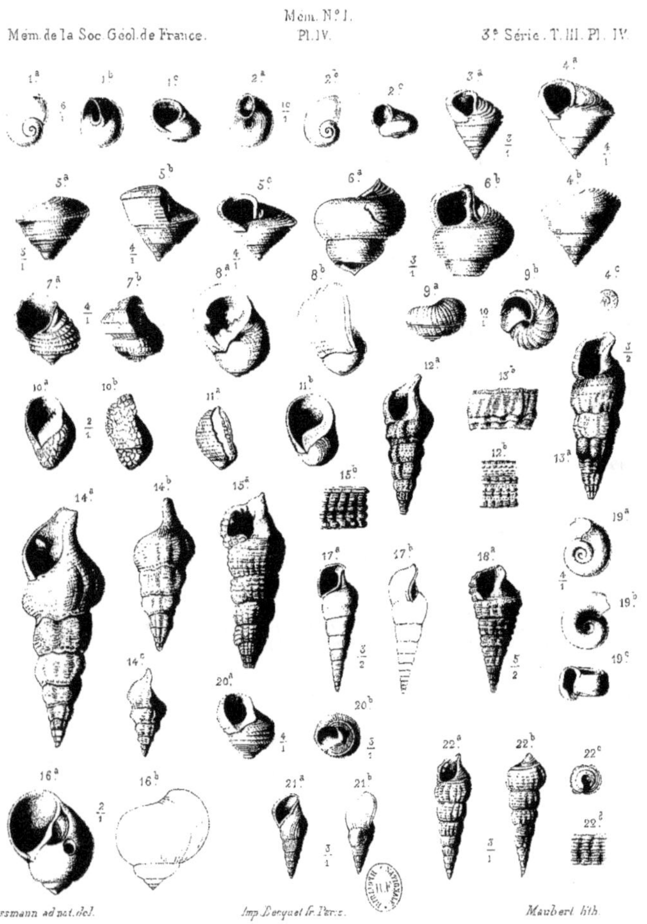

Mém. de la Soc. Géol. de France.
Mém. N.° 1.
Pl. IV.
3.ᵉ Série . T. III. Pl. IV.
Cossmann ad nat. del.
Imp. Becquet fr. Paris.
Maubert lith.

LÉGENDE DE LA PLANCHE V

1. **Cerithium submargaritaceum**, Bronn. — *a, grossi une fois et demie.* Neuilly (*coll. Cossm*). — *b, grandeur naturelle.* Morigny (*coll. Bezan.*).
2. **Cerithium Boblayei**, Desh. (var.) — a, *grossi 2 fois.* Brunehaut (*coll. Bezançon*).
3. **Cerithium plicatum**, Brug. (var. *Bezançoni*). — a, b, *grossi une fois et demie.* Jeures (*coll. Bezan.*).
4. **Cerithium subcinctum**. d'Orb. — *a, grossi 2 fois.* / *b, détail de l'ornementation.* Jeures (*coll. Lambert*).
5. **Cerithium Barrolsi**, Cossm. et Lamb. — a, b, *grossi 3 fois.* Pierrefitte (*coll. Lambert*).
6. **Cerithium plicatum**, Lamk. (var. *enodosum*). — a, *grossi 3 fois.* Pierrefitte (*coll. Lambert*).
7. **Cerithium Debrayi**, Cossm. et Lamb. — a, b, *grossi 5 fois.* Brunehaut (*coll. Bezançon*).
8. **Cerithium Changarnieri**, Cossm. et Lamb. — *a, grossi 8 fois.* Jeures (*coll. Bezançon*). / *b, grossi 5 fois.* Pierrefitte (*coll. Cossmann*).
9. **Cerithium Cotteaui**, Cossm. et Lamb. — a, *grossi 5 fois.* Pierrefitte (*coll. Lambert*).
10. **Cerithium trilineatum**, Phil. — *a, grossi 5 fois 1/2.* Pierrefitte (*coll. Lambert*). / *b, var. grossie 6 fois.* id. id. / *c. var. grossie 6 fois.* id (*coll. Cossmann*).
11. **Cerithium Davidi**, Cossm. et Lamb. — *a, grossi 3 fois.* Pierrefitte (*coll. Cossmann*). / *b, base grossie 5 fois.* id. id. / *c, grossi 3 fois.* id. id. / *d, grossi 4 fois.* id. (*coll. Lambert*).
12. **Triforis tricarinatus**, St. Meunier. — *a, grossi 3 fois.* / *b, détail d'un tour.* Pierrefitte (*coll. Lambert*).
13. **Trochus Vincenti**, Cossm. et Lamb. — a, *grossi 2 fois et demie,* Étréchy (*coll. Bezançon*).
14. **Odontostomia acuminata**, Desh. — a, b, var. *grossie 3 fois.* Morigny (*coll. Bezancon*).
15. **Fusus Speyeri**, Desh. — a, *grossi une fois et demie.* Morigny (*coll. Bezançon*).
16. **Fusus elongatus**, Nyst. — a, *grandeur naturelle.* Pierrefitte (*coll. Lambert*).
17. **Trochus rhenanus**, Mérian. — a, b, *grossi 5 fois.* Versailles (*coll. Bezançon*).
18. **Purpura** (*Cuma*) **monoplex**, Desh. — a, var. *grandeur naturelle.* Pierrefitte (*coll. Lambert*).
19. **Sistrum Baylei**, Cossm. et Lamb. — a, b, *grossi 2 fois.* Pierrefitte (*coll. Lambert*).
20. **Engina consobrina**, Cossm. et Lamb. — a, *grossie une fois et demie.* Pierrefitte (*coll. Lambert*).
21. **Pleurotoma laticlavia**, Beyr. — a, *grossi 2 fois.* Brunehaut (*coll. Amouy*).
22. **Pleurotoma Bouvieri**, Cossm. et Lamb. — a, *grossi 3 fois.* Brunehaut (*coll. Amouy*).
23. **Cypræa subexcisa**, Braun. — a, b. *grossie une fois et demie.* Pierrefitte (*coll. Cossmann*).
24. **Hemifusus Berti**, St. Meunier. — sp.. a, b, *grandeur natur.* Pierrefitte (*coll. Cossmann*).

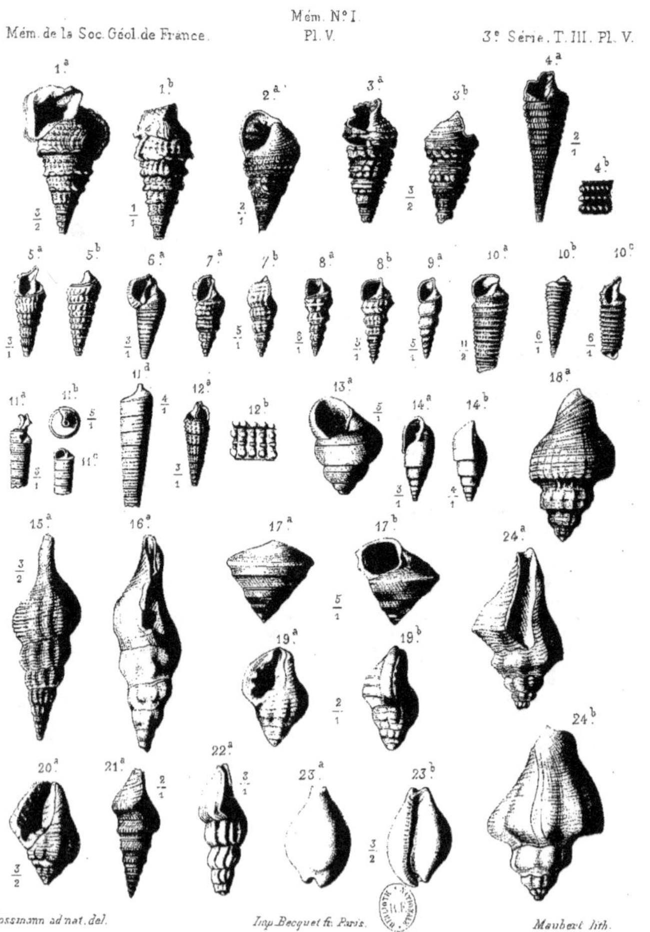

LÉGENDE DE LA PLANCHE VI

1. **Murex (Trophon) Margaritæ**, Cossm. et Lamb. — { a, b, *grossi 2 fois.* / c, var. *trapue.* } Pierrefitte (*coll. Lambert*).
2. **Murex (Trophon) tenellus**, Mayer. — a, b, *grossi 2 fois.* Pierrefitte (*coll. Lambert*).
3. **Murex (Trophon) pereger**, Beyr. — a, b, *grossi 2 fois.* Pierrefitte (*coll. Lambert*).
4. **Murex (Trophon) Meunieri**, Cossm. et Lamb. — a, b, Pierrefitte (*coll. Lambert*).
5. **Fusus undatus**, St. Meunier. — a, *grossi 2 fois.* Pierrefitte (*coll. Lambert*).
6. **Fusus filiferus**, St. Meunier. — a, b, *grossi 2 fois.* Pierrefitte (*coll. Lambert*).
7. **Fusus retrorsicosta**, Sandb. — { a, b *grossi 2 fois.* / c, *détail de l'ouvert.* } Pierrefitte (*coll. Cossmann*).
8. **Fusus Kœneni**, Cossm. et Lamb. — a, b, *grossi 5 fois.* Pierrefitte (*coll. Lambert*).
9. **Nassa Pellati**, Cossm. et Lamb. — { a, *échant. frais étroit.* } Pierrefitte (*coll. Cossmann*). / { b, *échant. trapu, usé.* } id. (*coll. Lambert*).
10. **Pleurotoma Bourdoti**, Cossm. et Lamb. — { a, *grossi 4 fois.* } Brunehaut (*coll. Cossmann*). / { b, *grossi 5 fois.* } Jeures (*coll. Lambert*).
11. **Pleurotoma Dollfusi**, Cossm. et Lamb. — { a, *grossi 4 fois.* / b, *grand. natur.* } Pierrefitte (*coll. Lambert*).
12. **Pleurotoma Leunisi**, Phil. — a, var., *grossie 4 fois.* Pierrefitte (*coll. Lambert*).
13. **Mitra Cotteaui**, Cossm. et Lamb. — { a, b, *grossi 2 fois.* } Pierrefitte (*coll. Lambert*). / { c, d, var., *grossie 2 fois.* } id. (*coll. Cossmann*).
14. **Triton Daubrei**, St. Meunier. — a, b, *grossi une fois un et tiers.* Pierrefitte (*coll. Lambert*).
15. **Murex ornatus**, Grat. — a, b, *grossi une fois et demie.* Pierrefitte (*coll. Lambert*).
16. **Columbella inornata**, Sandb. a, b, *grossie 2 fois.* Pierrefitte (*coll. Lambert*).
17. **Buccinum Archambaulti**, St. Meunier. — a, b, *grand. natur.* Pierrefitte (*coll. Lambert*).

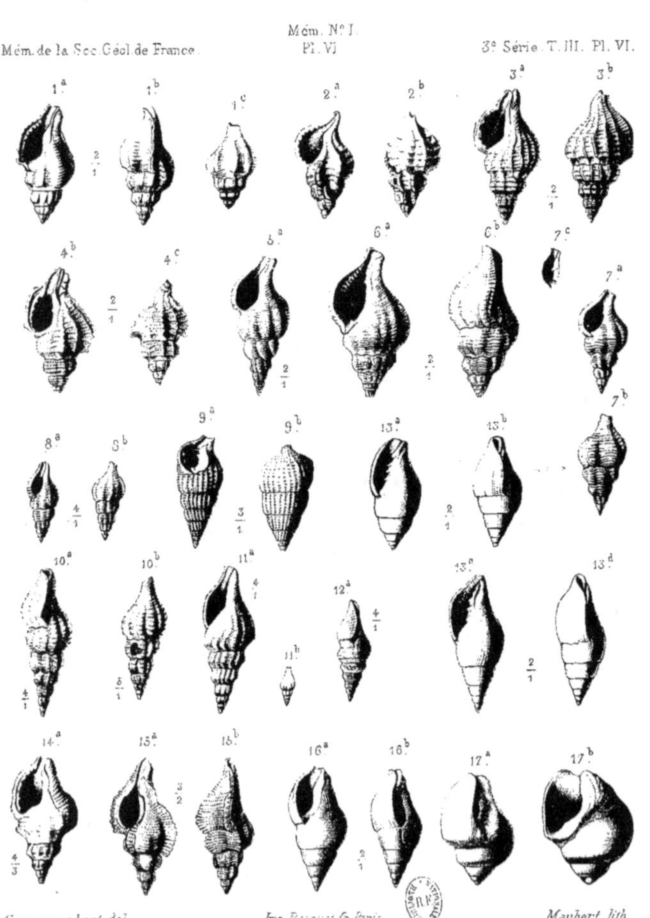

Cossmann ad nat. del.

Imp. Becquet fr. Paris.

Maubert lith.

II

RECHERCHES

STRATIGRAPHIQUES ET PALÉONTOLOGIQUES

SUR

QUELQUES FORMATIONS D'EAU DOUCE

DE L'ALGÉRIE